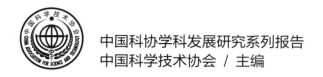

中国科协学科发展研究系列报告
中国科学技术协会 / 主编

2022—2023
人工智能
学科发展报告

中国电子学会　编著

U0188870

中国科学技术出版社
·北　京·

图书在版编目（CIP）数据

2022—2023 人工智能学科发展报告 / 中国科学技术协会主编；中国电子学会编著 . — 北京：中国科学技术出版社，2024.6

（中国科协学科发展研究系列报告）

ISBN 978–7–5236–0734–3

Ⅰ. ① 2… Ⅱ. ①中… ②中… Ⅲ. ①人工智能 – 技术发展 – 研究报告 – 中国 –2022–2023 Ⅳ.① TP18–12

中国国家版本馆 CIP 数据核字（2024）第 090234 号

策 划	刘兴平　秦德继	
责任编辑	余　君	
封面设计	北京潜龙	
正文设计	中文天地	
责任校对	邓雪梅	
责任印制	徐　飞	

出　　版	中国科学技术出版社
发　　行	中国科学技术出版社有限公司
地　　址	北京市海淀区中关村南大街16号
邮　　编	100081
发行电话	010–62173865
传　　真	010–62173081
网　　址	http://www.cspbooks.com.cn

开　　本	787mm×1092mm　1/16
字　　数	325千字
印　　张	15
版　　次	2024年6月第1版
印　　次	2024年6月第1次印刷
印　　刷	河北鑫兆源印刷有限公司
书　　号	ISBN 978–7–5236–0734–3 / TP · 482
定　　价	98.00元

2022—2023

人工智能
学科发展报告

首席科学家　　于　剑

专家组成员　　周　熠　朱　军　黄　高　张兆翔　刘　挺
　　　　　　　　陶建华　刘奕群　安　波　卢策吾　沈　超

学术秘书　　　李志杰　王　桓　张雅妮　尹传昊　徐　曼

序

习近平总书记强调，科技创新能够催生新产业、新模式、新动能，是发展新质生产力的核心要素。要求广大科技工作者进一步增强科教兴国强国的抱负，担当起科技创新的重任，加强基础研究和应用基础研究，打好关键核心技术攻坚战，培育发展新质生产力的新动能。当前，新一轮科技革命和产业变革深入发展，全球进入一个创新密集时代。加强基础研究，推动学科发展，从源头和底层解决技术问题，率先在关键性、颠覆性技术方面取得突破，对于掌握未来发展新优势，赢得全球新一轮发展的战略主动权具有重大意义。

中国科协充分发挥全国学会的学术权威性和组织优势，于 2006 年创设学科发展研究项目，瞄准世界科技前沿和共同关切，汇聚高质量学术资源和高水平学科领域专家，深入开展学科研究，总结学科发展规律，明晰学科发展方向。截至 2022 年，累计出版学科发展报告 296 卷，有近千位中国科学院和中国工程院院士、2 万多名专家学者参与学科发展研讨，万余位专家执笔撰写学科发展报告。这些报告从重大成果、学术影响、国际合作、人才建设、发展趋势与存在问题等多方面，对学科发展进行总结分析，内容丰富、信息权威，受到国内外科技界的广泛关注，构建了具有重要学术价值、史料价值的成果资料库，为科研管理、教学科研和企业研发提供了重要参考，也得到政府决策部门的高度重视，为推进科技创新做出了积极贡献。

2022 年，中国科协组织中国电子学会、中国材料研究学会、中国城市科学研究会、中国航空学会、中国化学会、中国环境科学学会、中国生物工程学会、中国物理学会、中国粮油学会、中国农学会、中国作物学会、中国女医师协会、中国数学会、中国通信学会、中国宇航学会、中国植物保护学会、中国兵工学会、中国抗癌协会、中国有色金属学会、中国制冷学会等全国学会，围绕相关领域编纂了 20 卷学科发展报告和 1 卷综合报告。这些报告密切结合国家经济发展需求，聚焦基础学科、新兴学科以及交叉学科，紧盯原创性基础研究，系统、权威、前瞻地总结了相关学科的最新进展、重要成果、创新方法和技术发展。同时，深入分析了学科的发展现状和动态趋势，进行了国际比较，并对学科未来的发展前景进行了展望。

报告付梓之际，衷心感谢参与学科发展研究项目的全国学会以及有关科研、教学单位，感谢所有参与项目研究与编写出版的专家学者。真诚地希望有更多的科技工作者关注学科发展研究，为不断提升研究质量、推动成果充分利用建言献策。

前　言

二十一世纪以来，全球科技创新进入空前活跃时期，新一轮科技革命和产业变革正在重构全球创新版图、重塑全球经济结构。为抢抓人工智能发展的重大战略机遇，发挥我国人工智能发展的先发优势，加快建设创新型国家和世界科技强国，在中国科学技术协会的积极策划下，中国电子学会组织编写了《2022—2023 人工智能学科发展报告》，以期对我国人工智能领域的科技研发、学术交流、学科建设和人才培养等多个方面提供参考和指导。

本书从新观点、新理论、新方法、新技术和新成果等维度对人工智能学科理论发展状况进行了概述，总结了人工智能学科研究热点与重要进展，通过对比国内外人工智能学科发展状况，提出了我国在人工智能学科的发展趋势与对策。本书的专题报告分为知识计算、机器学习、深度学习与大模型、自然语言处理、计算机视觉、语音处理、信息检索、多智能体系、具身智能、对抗技术十个部分，明确了学科的研究方向，提出了技术的关键热点。

本书汇集了多家机构和多位学者的智慧。清华大学、上海交通大学、中国科技大学、西安交通大学、哈尔滨工业大学、北京交通大学、南洋理工大学、中国科学院等多家单位的专家、学者对本书进行整体设计，并经过多轮研讨，最终完成本书。

由于时间、精力、知识结构有限，书中难免存在错误和不妥之处，诚请广大读者批评指正。

中国电子学会

2024 年 2 月

目录 CONTENTS

ABSTRACTS

Comprehensive Report

Reports on Special Topics

综合报告

人工智能学科发展综述

一、引言

随着人工智能生成技术的逐渐成熟、应用的不断推广，人工智能学科已经成为当今世界上最引人注目的热门学科。人工智能学科涉及计算机科学与技术、认知科学、脑科学、数学、通信工程、电子科学与技术等多个学科领域，应用范围广泛。人工智能技术的发展，既影响了包括文、史、哲、经、法、管、教、理、工、农、医、军、艺几乎所有学科的研究路线，使"学科加人工智能"成为改造既有学科的流行模式，又影响了几乎所有已有行业的生态。对个人来说，从物质的衣食住行，到精神的喜怒哀乐，以及知识的传教学用，都已经与前人工智能时代大相径庭。对社会来说，生产、监管、评价、奖惩、宣传、财税、差旅、培训、安全等，所有一切与前人工智能时代也日渐有异。人工智能甚至可能创造以前未有的新学科、新方向，使久已存在的某些学科、行业萎缩甚至消失。

我国高度重视人工智能发展，制定了一系列促进人工智能学科快速发展的政策。现在，人工智能技术被广泛应用于制造、医疗、交通、军事、教育、商业、支付、家居、游戏、娱乐、健康、饮食等众多领域，维持着社会运转。我国是全球人工智能研究领域的重要力量，在各项人工智能竞赛、顶会、顶刊中，获奖率和投稿量节节攀升，并在全球范围内发挥着重要的作用。

随着以 ChatGPT 为首的通用人工智能、生物医学领域的蛋白质预测模型 Alphafold 等的出现，我国的人工智能理论研究和工业化应用暴露出与世界一流水平的差距，全面评估人工智能学科研究的发展情况势在必行。但是人工智能学科的研究内容更新快，及时全面的评估又极为困难。因此，我们选取了人工智能研究领域中的十个热门研究领域，研究其发展情况，并预测了人工智能发展的重点和趋势。

二、人工智能学科发展概貌

通俗地说，人工智能是一门利用计算技术对世界上的智能行为进行模拟的科学。它利用数据、机器学习、自然语言处理、机器视觉、语音识别等技术，让计算机帮助或替代人类高效完成部分智能任务，为人类社会向智能时代发展提供理论与技术支撑。

人工智能涉及学科广泛，概括来说包括以下几个方面。

（一）发展历程

人工智能的学科起源可以追溯到 20 世纪 50 年代。1956 年的达特茅斯会议是现代人工智能的肇始。2012 年出现的深度卷积神经网络（AlexNet）标志着感知智能的成熟。2016 年的阿尔法狗（AlphaGo）代表认知智能开始成为人工智能的主流。2021 年的阿尔法福德二（AlphaFold2）说明认知智能在科学研究方面取得重大突破。2022 年，ChatGPT 显示了认知智能的初步成功，是人工智能进入认知智能时代的标志性事件。

（二）研究领域

人工智能学科的研究领域非常广泛，包括知识计算、机器学习、大模型、自然语言处理、计算机视觉、语音处理、信息检索、多智能体、具身智能、安全等热门分支。大数据、高性能计算等新兴技术的发展，使机器学习和深度学习受到极大的关注，人工智能安全也日益受到重视。

（三）应用领域

人工智能技术广泛应用于包括电子商务、机器人、无人驾驶、智能家居、智能安防等在内的工业和日常生活的方方面面，正在对人们的生活和工作产生深刻的影响。

（四）创新趋势

近年来，人工智能技术不断发展，模型的适用性和人们对大数据的处理能力均有了极大提高，尤其是以 ChatGPT 为代表的大模型的出现为人工智能的创新发展提供了新的动力，并深刻影响着人工智能研究的方方面面。人工智能的创新趋势将持续不断，最终深入生产生活的每一个角落。

人工智能学科有着广泛的应用和影响，对推动经济发展、提高生产效率、改善人类生活等各方面都有着重要的作用，是我国实现社会主义现代化必不可少的关键技术。从全球视角来看，人类社会已经进入人工智能时代。对我国来说，人工智能时代的到来，既是机遇也是挑战。

三、最新研究进展与国内外对比

人工智能学科持续高速发展，新的研究方向与课题层出不穷，甚至其学科本身也处在不断更新之中。因此，我们将以目前人工智能领域中的十个热门分支学科为代表来展示人工智能学科的最新发展。

（一）知识计算

知识是人工智能的核心。传统研究聚焦于符号型知识的表示与推理。随着人工智能的蓬勃发展，知识表示从传统符号知识模型进一步扩展到隐知识模型。近年来隐知识模型地位有了极大的提升。传统符号知识是显式的符号表示，而隐知识通常隐藏在非符号化非结构化的数据之中。有鉴于此，近期研究主要集中于神经网络的知识表示、大语言模型、暗知识的提取与表达、知识图谱的搜集与构建等。这些方向也将是未来研究的重点。

（二）机器学习

近年来，机器学习在工业界的实际应用，为机器学习的发展注入了新鲜的血液。以自监督学习为代表的无监督训练方式，使得模型对数据的利用和处理能力得到了极大的提升，从而引导机器学习算法从实际应用中不断取得突破。在蛋白质结构预测等领域，机器学习模型显示出巨大的优势。强化学习、终身学习等方法也让机器学习算法的适应性显著提升。总体来看，机器学习在实际的工业化应用方面已经向前迈进了一大步，就我国而言，目前在部分关键算法、场景应用等方面具有自己的特色，在基础理论、原创性算法平台和预训练基础模型方面和国外上尚有差距。

1. 近年来最新研究进展

在学术建制和人才培养方面，各个高校纷纷大力推进人工智能科研与教育，涌现了一批新型研究机构，包括清华大学人工智能研究院、智能产业研究院，北京大学人工智能研究院，南京大学人工智能研究院，中国人民大学高瓴人工智能学院，以及北京交通大学人工智能研究院等，为我国机器学习事业培养了一大批优秀的青年人才。

（1）概率机器学习逐渐成为构建通用人工智能技术的重要基础

以自回归、扩散概率模型为代表的方法有能力从几十亿样本乃至全网规模的开放域、高噪声数据中学习到一般规律，并且模型的通用性大幅度加强，对人类意图理解能力显著提升，对开放环境的适应性大幅度提升。基于概率机器学习的大规模预训练也被认为可能是通用人工智能的重要基础。概率建模理论的一大突破是扩散概率模型的学习与采样理论。这类方法通过刻画一类特殊的随机微分方程及其对应的概率常微分方程，可以有效地建模高维空间中复杂的概率分布，合成新数据，是一大类基础概率模型的理论基础。扩散概率模型的数据合成过程是对相应微分方程的离散化，需要权衡生成效果和生成速度。清华大学团队提出的扩散概率模型最优方差理论等有效地解决了这一瓶颈问题，并被部署于OpenAI 公司提出的 DALL-E2 等著名模型中。

（2）自监督和对比学习等无监督方法成为表征学习的重要范式

以自监督学习为代表的无监督学习技术是过去几年机器学习领域最重要的突破。通过无监督的方式可以利用海量的无标注数据，可以极大地提升机器学习模型对数据的利用效率，具有更强的稳定性和泛化能力，可以更快速地迁移到不同的下游任务，具有广阔的研究和应用前景，也是目前人工智能预训练突破的重要原因。我国研究团队在自监督学习方面展示了积极的研究姿态，也取得了高水平的研究成果。清华大学、北京大学、中科院、香港中文大学（深圳）等高校团队和科研机构在该领域发表了大量国际会议和顶级期刊论文，做出了具有广泛影响力的领先工作。

在自然语言处理领域，以生成式预训练 Transformer 模型（GPT）为代表的模型取得了突破性进展。在大数据时代，互联网有海量未标注的文本数据可以使用，进而促进语言模型的预训练。我国的研究者基于自监督学习中的自回归模型和语言掩码模型等算法范式，提出了模型蒸馏、知识增强、模型复用等方面的算法创新，同时在情感分析、对话生成、诗歌生成等语言任务中，自监督学习方法取得了重要突破，显著提升了任务性能。在计算机视觉领域，自监督学习被应用于图像特征提取和下游任务的改进。研究者通过对比学习和生成学习的方法，提升了图像特征学习的效果。在对比学习方面，我国研究者从特征学习、实例判别、增强策略等角度提出了一系列算法，并将自监督学习算法应用于图像聚类、遥感识别、故障诊断等领域，取得了国际领先的性能。生成学习方面，我国研究者和国外研究者同期开创性地提出了基于图像掩码模型的框架，改进了基于图像重构的自监督学习效果，并在此基础上提出特征对齐、感知编码等算法以进一步提升性能。

（3）物理知识融合的机器学习方法成为科学发现的新范式

近年来，统计机器学习范式与物理知识的结合成为人工智能跨越虚拟与实际物理世界的一座桥梁。传统的机器学习对物理世界的建模不足，样本效率不高，可解释性差，鲁棒性不足，融合物理知识是一个可行的解决方向。常见的物理知识包括微分方程、对称性、直觉物理等方面。物理信息神经网络（PINN）是其典型代表，结合损失函数和机器学习模型，将物理规则，例如偏微分方程构造的损失函数融入模型训练中，可以模拟物理现象并求解正问题或者反问题。与此同时，神经算子（neural operator）作为一种新型的代理模型也引起了研究者的关注。神经算子将物理规律引入数据生成中，利用由物理模拟方法产生的大量数据，可以求解一类微分方程所描述的系统。以神经算子为代表的方法被广泛应用于流体力学、热传导、电磁学、量子化学等领域。

在物理信息驱动的机器学习方面，科技部会同自然科学基金委启动"人工智能驱动的科学研究"（AI for Science）专项部署工作，布局人工智能驱动的科学研究的研发体系，其中物理信息驱动的机器学习是其中的重点方向。北京大学、清华大学等高校也都在等变图神经网络（EGNN）、物理信息神经网络（PINN）、神经算子（NO）等领域取得了一定影响的学术成果，在量子力学、流体力学等复杂系统模拟控制和反问题求解等方面也取得了诸多成果。

（4）图神经网络等方法为处理复杂的图结构数据提供了有效的工具

图神经网络（GNN）是近年来深度学习领域的重要发展。它以独特的拓扑结构和高效的信息处理能力，为处理复杂的图结构数据提供了有效的工具，已经在各种图数据任务中（如分子性质预测、社交网络分析等）广泛应用。图数据结构的复杂性，设计具有强大表达能力的图神经网络是图机器学习领域的核心话题。北京大学王立威教授团队采用从根本上不同于图同构的视角来重新审视 GNN 的表达能力，创造性地从图的双连通性出发，以割点和割边作为纽带，给出了关于图结构信息的描述，并广泛应用于实际问题中。他们的研究获得了机器学习领域顶级国际会议（ICLR2023）的杰出论文奖，是我国在图机器学习领域的重要研究成果。在算法应用方面，清华大学智能产业研究院、人民大学高瓴人工智能研究院都围绕图神经网络开展了大量研究，在分子生成、蛋白质结构预测等复杂结构分析方面展现了巨大的潜力。在算法工具方面，我国相关机构提供了开源的图神经网络框架和工具库，如图深度学习工具包 CogDL，推动了图神经网络的实践应用。

总体来说，我国在学术论文的发表数量、质量以及引用次数上，表现相当出色。但在一些高端应用和研究领域，如大规模图的处理、动态图的分析等，还有一定的差距。处理大规模、动态、异构的图数据，提高图神经网络的效率和性能，将是未来研究的重点。

（5）强化学习为代表的自主决策技术逐步走向实际应用

强化学习作为人工智能中行为主义的主要研究方向，受到越来越多的关注，其中最重要的趋势是离线强化学习技术。该技术针对传统在线强化学习算法与环境交互需要的代价昂贵、算法训练不稳定等问题，利用大量的离线数据来训练智能体。清华大学、南京大学等相继提出了基于模型离线数据中学习算法、基于保守估计算法和基于扩散模型、Transformer 等模型，显著提升了强化学习的可用性。低样本效率是限制强化学习算法应用于真实场景的障碍，在真实场景中无法像在模拟场景中那样获取大量数据用于训练模型。针对该问题，清华大学团队提出 Efficient Zero 模型，它达到同等水平仅仅需要 DQN 需求数据量的 1/500，能够让强化学习算法更加贴近真实应用的场景，使强化学习算法落地变为可能。除此之外，相关研究者提出了基于模型的强化学习算法，希望从数据中学习到环境的动态转移，并利用学习到的环境训练智能体，从而提升样本的利用效率。

在算法平台和数据方面，清华大学开发的天授（Tianshou）等致力于稳定、通用的强化学习算法平台和代码库。同时，构建环境和数据集也对进一步研究强化学习有重要的意义。

（6）终身学习和持续学习技术显著提升机器学习算法对开放环境的适应性和泛化性

为了应对真实世界的动态变化，深度学习模型需要不断获取、更新、积累和利用知识，这种能力被称为终身学习或持续学习，它为人工智能系统的自适应发展提供了基础。我国研究团队在终身学习的理论、方法和应用等方面做出了许多重要工作。针对深度学习的灾难性遗忘问题，我国研究团队在机器学习理论方面将终身学习的优化目标拓展到学习可塑性与记忆稳定性的相互权衡、任务内与任务间数据分布差异的泛化兼容性等基本要素。为了应对上述挑战，我国研究团队已经提出了许多有效的终身学习方法，针对终身学习的部分或整体目标，对数据、模型、预测、损失等深度学习模型的各个层次进行改进，包括参考旧模型添加额外的正则化项，近似和恢复旧任务的数据分布，操控训练范式与优化程序，学习分布良好的通用性表征，以及适当设计模型结构以构建任务适应性参数，等等。

在终身学习的基础理论与方法之外，终身学习在现实世界中可能会面临复杂场景和特殊任务等应用方面的挑战。就前者而言，明确的任务标签在训练和测试中可能是缺失的，训练样本可能是以很小的批次甚至是一次性引入的。由于标记数据的稀缺性，终身学习模型需要在小样本、半监督、无监督场景中发挥作用。至于后者，虽然终身学习的进展主要集中在传统的视觉分类任务，但在其他视觉领域，如目标检测、语义分割和图像生成，以及其他相关领域，如强化学习、自然语言处理和隐私保护，正受到终身学习越来越多的关注，也都有各自的机遇和挑战。

值得注意的是，终身学习是探索脑启发与类脑人工智能的一个重要方向。生物智能的学习天然就持续不断，其潜在的神经生物学机制在很大程度上可以用于启发深度学习模型的终身学习能力。目前已经有一系列神经科学方面的进展被借鉴到终身学习中，包括突触巩固、功能模块化、互补学习系统理论、记忆回放等。脑启发人工智能已经成为我国"脑计划"发展战略的重要组成部分，涌现出一批从事交叉学科研究的研究人员。

（7）以对抗鲁棒为代表的大模型的可信技术逐步提高大模型的安全性

对抗攻击是大模型可信性的重要研究方向。它研究大模型是否会在一些攻击者恶意构造的样本上给出完全错误的结果。我国的研究团队在这一领域的基础理论方面的研究做出了重要贡献。在对抗攻击的基础理论方面，我国的研究团队提出了一些新的理论模型与方法。例如，基于动量的对抗攻击、基于平移不变性的对抗攻击，基于预训练大模型生成的对抗扰动。这些攻击方法简单而有效，展示了大模型在实际应用中可能受到的现实威胁，强调了大模型安全性可信性研究的重要性。在对抗防御的基础理论方面，我国的研究团队也做出了突出贡献，为安全、可信大模型提供了重要保障。例如，我国的研究团队提出了许多对抗训练的技巧，大大增加了对抗训练的防御效果与对抗训练模型的鲁棒性。并且，我国的研究团队还提出了基于高层表征的对抗样本净化模型的对抗防御，使得防御对抗样本不需要额外训练，大大降低了防御算法的部署成本。这些理论模型为对抗攻击与防御提供了新的思路和方法，为应用的安全性夯实了基础。

在大模型的实际应用中，我国的研究团队也进行了大量的探索和研究。例如，在人脸识别、语音识别、自动驾驶等大模型的应用领域，对抗攻击已经成为一个不可忽视的问题。我国的研究团队也针对这些应用层面的攻击提出了一些有效的对抗防御方法，大大提高了大模型的鲁棒性和稳定性。

我国在语言大模型的可信研究上也取得了显著进展。我国研究团队将对话模型的安全性进行了分类，提出了 DiaSafety 数据集来检验对话大模型的安全性。还通过逆生成的技术，构建了 BAD+ 这一含有十二类诱导性的数据集，检验了 Blender、DialoGPT 和 Plato2 等对话大模型的安全性与可靠性。

2. 国内外研究进展比较

随预训练模型的发展，其对数据、算力的需求暴增，并且明确显示了广阔的应用前景，国内外机器学习研究重心都存在从学术界向产业界偏移的大趋势。总体来说，我国在部分关键算法、场景应用等方面有自己的特色，在原创性基础理论、算法平台和预训练基础模型方面和国外尚有差距。

（1）国内外的扩散模型等概率机器学习基础理论和方法总体在同一发展阶段

扩散概率模型的基本学习理论与方法主要由美国斯坦福大学、加州大学伯克利分校提出，清华大学朱军教授团队则提出了扩散模型的高效算法。当前的文生图扩散模型 DALL-E2、Stable Diffusion 等在视觉创作上掀起一场革命。相比文本生成来说，图像等数据具有更高的维度以及更复杂的空间结构，通常需要更多的计算资源和时间来训练，具有更高的计算复杂度。目前，美国米德朱尼（Midjourney）公司在文生图任务上处于领先地位，与其他模型的代差在半年左右。

（2）我国在物理信息驱动机器学习等交叉学科领域还需要进一步加强

在物理信息机器学习领域，我国总体而言起步较晚，影响力较大的代表性工作大多都由国外的实验室完成。我们的研究成果在数量上快速增加，已经有相当数量的顶会论文，然而其具体内容还是以跟随、模仿国外的工作为主。另外，物理信息机器学习是学科高度交叉的领域，好的研究工作通常需要多个学科研究人员的深度合作。我国暂时还没有完善的合作机制，各自为战，或者跟随国外已有铺垫的交叉学科领域或者任务，缺乏独立自主的开创精神，没有真正做到学科交叉。

（3）我国在基于自监督学习的预训练基础模型等方面与国外有明显差距

自监督学习在预训练领域展现出泛化能力。预训练模型的性能往往受到大规模预训练数据集的影响。国外如谷歌、OpenAI 等研究机构投入大量资源打造了大量可靠的多语言数据集，但英文占据了极高比例。由于语言和文化的差异，构建适用于中文和中文环境的数据集并探索相关应用成为我国研究者特别关注的方向。构建高质量中文文本语料库和数据集，也将成为我国自监督学习研究中的重要目标。此外，美国 OpenAI 公司在大语言模型方面的先发优势明显，GPT-3、GPT-4 模型在泛化性能和推理能力方面显著优于其他模型，模型代差在两到三年，甚至差距还会拉大。

（4）我国图神经网络的基础研究和开创性方法方面仍有待进步

图神经网络已成为全球人工智能研究的热点之一，我国也取得了显著的进展。但相较于国际先进水平还有一定的差距。尤其是在基础研究的深度和广度、研究环境，以及与工业界的紧密结合等方面，我国仍需努力追赶。许多开创性的工作由国外主导。比如经典的GCN、GAT、GraphSAGE 等算法均由国外提出。值得注意的是，亚马逊云科技上海人工智能研究院开发的开源图机器学习计算框架 DGL 在国际图机器学习领域具有较高的影响力。

（5）我国强化学习的基础理论与关键应用方面和国外差距显著

在强化学习领域，我国近几年来发展迅速，在我国外顶级学术会议、期刊、竞赛上都产出了一大批优秀学术成果，但是，总体来看，由于国外在强化学习领域起步较早，先发优势明显。深度强化学习主要兴起于 2013 年至 2016 年间，DeepMind 团队首次将深度神经网络的技术运用到强化学习上，在雅达利游戏（Atari）和围棋等任务上取得超越人类的表现。离线强化学习等强化学习的新方向以及一些强化学习的基本算法主要由国外学术机构提出。我国强化学习研究以跟随、改进国外研究为主，较少有开创新领域的工作。同时，国外部分研究机构已将强化学习算法用于一些数学科学问题来提升相应数学科学问题的求解，比如谷歌团队利用强化学习来辅助芯片设计、DeepMind 提出的 AlphaTensor 利用强化学习来帮助设计新的矩阵相乘算法等，在这些方面我国还有一定差距。

（6）我国终身学习和持续学习的研究和国外各有侧重

终身学习的理论、方法和应用等方面都取得了显著的进展。我国的研究团队在终身学习领域表现出了巨大的活力和潜力，涌现出一系列高水平的学术论文和研究项目。这些研究工作主要集中在终身学习的方法和应用层面，侧重于对传统机器学习和深度学习方法的改进和扩展，注重模型的高效性和可拓展性，在域适应性学习、增量学习和迁移学习等方面做出了重要的成果，并且在计算机视觉、自然语言处理、强化学习等领域的应用中取得了许多进展。与此同时，其他国家的研究团队在终身学习领域也展现出了强大的实力。美国、加拿大和欧洲等地的研究机构和大学都在积极推动终身学习方面的研究。这些国家的研究工作更侧重于基础理论的深化和新兴技术的探索，为实现智能系统的持续进化提供理论基础和技术支持，在终身学习的基本设定、场景划分和代表性方法等方面作出了重要贡献。

此外，国内外终身学习领域都非常注重交叉学科方面的研究，充分借鉴生物智能系统的学习和适应能力，将生物学原理和机制应用到机器学习和人工智能中，以适应真实世界的动态变化。

（7）在深度模型的安全与可信技术方面

在深度学习模型的安全与可信性理论方面，我国的研究与国外有明显差距。例如，在深度学习可验证鲁棒性理论方面，目前主流的理论方法（如随机平滑等）均由国外著名高校提出，我国在此方面的研究较少，仅北京大学和清华大学一些研究团队在此方面有过相关研究，但缺乏系统性的理论研究基础。

在深度学习的安全与可信性应用方面，国内外处在相同水平。在人脸识别、自动驾驶等与安全密切相关的领域，我国研究者们提出了多种算法，处于国际领先水平，多次在人工智能安全领域的国际竞赛获奖。

在大模型安全与可信研究方面，目前主流的工作是由 OpenAI、DeepMind 等较早开启大模型研究的团队提出，并定义了大模型安全性评测框架和体系，已占得先机，并且基于其性能较好的预训练大模型开展了较为深入的研究。我国大模型还处于起步阶段，距离 ChatGPT 等模型差距较大。

3. 发展趋势及展望

机器学习必将以更大的步伐推进通用人工智能（AGI）研究，模型的泛化性能和数据的利用率也将提高。

（1）机器学习模型的通用性和适应性将大幅度提高

现有研究表明，模型会随着规模增大出现智能"涌现"现象，即在推理等复杂任务上表现出阶跃式提升，因此机器学习模型规模将持续增大，直到数据规模、算力达到极限，模态数据持续增多，会使理解文本、图像、语音、视频等多种模态的输入并对齐人类意图的能力增强，合成上述模态的数据，将衍生一系列重要应用，包括对话机器人、自动驾驶感知与决策、个性化助手、虚拟人物等。

（2）强化学习和具身学习将成为重要的发展方向

具身学习强调让模型在特定的环境中与环境的交互学习并决策，能够帮助机器更好地理解现实世界，并在现实世界中执行任务。预训练基础模型作为机器人的大脑通过自然语言接口、多模态感知等模块与人类和现实环境交互，并智能地完成相关任务，是预训练模型的重要发展趋势。与此同时，强化学习从专才学习，即追求某个任务的性能，逐渐发展为通才训练，即完成一系列任务，并有很强的泛化能力。强化学习也将从虚拟走向现实，即研究具身人工智能，特别是具备终身学习能力的智能。

（3）大型模型安全和可信性成为机器学习研究

大模型可信性是指大型深度学习模型的可靠性、安全性和准确性，是保证机器学习系统有效性的重要因素。随着大模型的广泛应用，保证模型的安全利用已经成为研究者关注的焦点。大模型虽然模型更大，训练数据更多，但其内在的学习机理没有改变，仍然会存在自身的安全性问题，在实际的应用中可能影响用户体验，甚至产生异常输出，导致严重后果。另外，大模型生成的内容不受控制，可能会产生反事实内容、恶意内容、危害内容、偏见内容，等等，不仅会影响用户体验，还可能会对用户造成现实危害，因此保证模型生成内容的安全性是未来重要的研究方向。

（4）机器学习的数据驱动特征会更加明显

无论是概率建模还是自监督学习，都是从互联网海量的无标签数据构建大规模无监督数据集，并利用这些数据进行训练。GPT 的强化学习指令微调和分割一切 SAM 构建的大规模数据引擎表现惊人。未来的数据集构建将趋于半自动化，利用大量的自监督、无监督学习方法的自动标注和少量、精准的人类标注调整。

（三）深度学习与大模型

随着移动互联网等产业的快速发展，数据量呈现出爆发式增长的态势，因此，深度学习成为人工智能领域的核心支撑技术，并在生命科学、物理、化学、医学等诸多领域得到广泛应用。随着 ChatGPT 的出现并成为关注热点，大规模通用基础模型的发展步入了快车道。深度学习和大模型的研究主要集中在模型结构领域和算法领域。在模型结构方面，主要可以分为视觉模型、自然语言模型、多模态模型、图神经网络模型等研究领域；在算法方面，主要可以分为自监督学习、指令微调等研究领域。未来围绕大模型的预训练技术将是研究的重点。

（四）自然语言处理

自然语言具有高度的歧义性、抽象性，语义组合性和持续进化性，计算机处理自然语言面临巨大的挑战。自然语言处理技术从诞生共经历了五次研究范式的转变，呈现了从浅层机器学习到深度学习、从小规模专家知识到大量数据、从小计算到大计算的发展历程。2022 年出现的 ChatGPT 表现出较高水平的语言理解和生成能力、知识推理能力，大大加快了这一领域的研究进程。ChatGPT 主要应用了 Transformer、提示学习、指令微调、强化学习等技术。以大模型弥补现有模型的不足、探究模型作用机理、扩展模型的应用将是通用人工智能研究的重点。

（五）计算机视觉

对计算机视觉的研究最早可追溯至 20 世纪 50 年代。而随着机器学习尤其是深度学习的快速发展，数据处理能力不断提升，这一研究领域备受关注，步入了发展的快车道。计算机视觉的研究可以分为图像恢复、物体检测、图像分类、图像分割、三维重建。在图像分类和人脸识别等领域，计算机已经超过了人类的视觉系统。在工业领域，计算机视觉已在自动驾驶、安防监控、医疗诊断、游戏娱乐领域得到广泛应用。

（六）语音处理

语音是多模态数据的重要来源。最新的研究主要集中在听觉场景分析和语音增强、语音识别、语音合成三个领域。语音识别和语音合成作为模式识别学科的重要研究课题得到广泛关注。端到端的深度学习模型具备比传统模型更多的优势，依然有很大的发展空间。复杂场景中的语音识别、深度语音生成和识别将是重点。

（七）信息检索

信息检索技术旨在帮助用户找到相关信息，在过去的三十年的工业界和学术界得到了高速发展，成为 2018 年到 2022 年顶级信息检索旗舰学术会议 SIGIR 的研究热点。信息检索的核心价值已经从挖掘和搜索相关文档转变为如何更好地满足用户更高的需求。大模型的出现显著改变了信息检索技术的组成方式，为生成式检索提供了基础，模糊了推荐与检索的边界，更好地进行了用户建模、改善了检索结果的排序和完整性、改进了用户与搜索引擎之间的交互等。大模型的信息检索将主要围绕大模型、检索模型和用户模块来展开。

（八）多智能体系统

在绝大多数情况下，多智能体系统与分布式人工智能这两者概念是等价的。多智能体系统的概念初创于 20 世纪 70 年代，指将多个智能体作为一个功能上能够独立行动的自主集成系统，可大致分为前深度学习时代和深度学习时代。前深度学习时代的多智能体系统研究主要采用传统的优化算法，而在深度学习时代主要利用深度学习来解决更大规模和更复杂的问题。本领域主要包含了五个代表性的研究领域，即算法博弈论、分布式问题求解、多智能体规划、多智能体学习、分布式机器学习。多智能体系统已广泛应用于足球、安全博弈、扑克、麻将、视频游戏。构建超大规模多智能体系统、多智能体系统决策的可解释性等问题将是研究的重点。

（九）具身智能

随着深度学习、强化学习和机器人等前沿学科的飞速发展，人工智能得到了快速发展。在这个背景下，人工智能的研究范式正在逐渐从以静态大规模数据驱动的"线上智能"转变为以智能体与环境交互为核心的"具身智能"。与"线上智能"被动接收数据实现智能的模式不同，具身智能系统需要智能体以第一人称视角身临其境地从环境交互中理解外部世界的本质概念，是通向新一代人工智能的重要方式。具身智能是指一种基于感知和行动的智能系统，通过智能体身体和环境的交互来获取信息、理解问题、做出决策并行动。机器人技术是具身智能系统的重要载体，在具身仿真环境和具身任务、具身学习（教学和执行）两个方面已有一定的研究。未来将更加注重具身智能与大模型的结合，探索更加先进的具身仿真环境和迁移技术，研究真实世界中类人级别智能机器人的工业化应用。

（十）智能安全

随着智能系统的大规模应用与部署，智能技术存在的安全问题也逐渐暴露出来。例如，在计算机视觉领域，对图像进行对抗攻击，能够在人类肉眼观察无显著变化的同时颠覆机器认知图像的结果。除了智能技术本身存在的安全问题之外，对智能技术的不当使用会导致一系列社会问题。例如，深度伪造攻击。因此，人工智能技术所引发的安全问题与社会问题已受到学术界与工业界的高度关注，并成为新兴的研究领域。本领域主要聚焦于对抗样本攻击与防御、数据投毒攻击与防御、隐私攻击与防御、深度伪造攻击与检测四类技术。未来的人工智能对抗技术将伴随人工智能产品的逐渐落地，并从数字域攻防逐渐转移至物理域攻防。

四、小结

人工智能研究有符号主义、连接主义、行为主义三大学派。时至今日，人们发现这三大学派基于相同的预设：概念的指名功能、指心功能、指物功能等价。对于符号主义来说，实现概念的指名功能就足够了。对于连接主义来说，实现概念的指心功能就足够了。对于行为主义来说，实现概念的指物功能就足够了。如果概念的三指等价，则符号主义、连接主义、行为主义理论上显然是等价的，这也是今天三大学派逐渐相融的理论解释。在今天的人工智能研究和实践中，三大学派交互影响，相互融合。如机器学习的很多算法已经不再局限于一个学派，深度强化学习融合了连接主义和行为主义，深度贝叶斯神经网络融合了连接主义和符号主义，贝叶斯强化学习融合了符号主义和行为主义，等等。

但是，概念的三指等价有时并不一定全局成立。在概念的三指等价不成立时，与符号主义、连接主义、行为主义对应的符号世界、心理世界、物理世界也不再同构。此时，在符号世界实现的人工智能被称为认知智能；在心理世界实现的人工智能被称为情感智能；在物理世界实现的人工智能被称为行为智能。认知智能不一定需要具身。具身有两种含义。狭义的具身是指感知并受限于自身。广义的具身是指不仅能感知，并且能与环境交互。从狭义上来看，情感智能与行为智能都必须具身才能实现，但行为智能只满足狭义具身尚不能实现。从广义上来看，行为智能等同于具身智能，但情感智能与具身智能不同，因为情感智能的主要目的在于解决心理世界的问题，但是心理世界显然不同于物理世界。从实现难度来说，认知智能、情感智能、行为智能是逐次升高的。认知智能是只限于符号世界保证概念的三指等价，相对简单。情感智能则要保证情感世界里保证概念的三指等价，同时由于现在的技术限制，也要保证用于实现情感智能的符号在某些情况下三指等价，这显然比单纯在符号世界保证概念的三指等价要难得多。至于行为智能，由于概念的三指等价只能保证局部成立而不是全局成立，这时必须放弃符号世界、心理世界和物理世界三界同构假设，这使得行为智能的实现必须找到一个局部环境保证概念的三指等价。这也是莫拉维克悖论的由来。

通常，保持三界同构假设成立的，只有感知智能。理论上看，感知智能实现难度最低。从人工智能发展历史看，最先成熟并走向日常应用的是感知智能，如人脸识别、指纹识别、车牌识别、语音识别等。ChatGPT 的出现，标志认知智能即将走进日常应用。目前来看，情感智能还只能在受限情况下使用，行为智能的应用更是严重受限。理论上，行为智能只能在封闭环境下使用。所谓封闭环境，就是保证相应概念任务的三指等价。只要能够在使用的环境下可以保证相应概念的三指等价，行为智能就可以实现。比如，电饭煲、懒人锅、自动售货机、烤肠机等，就在封闭环境下做到了相关概念的三指等价。在开放环境下做到相关概念的三指等价很难，这也是无人驾驶的难题。

现在人工智能已经进入认知时代，情感智能、通用智能尚有距离。理论上，通用人工智能不会是人工智能的未来。因为只要具身，就难以通用。不能具身，则情感智能、通用智能不能实现。但是，人工智能即使进入情感智能、通用智能时代，人依然有人的用处。另外，随着智能的发展，有些行业或者学科会衰败乃至消失，也会孕育新行业或者学科。

参考文献

［1］ Radford A，Wu J，Child R，et al. Language models are unsupervised multitask learners［J］. OpenAI blog, 2019, 1（8）: 9.

［2］ Song Y, Sohl-Dickstein J, Kingma D P, et al. Score-based generative modeling through stochastic differential equations［J］. ICLR, 2021.

［3］ Bao F, Li C, Zhu J, et al. Analytic-dpm: an analytic estimate of the optimal reverse variance in diffusion probabilistic models［J］. ICLR, 2022.

［4］ Lu C, Zhou Y, Bao F, et al. Dpm-solver: A fast ode solver for diffusion probabilistic model sampling in around 10 steps［J］. NeurIPS, 2022.

［5］ Ramesh A, Pavlov M, Goh G, et al. Zero-shot text-to-image generation［C］//International Conference on Machine Learning. PMLR, 2021: 8821-8831.

［6］ Brown T, Mann B, Ryder N, et al. Language models are few-shot learners［J］. Advances in neural information processing systems, 2020, 33: 1877-1901.

［7］ Touvron H, Lavril T, Izacard G, et al. Llama: Open and efficient foundation language models［J］. arXiv preprint arXiv: 2302.13971, 2023.

［8］ Driess D, Xia F, Sajjadi M S M, et al. Palm-e: An embodied multimodal language model［J］. arXiv preprint arXiv: 2303.03378, 2023.

［9］ Saharia C, Chan W, Saxena S, et al. Photorealistic text-to-image diffusion models with deep language understanding［J］. Advances in Neural Information Processing Systems, 2022, 35: 36479-36494.

［10］ Rombach R, Blattmann A, Lorenz D, et al. High-resolution image synthesis with latent diffusion models［C］//Proceedings of the IEEE/CVF Conference on Computer Vision and Pattern Recognition. 2022: 10684-10695.

［11］ Bao F, Nie S, Xue K, et al. One Transformer Fits All Distributions in Multi-Modal Diffusion at Scale［J］. arXiv preprint arXiv: 2303.06555, 2023.

［12］ Fei N, Lu Z, Gao Y, et al. Towards artificial general intelligence via a multimodal foundation model［J］. Nature Communications, 2022, 13（1）: 3094.

［13］ Zhang S, Tong H, Xu J, et al. Graph convolutional networks: a comprehensive review［J］. Computational Social

Networks, 2019, 6（1）: 1-23.

［14］ Wu F, Souza A, Zhang T, et al. Simplifying graph convolutional networks［C］//International conference on machine learning. PMLR, 2019: 6861-6871.

［15］ Kipf T N, Welling M. Semi-supervised classification with graph convolutional networks［J］. arXiv preprint arXiv: 1609.02907, 2016.

［16］ Veličković P, Cucurull G, Casanova A, et al. Graph attention networks［J］. arXiv preprint arXiv: 1710.10903, 2017.

［17］ Hamilton W, Ying Z, Leskovec J. Inductive representation learning on large graphs［J］. Advances in neural information processing systems, 2017, 30.

撰稿人：于 剑

专题报告

知识计算的研究现状与发展趋势

智能，即机器处理知识的能力。

Nilson 认为人工智能是关于知识的科学。用机器处理知识是人工智能最核心的研究领域。人工智能领域大部分图灵奖获得者所做的工作都和知识处理即知识计算息息相关。知识计算有三个核心任务：

一是知识表示（knowledge representation）：机器如何编码知识（知识长什么样）；

二是知识推理（knowledge reasoning）：机器如何运用知识推导出新知识，解决问题或做出决策（知识该怎么用）；

三是知识获取（knowledge acquisition），包括知识学习（knowledge learning）：机器如何获得知识，其中学习是获得知识的一个重要方式（知识怎么来的）。

除此之外，知识计算还包括知识存储（storage）、知识的语义（semantics）、知识与（暗）数据的对接等重要问题。

知识与数据的关系一直是人工智能领域有争议的问题。广义上讲，数据是一种知识；反过来，知识也是一种数据。而狭义上，数据和知识有以下区别。①数据一般是直接的，是观察、测量、研究等行为的直接结果；知识一般是间接的，是需要通过对数据进行整理、归纳、推理和解释后凝练形成。②数据一般是具体的，停留在个体（instance）层面，是对具体的某个个体的断言；知识一般是抽象的，在模式（schema）层面，是对一类个体共有规律的总结。然而，对某些重要个体的断言也被通常被认为是知识，例如，"地球是圆的"。③数据一般间接参与决策；知识一般直接参与决策。④数据的时效性一般较短；知识的时效性一般较长。⑤数据的结构一般是相对简单的；知识的结构一般是相对复杂的。⑥数据的量一般相对较多；知识的量一般相对较少。例如，一个气温读数、一个人的年龄、一份销售报告中的数字等，通常被认为是数据，而理解气候变化的原理，理解人类生理发育的规律，明白市场趋势的变化等，通常被认为是知识。

可以认为，数据和知识都是信息的形态，而信息形态可分成很多不同的层级。数据是一种偏原始偏低层的信息，而知识，相比之下，是一种更偏精练偏高层的信息。因此，培根有句名言：知识就是力量。当然，数据也很重要，但往往数据的重要性不在其本身，而是在其背后蕴含和隐藏的知识。

对于人工智能，知识是除了算法、算力、数据之外的第四要素，某种意义上是更加重要的要素。

一、知识计算概述

在数据库领域，如何表示数据，即数据模型（data model），是一切的出发点。例如，关系数据库基于关系数据模型（relational data model），而大数据库大多基于键值数据模型（key-value data model）。同样，在知识计算领域，知识表示也是基础，一种知识表示的方法被称为一个知识模型（knowledge model）。

知识是人工智能的关键要素，所以知识计算一直是人工智能的核心领域之一。以前由于历史原因，在人工智能领域，知识这一名词一般被用于传统的符号流派（symbolism），而研究的主要内容关于逻辑（logic）知识模型与规则（rule）知识模型的表示、推理以及语义，学习鲜有提及。因此，关于知识的研究归结在知识表示与推理（knowledge representation and reasoning，KR&R）领域。然而，随着人工智能特别是深度学习的蓬勃发展，仅仅局限于符号知识模型，已经不符合时代的需求，也不是知识的全部。知识模型可分成符号和亚符号两个大类。

（一）符号知识模型

符号知识模型（symbolic knowledge model，SKM）将知识用显式的（人造）符号表示。一般来说，一条知识对应着一个符号表达式。符号知识模型又可以进一步细分成如下主要几种。

1. 逻辑知识模型

符号逻辑（symbolic logic）是人工智能的一个重要概念，尤其在知识表示、知识推理和知识学习等方面起着核心作用。

2. 知识表示

在人工智能中，符号逻辑可以用于构建知识模型，它通过定义一系列的符号和语法规则，将知识转化为一种形式化的语言。这种语言可以很好地描述事物的属性、关系、规则等，有助于机器理解和处理复杂的知识。比如，我们可以使用一阶谓词逻辑来表示"所有的鸟都会飞"，用逻辑符号写作"$\forall x（鸟（x）\to 飞（x））$"。

3. 知识推理

符号逻辑提供了一种推理工具。它的推理规则（如莫都斯·庞森斯规则、莫都斯·托连斯规则等）可以用于从已有的知识中推导出新的知识。例如，如果我们已经知道"所有的鸟都会飞"（∀x（鸟（x）→飞（x）））和"麻雀是鸟"（鸟（麻雀）），那么我们就可以通过演绎推理得出"麻雀会飞"（飞（麻雀））。

4. 知识学习

符号逻辑也可以用于知识学习。在一些场景下，可以通过归纳、类比等方法，从数据中学习到新的逻辑规则。例如，如果我们观察到所有见过的鸟都会飞，那么我们可以通过归纳推理，学习到新的知识，"所有的鸟都会飞"。

然而，值得注意的是，符号逻辑也有其局限性。例如，它难以处理不确定性和模糊性，也难以表示复杂的关系和结构。因此，在实际应用中，符号逻辑通常会和其他知识模型（如贝叶斯网络、神经网络等）一起使用，以克服这些局限性。

5. 规则知识模型

人工智能利用规则作为知识模型，可以更好地理解、解释和生成复杂的人类语言和行为。规则也常常用于模拟或者模拟人类的决策过程。以下是如何用规则作为知识模型进行知识表示、知识推理和知识学习的描述。

一是知识表示：规则可以作为一种形式来表达知识。例如，生产规则（production rules）在专家系统中广泛使用，他们以 IF-THEN 的形式出现，如"如果温度高于 37.5 摄氏度，则认为有发热的可能"。这种形式化表示使得知识易于储存、修改和查询。

二是知识推理：利用这些规则，人工智能系统可以进行逻辑推理。在上述示例中，如果一个人工智能系统知道一个人的体温是 38 摄氏度，那么它可以根据给出的规则推断出这个人可能发热。这种方式被称为前向链接（forward chaining），即根据已知事实和规则推断新的事实。还有一种方式叫作后向链接（backward chaining），它是从一个目标事实开始，然后查找能够证明这个事实的规则和事实。

三是知识学习：知识学习是通过从数据或者环境中发现新的规则或者修改现有规则的过程。例如，决策树学习算法就是一种规则学习的方法，它从数据中学习出一组 IF-THEN 的规则。强化学习是另一种通过与环境交互学习规则的方法，例如，一个人工智能玩游戏可以通过试错法学习到一套行为规则，这些规则告诉人工智能什么动作在什么情况下会带来更高的奖励。

然而，尽管规则在某些场景中非常有用，但是它们在处理复杂、不确定或者模糊的问题时，例如理解自然语言或者识别图像，可能就不够有效了。在这些情况下，基于概率的方法（如贝叶斯网络）或者基于深度学习的方法可能会更有效。

6. 图知识模型

图是一种在人工智能领域广泛使用的知识模型，特别是在语义网络中，它以图形的形式表示实体及实体间的关系。以下是图，特别是语义网络，作为知识模型进行知识表示、知识推理和知识学习的描述。

一是知识表示：在语义网络中，节点表示实体，边表示实体间的关系。例如，节点可以表示"人"、"苹果"，而边可以表示"吃"，即"人吃苹果"。这种方式的优点是能直观地表示和理解复杂的关系。

二是知识推理：语义网络可以进行推理。例如，如果我们知道"人吃苹果"，并且"苹果是水果"，那么我们可以推断出"人吃水果"。语义网络中的推理通常使用基于图的算法，例如图搜索或者路径找寻。

三是知识学习：知识学习在语义网络中主要包括学习实体，学习实体间的关系，以及学习关系的属性。例如，从大量的文本数据中，我们可以学习到新的实体和实体间的关系，这通常通过信息抽取技术实现。此外，通过机器学习的方法，我们还可以预测实体间可能存在的关系。

语义网络的一个重要应用是知识图谱（knowledge graph）。知识图谱通过构建大规模的实体和关系，能有效地支持复杂的查询和推理。知识图谱已经在许多应用中展示了其强大的能力，例如 Google 的搜索引擎。

值得注意的是，尽管语义网络有其优点，但在处理大规模数据或者复杂的关系时，可能需要更复杂的模型，例如图神经网络（graph neural networks），它可以更好地处理图结构的数据，并支持复杂的推理和学习任务。

7. 数据模型作为知识模型

数据模型在人工智能中扮演重要角色，它们为信息提供组织架构并支持有效的数据管理。以下用一些常见的数据模型，包括关系数据模型、键值模型、XML 等，说明它们如何用于知识表示、知识推理和知识学习。

一是关系数据模型：这是一种以表格形式表示数据的模型，其中行表示实体（或者记录），列表示属性。在知识表示中，可以用表格形式记录和存储大量数据。SQL 是用于查询和操作关系数据库的主要语言。在知识推理方面，可以利用 SQL 进行复杂的查询，比如连接、过滤和聚合等操作。关于知识学习，机器学习算法可以直接从表格数据中学习，或者通过转换和预处理进行学习。

二是键值模型：在这种模型中，数据以键值对的形式存储。这是一种简单而灵活的数据模型，可以用于存储和检索大量的数据。例如，NoSQL 数据库就常常采用键值模型。在知识表示方面，键值模型可以用于表示简单的事实，例如"北京的人口是 2154 万"。在知识推理和知识学习方面，键值模型的应用就相对有限。

值得注意的是，尽管这些数据模型在表示、推理和学习方面都有其应用，但它们通常需要与其他技术一起使用，例如数据清洗、数据集成、数据挖掘和机器学习等，才能在人工智能中发挥最大的作用。

8. 类数据知识模型

传统的数据模型对于知识表示而言过于底层。根据应用的需求，从底层数据到高层知识之间，人工智能研究者们提出了一些介于数据和知识之间的模型。前面提及的语义网络就是一个典型的例子。其他的类似模型包括框架系统（frame system）和 XML（extensible markup language）等。

一是框架系统：框架系统是一种基于面向对象的知识表示技术，它们将知识组织为一种称为"框架"的数据结构。在框架系统中，每一个"框架"（frame）代表一个概念或者实体，具有一系列属性（slots）和对应的值（fillers）。例如，一个"人"框架可能有"名字"、"年龄"、"职业"等属性。在知识表示方面，框架系统可以表示复杂的概念和关系。在知识推理方面，可以使用继承、默认值和约束等机制进行推理。在知识学习方面，可以通过添加、修改或删除框架来学习新的知识。

二是 XML：XML 是一种标记语言，它可以表示复杂的文档结构，例如网页、书籍和科学文章。在知识表示方面，XML 可以用于表示和交换结构化的数据。例如，一个 XML 文档可以表示一个人的信息，包括名字、年龄、职业等。在知识推理方面，可以使用 XPath 和 XQuery 等查询语言进行查询和提取，或者使用 XSLT 进行转换。在知识学习方面，可以通过解析 XML 文档，提取和学习其中的信息。

值得注意的是，框架系统和 XML 都是用于表示和处理知识的工具，而不是进行知识推理和学习的算法。在实际应用中，通常需要将这些工具与其他技术（例如逻辑推理、机器学习等）结合使用，才能实现有效的知识推理和学习。

9. 不确定性知识模型

在人工智能中，很多情况下需要处理含有不确定性的知识和信息，例如，感知数据的噪声、决策过程的随机性，或是因为知识的不完整或不准确导致的不确定性。以下描述如何用概率和模糊逻辑等工具来表示、推理和学习不确定性知识。

一是概率：概率是处理不确定性的主要工具之一。在知识表示中，概率可以用于表示事件发生的可能性，例如贝叶斯网络和马尔可夫决策过程就是用概率来表示不确定性的知识模型。在知识推理中，可以用贝叶斯规则来进行推理，例如贝叶斯滤波用于跟踪和预测不确定的状态。在知识学习中，概率模型如贝叶斯分类器和隐马尔可夫模型可以从数据中学习概率参数。

二是模糊逻辑：模糊逻辑是处理模糊性和不确定性的另一种工具。与传统逻辑（真或假）不同，模糊逻辑允许中间的真值。在知识表示中，模糊逻辑可以用来表示模糊的概念，例如一个人可以"非常高""中等高"或者"稍微高"。在知识推理中，可以使用模糊推理规则进行推理，例如如果一个人是"非常高"，那么他可能是一个"篮球运动员"。在知识学习中，模糊逻辑可以用来学习模糊的概念和规则，例如模糊聚类。

需要注意的是，虽然概率和模糊逻辑都能处理不确定性，但它们有不同的侧重点。概率更侧重于处理随机性，而模糊逻辑更侧重于处理模糊性。在具体应用中，需要根据问题的特点选择合适的工具。

10. 符号融合知识模型

贝叶斯网络、马尔可夫逻辑网络和概率数据库是在人工智能中处理不确定性问题的重要工具。以下说明它们如何用于知识表示、知识推理和知识学习。

一是贝叶斯网络：贝叶斯网络是一种图形模型，它用一个有向无环图（DAG）来表示变量之间的依赖关系，以及每个变量的概率分布。节点代表随机变量，箭头代表变量之间的概率依赖关系。贝叶斯网络可以表示复杂的不确定性知识。在知识推理方面，可以使用贝叶斯推理进行概率推断，例如根据已知变量推断未知变量的概率。在知识学习方面，可以从数据中学习贝叶斯网络的结构和参数。

二是马尔可夫逻辑网络（markov logic networks，MLN）：MLN 是一种统计关系学习的方法，它将一阶逻辑（用于处理复杂关系）和马尔可夫随机场（用于处理不确定性）相结合。在知识表示方面，MLN 可以用来表示复杂的关系和不确定性。在知识推理方面，可以使用基于图的推理算法进行概率推断。在知识学习方面，可以从数据中学习 MLN 的结构和权重。

三是概率数据库：概率数据库是一种存储不确定信息的数据库。它们通常将传统数据库的元组或属性扩展为概率分布。概率数据库可以用来表示不确定的知识，如测量误差、不确定的预测等。在知识推理方面，可以通过概率查询进行推理，例如计算给定条件下某个查询的期望值或概率。在知识学习方面，可以通过学习数据库中的概率分布来学习新的知识。

这些模型都可以有效地表示和处理不确定性，但是具体选择哪个模型应根据问题的特性和需求来决定。例如，如果问题涉及复杂的关系和不确定性，那么可能需要使用 MLN。如果问题只涉及简单的不确定性，那么可能就可以使用贝叶斯网络或概率数据库。

其他包括博弈论（game theory）、社会选择理论（social choice theory）、算法信息论（algorithmic information theory）等，也可以归类为是符号知识模型。

（二）亚符号知识模型

亚符号知识模型（sub-symbolic knowledge model）与符号知识模型不同，亚符号知识模型并不是用显式的（人造）符号来表示知识，知识通常隐式地蕴含在非符号化非结构化的表示之中。根据表示形式的不同，亚符号知识模型可以主要分为如下三类。

1. 连接知识模型

连接知识模型将知识用隐式的神经网络表示。一个神经网络同时表示多条知识，知识隐藏在神经网络的结构与权重之中。根据结构的不同，神经网络可分为全连接、卷积、循环、注意力等许多不同种类。历史上很长一段时间内，除了部分学者的坚持以外，神经网络并不被公认为一种知识模型。然而，神经网络提出的动机，就是用来作为一种不同的布尔逻辑表达方式。明斯基当年对双层神经网络的批评也主要在于它不能表达异或函数，后来也证实了这个可以被三层（或更多层）神经网络所解决。现今，基于深度学习的神经网络（包括大语言模型等）已经证实其强大的知识处理与计算能力。因此，神经网络作为一种知识模型的存在毋庸置疑，虽然现在的人工智能研究并不能完全理解知识在神经网络中如何存储，如何做结构化推理以及可解释推理，知识在神经网络中语义如何分析等（见表 1）。

表 1　神经网络作为知识模型

知识表示	（全连接、卷积、循环、注意力等）神经网络
知识推理	前向传播（forward propagation）：输入经过前向神经网络运算得到输出
知识学习	反向传播（backward propagation）：输出的误差经过反向神经网络运算，改变网络权重

2. 暗数据知识模型

暗数据知识模型包括自然语言知识模型（natural language knowledge model）。暗数据是指那些尚未被利用或分析的数据，这类数据通常包含了大量的潜在价值。在许多场景中，文本、图像和视频等数据类型往往是暗数据，因为它们可能尚未被人工智能系统充分挖掘和利用。

这些暗数据可以通过人工智能的方法进行挖掘和学习，从而作为知识模型的一部分，并用于知识表示、知识推理和知识学习。

一是文本数据：自然语言处理（NLP）技术可以用于处理文本数据。在知识表示中，文本数据可以通过词嵌入（如 Word2Vec、GloVe 等）或者句子嵌入（如 BERT、GPT 等）进行表示。在知识推理方面，可以通过语义分析、关系抽取等技术推理文本数据中的信息。在知识学习方面，可以通过监督学习、无监督学习或强化学习等方法从文本数据中学习知识。

二是图像数据：计算机视觉技术可以用于处理图像数据。在知识表示中，图像数据可以通过卷积神经网络（CNN）等模型进行表示。在知识推理方面，可以通过目标检测、图像分类等任务推理图像中的信息。在知识学习方面，可以通过深度学习模型从图像数据中学习知识。

三是视频数据：视频数据包含了图像和时间序列两个方面的信息。在知识表示中，视频数据可以通过三维卷积神经网络或者长短期记忆网络（LSTM）等模型进行表示。在知识推理方面，可以通过动作识别、物体跟踪等任务推理视频中的信息。在知识学习方面，可以通过深度学习模型从视频数据中学习知识。

总的来说，通过适当的技术，这些暗数据可以被转化为明数据，并用于知识表示、推理和学习，从而为人工智能应用提供更丰富的知识和信息。

3. 分布式知识模型

分布式知识模型（distributed knowledge model）又称向量知识模型（vector knowledge model）：分布式知识模型把知识用分布式的向量表示。一般来说，一个向量对应一条知识。分布式知识模型受到自然语言处理中词向量（word vector）模型的启发。词向量模型将自然语言的单词用向量表示，例如，可以把"中国"表示为一个向量〈1,1,1,0,1,0,0,1〉，而"北京"表示为〈1,1,1,1,1,0,0,1〉，"首都"为〈1,1,0,1,1,0,0,1〉。同样，"中国的首都是北京"这一条知识也可以表示为一个向量〈1,1,1,1,1,0,1,1〉。语义上相近的词和知识在向量空间上理应接近。分布式知识模型又可以分为离散和连续两种，前者向量里的值是离散的，而后者是连续的。与传统的符号知识模型相比，分布式模型用较高维度的空间表示知识，从而有更好的泛化性。然而，分布式模型里每个维度的含义并不明确，维度中每个值的准确程度也会造成一定问题。分布式知识模型往往和神经网络紧密联系在一起，因为很多分布式知识向量是通过神经网络训练得到的。然而，它们是两种不同的知识模型，分布式模型的知识和向量大体是一一对应的，而神经网络与知识则是一对多的。分布式模型的知识存储也比神经网络知识模型更容易被理解和提取。知识向量也未必一定要通过神经网络来训练，其他方法（如统计）也是可行的（见表2）。

表2　分布式知识模型

知识表示	知识向量
知识推理	相似度，夹角等向量度量方式
知识学习	向量学习等

4. 融合知识模型

贝叶斯网络、模糊逻辑、马尔科夫逻辑网络等在符号模型框架内融合了不确定性、图和逻辑等知识模型。亚符号知识模型中的连接、暗数据、分布式等知识模型也可以互相融合。符号与亚符号模型之间也存在互动和融合的可能性，虽然目前这些工作还处在萌芽阶段。

知识模型的以上分类方法论是从所采用技术和表示结果的维度，即知识在模型中，以什么样的方式呈现给机器，也是目前最主流的一种分类方式。

从知识表示的抽象度来看，知识可以分为两类：①个体层（instance level）知识，关于具体的某个对象的知识，例如某个人、某棵树等；②模式层（schema level）知识，关于一类对象共性的知识，例如一类人、一类树等。

从知识表示的对象的种类和特性来看，知识可以分为五类：①单体（individual）知识，知识作为一个整体对象来考虑。一个对象就是一条知识，例如贝叶斯网络里的顶点。②组合（compositional）知识，知识通过组合的方式得到。例如语义网络的三元组，两个实体加一个关系构成知识。又例如命题逻辑中，知识与知识可以通过否定、蕴含等连接词构成新的知识。③不确定性（uncertain）知识，知识并不是完全确定的。例如概率知识和模糊知识。逻辑中的析取（disjunction）也可以看成一种不确定性知识。④动态（dynamic）知识，关于行动和行动后果的相关知识。行动的种类也有很多，包括事件（event）、行动（action）、规划（plan）、过程（procedure）、方法（method），程序

（program）本身也是一种特殊的行动。⑤时（time）空（space）知识，时间和空间，由于其特殊性和应用广泛，在有些应用场景，是一种需要特别方法处理的知识。

其他如优先级（preference），多主体的共有知识（common knowledge）和博弈知识（game knowledge）、认知（epistemic）与心理状态（mental states），等等。

例如，（朴素）贝叶斯网络是一种考虑个体层、单体和不确定性知识的图知识模型。马尔科夫逻辑网络是一种考虑模式层、一阶组合、不确定性的逻辑＋概率的知识模型。它们都没有考虑到动态知识。情形演算（situation calculus）是一种考虑模式层、一阶组合、和行动的逻辑知识模型，但没有考虑不确定性，等等。马尔科夫决策过程是一种考虑个体层、单体、动态和不确定性的图加概率知识模型。

符号知识模型往往会有融合特性，选取其中多个知识对象考虑。然而，考虑的对象越多，所得到的模型也就越复杂，以至于越难以使用。即便如此，迄今为止，没有任何一个符号模型融合表示了以上所有知识对象，甚至离这个目标还差得很远。有时，为了简化模型或获得推理上的好处，有些模型做了相应的假设。例如马尔科夫决策过程和马尔科夫逻辑网络假设了（k 阶）马尔科夫性，即当前状态仅和之前的（k 个）历史状态有关。Prolog考虑的是一阶逻辑的 Horn 子句；描述逻辑（description logic）考虑的是一阶逻辑的双变量子集（two-variable fragment）。

现阶段，亚符号知识模型往往忽略了知识对象的差别，而把知识的个体层和模式层，动态知识和时空知识统一处理。例如，无论是神经网络模型、向量模型还是暗知识，否定连接词（negation）往往并没有得到特殊的处理。因此，询问一个神经网络同样问题和它的否命题，有可能得到相同的答案。当然，不同抽象度和不同种类和特性的知识都一定程度上蕴藏在亚符号模型的数据源（例如语言的上下文）中，所以亚符号知识模型也能一定程度上处理这些不同，只是难以做到精细化和精准化。

虽然上述知识模型取得了一定成就，但是它们在一些关键之处仍然存在缺陷，严重阻碍了知识计算真正解决认知与决策智能的问题，并走向大规模应用。这些缺陷包括六类。①简洁性，不够简单，不够统一。知识工程师需要花费大量时间学习与掌握。②可扩展性，难以在某个知识模型基础上扩展新概念，如在逻辑上扩展概率。③可理解性，机器很难或无法理解该知识模型，如自然语言。④强表达能力，无法表达较为复杂的知识，如行动及归纳法等方法。⑤高推理效率，无法自动推理，或推理算法效率低下以至于无法实用。⑥可学习能力，很难获取和学习知识，或成本过高。

表 3 概括了现有知识模型在以上六个方面的能力。

表 3　人工智能现有主要知识模型优缺点分析

	逻辑	规则	图	模式	概率	自然语言	分布式	神经网络
简洁性	弱	弱	强	中	中	强	中	中

续表

	逻辑	规则	图	模式	概率	自然语言	分布式	神经网络
可扩展性	弱	弱	强	中	中	强	中	弱
可理解性	强	强	强	强	强	弱	弱	弱
强表达能力	强	强	弱	中	弱	强	中	中
高推理效率	中	中	弱	弱	中	弱	弱	弱
可学习能力	弱	弱	中	弱	中	强	强	强

二、近期进展与存在的问题

近年来，人工智能领域蓬勃发展，主要是由深度学习神经网络所驱动。深度学习在感知识别、强化学习和大语言模型上取得了举世瞩目的成就。显然，深度学习也给知识计算带来了巨大的冲击。深度学习极大地提升了亚符号知识模型的地位和作用，同时也给传统符号知识模型带来了极大的机遇和挑战。

首先，神经网络本身就是一种知识模型。深度学习，特别是大语言模型GPT4的成功，不仅进一步证实了神经网络有强大的知识学习能力，也首次证明了神经网络有强大的知识推理能力，而后者，在之前的神经网络中效果并不好。其次，深度学习也使得（多模态）暗数据（文本、图像、视频等）能够真正作为一个知识模型存在。在此之前，即便大家都能意识到暗数据中见蕴含大量的有用的知识，但是由于技术和工具的缺乏，极难从暗数据中将知识挖掘出来。深度学习，特别是大语言模型，让这变成了一个不仅是可能，而且是相当有希望的任务。最后，深度学习也能对传统的符号知识模型，特别是符号知识模型的知识学习方面，起到很大的帮助。例如，MuZero能从不同棋类的自我博弈数据中自发学习马尔科夫决策过程，并取得很好的成绩。深度学习也能帮助知识图谱进行自动知识补全（knowledge completion）。

大语言模型如OpenAI的GPT-3和ChatGPT，已经在知识表示、推理和学习方面展示出了显著的能力。这些模型通过在大规模文本数据上进行预训练，学习到了如何生成流畅且连贯的文本，理解复杂的语言结构，甚至进行一定程度的推理和解答复杂问题。大语言模型通过将单词或短语映射到高维向量空间，形成了一种有效的分布式知识表示。这种表示不仅捕获了词语的语义信息，还能表达出词语之间的复杂关系。例如，在这个向量空间中，相似的词语会被映射到接近的位置，而反义词则会被映射到相距较远的位置。在进行文本生成时，大语言模型会根据上下文信息进行复杂的推理。例如，如果上下文中提到了一个人正在进行长跑，那么模型在接下来的生成中可能会推理出这个人可能会感到疲劳。这种推理能力在很大程度上依赖于模型在预训练过程中学习到的世界知识和常识。ChatGPT4的常识知识推理能力已经达到了九岁孩童的水准，这在以前的无论是符号的还是亚符号的知识模型中，都是不可想象的。大语言模型具有强大的基于文本的知识学习能力，主要来源于其预训练过程。

暗数据包含了大量的信息，但是由于其结构的复杂性和多样性，传统的数据分析方法往往难以对其进行有效处理。同时包含文本、图像和视频的多模态暗数据则更难从中挖掘和推理知识。深度学习已经在处理多模态暗数据上展现了巨大的潜力。在多模态暗数据表示学习方面，最关键的步骤之一就是学习到有效的数据表示。近年来，许多深度学习模型，如卷积神经网络（CNN）用于图像表示，循环神经网络（RNN）和 Transformer 等用于文本表示，已经在单一模态的数据表示学习上取得了显著的成果。对于多模态数据，一种常见的做法是分别使用不同的模型学习各个模态的表示，然后通过一些方法（如拼接、加权平均等）将这些表示整合成一个统一的表示。在交叉模态学习方面，深度学习模型可以从一个模态的数据学习到的知识用于理解和处理另一个模态的数据。例如，视觉问答（visual question answering，VQA）就是一个典型的交叉模态学习任务，它需要模型理解图像（视觉模态）和问题（文本模态）并给出答案（文本模态）。近年来，一些模型，如 MCB（multimodal compact bilinear pooling）和 MUTAN 等，已经在这一任务上取得了很好的效果。在少样本学习和迁移学习方面，零样本或少样本学习是指训练模型识别在训练阶段未出现的类别，而迁移学习则是指将在一个任务上学习到的知识应用到另一个任务上。这两种方法都可以有效地处理数据稀缺的问题，对于多模态暗数据尤为重要，因为这些数据可能包含许多稀有类别或者新出现的类别。近年来，一些基于深度学习的方法，例如 ZSL-GAN、f-CLSWGAN 等，已经在零样本学习上取得了很好的效果。此外，预训练模型，如 BERT、GPT 通过在大规模数据上预训练，可以有效地学习到通用的语义表示，然后再迁移到具体的任务上，大大提高了模型的效果和效率。

知识图谱难点在于其收集和构建，往往存在知识覆盖率不全、信息缺失等问题，因此知识图谱的自动补全（knowledge completion）成了近期研究的重点和热点。知识补全的主要目标是预测知识图谱中缺失的关系，这通常可以归纳为一个链接预测（link prediction）问题。近年来，深度学习技术在知识图谱补全任务上取得了显著的成果。一种主要的方法是基于嵌入的模型（embedding-based models）。这类方法试图将知识图谱中的实体和关系映射到低维向量空间，通过学习实体和关系在这个空间的分布，然后预测缺失的关系。TransE 是这一类方法中的开创性工作，它假设"头实体加关系等于尾实体"在向量空间中成立。其后的诸多工作如 TransH、TransR、TransD 等都在此基础上进行了扩展和改进。另一类主要方法是基于图神经网络的模型（graph neural networks-based models）。图神经网络可以捕捉实体在图中的拓扑结构和邻域信息，从而更好地预测实体之间的关系。GCN、GAT、R-GCN 等都是这类方法的代表性工作。相比于嵌入方法，图神经网络能够利用图的结构信息。此外，还有一些其他的方法，例如基于路径的方法（path-based methods），这类方法试图通过找到知识图谱中实体之间的路径来预测它们之间的关系。

参考文献

［1］ Yuan L，Wang C，Wang J，et al. Multi-Agent Concentrative Coordination with Decentralized Task Representation ［C］. IJCAI，2022.

［2］ Yuan L，Wang J，Zhang F，et al. Multi-agent incentive communication via decentralized teammate modeling ［C］// Proceedings of the AAAI Conference on Artificial Intelligence. 2022，36（9）：9466-9474.

［3］ Ying C，Hao Z，Zhou X，et al. On the Reuse Bias in Off-Policy Reinforcement Learning ［J］. arXiv preprint arXiv：2209.07074，2022.

［4］ Ma X，Yang Y，Hu H，et al. Offline Reinforcement Learning with Value-based Episodic Memory ［C］//International Conference on Learning Representations.

［5］ Liu X，Zhang F，Hou Z，et al. Self-supervised learning：Generative or contrastive ［J］. IEEE Transactions on Knowledge and Data Engineering，2021，35（1）：857-876.

［6］ Jiao X，Yin Y，Shang L，et al. Tinybert：Distilling bert for natural language understanding ［J］. arXiv preprint arXiv：1909.10351，2019.

［7］ Bai H，Zhang W，Hou L，et al. Binarybert：Pushing the limit of bert quantization ［J］. arXiv preprint arXiv：2012.15701，2020.

［8］ Zhang Z，Han X，Liu Z，et al. ERNIE：Enhanced language representation with informative entities ［J］. arXiv preprint arXiv：1905.07129，2019.

［9］ Chen C，Yin Y，Shang L，et al. bert2bert：Towards reusable pretrained language models ［J］. arXiv preprint arXiv：2110.07143，2021.

［10］ Chen Y，Xiaoning S，Wei S. SentiBERT：Pre-training Language Model Combining Sentiment Information ［J］. Journal of Frontiers of Computer Science & Technology，2020，14（9）：1563.

撰稿人：周　熠

机器学习的研究现状及发展趋势

　　机器学习已成为科技领域一股不可忽视的力量，不断推动着科技进步。近年来，机器学习领域的发展取得了一系列重要的突破，呈现了部分重要的发展趋势。这些发展趋势的诸多特点和新的变化，都为机器学习领域未来的走向提供了新的视角和启示。

　　首先，通用人工智能（AGI）正在蓬勃发展，它们的目标是以一种全新的方式理解和处理信息，以适应各种任务和领域。例如，GPT-4 等模型就显示出对各种任务和领域的广泛适应性，这种广泛的适应性使得这些模型能够在许多不同的情境和环境中表现出优异的性能。这些模型的出现和发展，也反映了机器学习算法从特定领域向通用领域的发展趋势，这种趋势在未来可能将对机器学习的应用产生深远影响。

　　与此同时，对比学习等技术的发展，使得机器学习模型利用无监督数据的能力显著增强。对比学习是一种机器学习方法，它试图通过学习数据样本之间的差异和相似性来提取有用的信息，这种方法在利用无监督数据方面具有显著优势。随着对比学习等技术的发展，机器学习模型可以更有效地利用样本，提高学习的效率和精度，这也促进了多模态学习的发展，使得机器学习模型能够更好地理解和处理来自不同来源的信息。

　　另外，机器学习模型对于物理信息等不同形式知识利用也得到了快速发展。在蛋白质结构预测、流体力学和药物发现等多个领域，机器学习都显示出了巨大的潜力。例如，机器学习模型已经被成功应用于蛋白质结构预测，这使得我们能够更准确地预测蛋白质的三维结构，从而为药物设计和生物工程等领域提供了新的工具。此外，机器学习模型也被应用于流体力学研究中，通过对复杂的流体动力学行为进行建模和预测，为工程设计和环境保护提供了新的思路。在药物发现领域，机器学习的应用也取得了显著的进展，机器学习模型通过对大量药物分子的结构和性质进行学习，可以预测出新的、可能具有药物活性的分子，从而加速了药物的发现和开发进程。

　　最后，机器学习模型在开放环境的适应性也显著提升。在现实世界中，环境总是在不断变化，这对机器学习模型提出了新的挑战：如何在这种开放和不断变化的环境中保持高效的学习和决策能力。为了解决这个问题，科研人员已经开始探索使用强化学习、终身学习等新的机器学习方法。强化学习是一种能够通过与环境的交互来学习和优化决策策略的机器学习方法，它使得机器学习模型能够在开放环境中实时适应和学习。而终身学习则是一种希望机器学习模型能够像人类一样，在其整个生命周期中不断学习和进步的方法，这为机器学习模型在新的、未见过的环境中持续提供决策能力提供了可能。

总的来说，机器学习正向着通用性和适应性更强、对先验知识利用更加充分、解决问题更加复杂的方向发展。这些发展趋势不仅展现了机器学习的强大潜力，也为未来的科研和技术开发提供了丰富的灵感和启示。

一、学科建制和人才培养

在学术建制和人才培养方面，各个高校纷纷大力推进人工智能科研与教育。伴随着人工智能的兴起和发展，全球的许多大学和研究机构都在积极探索新的教育和研究方法，以适应这个新的科技浪潮。在我国，清华大学、北京大学、南京大学和中国人民大学等著名高校都设立了专门的人工智能研究院。这些研究院积极推进人工智能的研究和教育工作，为机器学习和人工智能领域培养了一大批优秀的青年人才。这些研究院的设立和发展，不仅提高了我国人工智能领域的研究水平，也为我国的人工智能人才培养提供了重要的平台。在这些研究院的引领和推动下，我国的机器学习研究和教育工作取得了显著的进步，培养出了一大批在国际科研界有重要影响力的优秀青年人才。此外，这些研究院在人工智能的各个领域都取得了一系列的核心研究进展。这些进展涵盖了从基础理论、算法设计到应用技术等各个方面，既有深入探索人工智能理论和方法的基础研究，也有推动人工智能技术在各个领域实际应用的应用研究。这些研究成果不仅推动了人工智能领域的技术进步，也为解决我国在经济、社会、环境等方面的实际问题提供了重要的技术支撑。

例如，相关研究机构在深度学习、强化学习、无监督学习等领域取得了一系列重要的研究成果。这些成果不仅深化了我们对机器学习原理和算法的理解，也为提高机器学习模型的学习效率和适应性提供了新的思路。同时，在人工智能的伦理、社会影响等方面进行了深入研究，为我们理解和应对人工智能带来的挑战提供了重要的理论依据。此外，这些研究院也在推动人工智能技术的产业化应用方面做出了重要贡献。它们与企业和政府机构进行紧密合作，将人工智能技术应用于工业生产、社会管理、环境保护等领域，提高了我国在这些领域的技术水平和应用能力。

总的来说，近年来，机器学习领域的发展取得了一系列重要的突破，呈现出了一些重要的发展趋势。在学术建制和人才培养方面，我国的高校和研究机构也为推动人工智能的发展和人才培养做出了重要的贡献。这些成就和进步，不仅展现了我国在人工智能领域的研究实力，也为我国的人工智能事业培养了一大批优秀的青年人才。我们有理由相信，随着科技的不断进步，我国的机器学习领域将会取得更大的发展，为我国的经济社会发展提供更强大的科技支撑。具体的核心研究进展包括几个方面。

（一）概率机器学习逐渐成为构建通用人工智能技术的重要基础

近三年，国内外机器学习界涌现了一个重要的学术新观点：概率机器学习的大规模预训练可能是通用人工智能的重要基础。这种观点来源于实践中大规模概率机器学习的成功：基于合适的神经网络架构，通过更新模型中大量的参数，概率机器学习如自回归、扩散概率模型等代表性方法，有能力从大规模（几十亿样本乃至全网规模）的开放域、高噪声数据中学习到一般规律，并展现了三个重要特点。模型的通用性大幅度加强；对人类意图理解能力显著提升；开放环境适应性大幅度提升。随着计算资源的增加和算法的优化，预训练模型正朝着更大规模、更高性能和更多模态的方向发展，正在为人工智能领域带来了革命性的变化，推动了各种应用的普及和创新。

概率机器学习的核心是复杂高维的概率分布进行参数学习与概率推断。概率建模理论方面的一大突破是扩散概率模型的学习与采样理论。这类方法通过刻画一类特殊的随机微分方程及其对应的概率常微分方程，可以有效地建模高维空间中复杂的概率分布，合成新数据，是一大类基础概率模型的理论基础。扩散概率模型的数据合成过程是对相应微分方程的离散化，需要权衡生成效果和生成速度。扩散概率模型的最优方差理论给出了离散化采样过程在最大似然意义下最优方差的解析形式，改变了该领域手工设计方差的采样范式，系列工作有效地解决了这一瓶颈问题，并被部署于 OpenAI 公司提出的 DALL E2 等著名模型中。

预训练概率大模型可以依据合成内容划分大语言模型（large language model）和多模态模型（multi-modal model）两大类。大语言模型的核心能力是自然语言的理解、推理与生成，现有典型应用包括多语言对话、调用搜索引擎等程序 / 工具、为机器人发送指令等。国际代表性模型及团队包括：美国 OpenAI 公司的 GPT-3、GPT-4 和衍生的对话模型 Chat-GPT，美国 Meta 公司的 LLaMA 模型，美国 Google 公司的 PaLM 模型和衍生的具身智能模型 PaLM·e 等。我国代表性模型与团队包括百度公司的文心一言模型、华为的盘古大模型、清华大学唐杰教授团队的 GLM 模型、复旦大学邱锡鹏教授团队的 MOSS 模型、清华大学黄民烈教授团队的 AI 乌托邦对话模型、清华大学刘知远教授团队的 CPM 系列模型等。

多模态模型的核心能力是语言模态和其他模态数据（如图像）的语义对齐，现有典型应用包括根据用户输入的文本，合成对应的图像、视频、三维场景和语音等对应的多模态数据。国际代表性模型及团队包括：OpenAI 公司的 DALL·E 系列模型，美国 Midjourney 公司发布的同名模型，美国 Google 公司的 Imagen 系列模型，德国慕尼黑大学、StabilityAI 公司的 Stable Diffusion 模型等。我国代表性模型与团队包括百度公司的文心一言模型、清华大学朱军教授团队的 Unidiffuser 模型和中国人民大学文继荣教授团队的文澜模型等。相比文本生成来说，图像等数据具有更高的维度以及更复杂的空间结构，在生成图像的过程中保持局部和全局层面上的一致性，以及颜色和纹理的自然过渡是一个极具挑战的问题。其次，图像生成中的多义性问题更加突出，给定一个描述，可能有多种合理的图像可以生成，这就要求模型在多种可能的输出之间进行权衡。最后，由于图像生成任务的高维度和复杂性，图像生成模型通常需要更多的计算资源和时间来训练，具有更高的计算复杂度。

（二）自监督和对比学习等无监督方法成为表征学习的重要范式

自监督学习对应于在过去十余年取得了突破性进展和成果的有监督学习，在计算机视觉、自然语言处理、图模型等领域均有广泛的应用。一般来说，有监督学习是在大规模有标签的数据集进行特定判别任务的训练，这使得它依赖于人工标注，受限于泛化能力，受困于对抗攻击。而自监督学习是通过前置任务（pretext task），从输入数据的自身信息中挖掘监督信号来进行表示学习，得到的模型和特征具有更强的稳定性和泛化能力，可以更快速迁移到不同的下游任务，具有更灵活的应用场景和更开阔的发展前景。

自监督学习作为人工智能领域的前沿技术，已经在我国得到广泛关注和研究。我国的许多知名团队都在自监督学习领域开展了积极的研究工作。来自清华大学、北京大学、中科院、香港中文大学（深圳）等高校团队和科研机构都曾在该领域做出有广泛影响力的领先工作。同时，一些互联网企业的研究实验室也在自监督学习方面投入了大量资源和人力，如阿里巴巴、百度、华为、旷视科技等。这些机构和团队在理论研究、算法创新和应用探索方面都取得了显著进展。

在过去五年中，我国在自监督学习领域的理论体系、算法技术、应用场景等方面都有一些重要的成果案例。2021 年，清华大学唐杰团队发布了题为"自监督学习：生成还是对比"的综述，系统梳理了截至当时自监督学习在不同领域的研究进展，将现有的自监督学习算法归类为生成学习、对比学习和生成 – 对比学习（对抗学习），并分析了自监督学习背后的理论方法。该工作成了本领域研究中一种主流的分类标准，获得了广泛的关注度和影响力。

自监督学习首先在自然语言处理领域取得了以生成式预训练 Transformer 模型（GPT）为代表的突破性进展。在大数据时代，互联网有着海量未标注的文本数据可以使用，进而促进语言模型的预训练。我国的研究者基于自监督学习中的自回归模型和语言掩码模型等算法范式，提出了模型蒸馏、知识增强、模型复用等方面的算法创新，也探索了自监督学习在情感分析、对话生成和诗歌生成等语言任务中的应用。通过构建合理的自监督任务，结合大规模的文本数据，可以实现在不需要人工标注的情况下进行有效的预训练和表示学习。这些方法在提升自然语言处理任务性能方面取得了重要突破。

在计算机视觉领域，研究者致力于使用自监督学习改善图像特征提取，进而提升分类、检测、分割等下游任务的性能。不论是在对比学习还是生成学习的范式下，我国的研究成果均处于国际领先水平。对比学习比较样本对的方式进行特征学习。我国研究者从特征学习、实例判别、增强策略等角度，提出了一系列算法来改进对比学习框架下的方法效果，同时也在图像聚类、遥感识别、故障诊断等应用场景中使用对比学习算法进行性能提升。生成学习则通过图像重构或像素预测的方式进行特征学习。和受到广泛关注的掩码自编码器（masked autoencoder，MAE）同期，我国研究者开创性地提出了基于图像掩码模型的 SimMIM 框架和 BEiT 算法，随后也提出了特征对齐、感知编码等方法改进 MAE 及 BEiT 的效果。也有研究者将对比学习和生成学习相结合进行自监督学习的探索。这些方法在各种评测的标准数据集上取得了优越的性能，推动了计算机视觉领域的发展。

此外，我国研究者也深耕于在图模型、推荐系统等其他领域，提出对应的自监督学习方法。自监督学习可以与图神经网络（graph neural networks，GNN）相结合，提高对图结构数据的建模能力，并用于 GNN 的预训练阶段。我国研究者在图模型方向，采用了对比学习、生成学习和生成 – 对比学习等范式进行研究，取得了具有一定国际影响力的进展，在图模型的自监督学习领域奠定了领先地位。作为具有巨大实际应用价值的推荐系统，研究者们利用自监督学习方法改善了推荐算法的个性化能力和推荐质量。他们将自监督学习应用于推荐系统中的资源匹配、推荐排序和用户兴趣建模等关键环节，通过学习用户行为和隐含特征来提升推荐效果。我国许多互联网企业联合高校一起投入了研究资源和力量进行相关算法研究和迭代，提出了 BERT4Rec、S3-Rec 等基于自监督学习的先驱性工作。这些方法在实际的推荐系统中得到了验证，并带来了显著的改进。

（三）物理知识融合的机器学习方法成为科学发现的新范式

近年来，随着人工智能的飞速发展，统计机器学习范式与物理知识的结合已然成为将人工智能跨越虚拟与实际物理世界的一座桥梁，也是利用机器学习方法解决科学问题的核心思想。现有统计机器学习对物理世界的建模不足，导致样本效率不高，可解释性差，以及鲁棒性不足等问题，物理知识的结合是一个可行的解决方向。常见的物理知识包括微分方程，对称性，直觉物理等方面。物理信息神经网络（PINN）是该类方法的典型代表，通过结合损失函数和机器学习模型，将物理规则，例如偏微分方程构造的损失函数融入模型训练中，从而使得模型可以模拟物理现象并求解正问题或者反问题。与此同时，神经算子（neural operator）作为一种新型的代理模型，也引起了研究者的关注。神经算子将物理规律引入数据生成中，利用由物理模拟方法产生的大量数据进行训练，从而可以求解一类微分方程所描述的系统。以神经算子为代表的方法被广泛应用于流体力学，热传导，电磁学，量子化学等领域。

将物理知识融入机器学习中，特别是针对那些由参数化的偏微分方程（PDEs）控制的高维问题，以及需要解决含有隐含物理的逆问题。尽管利用偏微分方程的数值离散化方法在模拟多物理问题上取得了巨大的进步，但在现有的算法中无缝地融入噪声数据仍然存在困难，网格生成仍然复杂，而且解决包含隐含物理的逆问题常常需要高昂的计算成本，需要不同的公式和精细的计算机代码。

机器学习，特别是深度神经网络，已经崭露头角，但训练深度神经网络需要大量的数据，这在科学问题中并不总是可得的。相反，这些网络可以通过实施物理定律（例如，在连续的空间时间域中的随机点）获得额外的信息进行训练。这种将（有噪声的）数据和数学模型集成，并通过神经网络或其他基于核的回归网络实现的学习被称为物理信息学习。此外，可能可以设计出一些专门的网络架构，这些架构自动满足一些物理不变性，以获得更好的准确性、更快的训练速度和更好的泛化能力。

物理信息机器学习能够无缝地整合数据和数学物理模型，即使在部分理解、不确定和高维的情况下也是如此。基于核的或基于神经网络的回归方法提供了有效的、简单的和无须网格的实现。物理信息神经网络对于病态和逆问题是有效且高效的，结合领域分解可以扩展到大问题。运算符回归、寻找新的内在变量和表示，以及具有内置物理约束的等变神经网络架构是未来研究的有前景的领域。需要开发新的框架和标准化的基准，以及新的数学方法，以实现可扩展的、健壮的和严谨的下一代物理信息学习机器。

物理信息驱动的机器学习近期引起了广泛的关注，科技部会同自然科学基金委启动"人工智能驱动的科学研究"（AI for Science）专项部署工作，布局"人工智能驱动的科学研究"前沿科技研发体系，其中物理信息驱动的机器学习是其中的重点布局方向。北京大学、清华大学等相关的高效也都在等变图神经网络（EGNN）、物理信息神经网络（PINN）、神经算子（NO）等领域产生了诸多有一定影响的学术成果，并在量子力学、流体力学等复杂系统模拟控制和反问题求解等方面取得了诸多成果。

（四）图神经网络等方法为处理复杂的图结构数据提供了有效的工具

图神经网络（graph neural networks，GNN）是近年来深度学习领域的重要发展，以其独特的拓扑结构和高效的信息处理能力，为处理复杂的图结构数据提供了有效的工具。图神经网络能够充分利用图结构的特性，实现对高复杂度算法的高效近似求解。图神经网络在解决实际问题中的效率和通用性使其在多个领域中都有广泛的应用。例如，物流运输、生产调度、芯片设计等现实问题的解决常常需要依赖图神经网络。这些问题的瓶颈技术难点在于背后的 NP 难运筹优化算法的高效求解，而图神经网络提供了一个强有力的工具来解决这些问题。

我国的学术界和工业界都对图神经网络进行了深入的研究和应用探索，从而推动了图神经网络技术在我国的广泛发展。在新的理论方面，例如图神经网络的表征学习、图嵌入等关键问题，我国学者提出了一系列新颖的方法和理论。这些成果不仅推动了图神经网络的理论发展，也为实际应用提供了理论基础。在新的技术和方法方面，研究者利用图神经网络在社交网络分析、推荐系统、自然语言处理等领域进行了深入研究，取得了一系列重要成果。表征学习的基本思想是通过将节点或图嵌入到低维向量空间中，同时保留图的拓扑结构和节点特征。具体来说，节点的向量表示应该反映其在图中的位置以及与其他节点的连接关系。也就是说如果两个节点在图中的位置相近，或者它们有相似的连接模式，那么它们的向量表示应该相近。

在图神经网络中，表征学习通常是通过消息传递和聚合机制实现的。每个节点从其邻居接收信息，然后聚合这些信息以更新自己的表示。这个过程可以迭代多轮，直到达到某种停止条件。最后，每个节点的表示就是通过这个过程学习得到的。图分类是图神经网络的一个核心任务，其目标是预测整个图的标签或类别。例如，在药物发现中，图可以表示分子结构，目标可能是预测分子是否具有某种生物活性。为了完成图分类，图神经网络通常会首先学习图中每个节点的嵌入，然后通过一种聚合策略（如平均或最大化）将所有节点的嵌入整合成一个全局图嵌入。这个全局嵌入包含了整个图的信息，然后可以用作下游的分类器（如全连接神经网络）的输入，以预测整个图的类别。

（五）强化学习为代表的自主决策技术逐步走向实际应用

强化学习作为机器学习的一大重要范式，近些年来获得了越来越多的重视。我国的许多研究团队都在强化学习领域积极探索，获得了一大批优秀的研究成果。在过去十年，深度强化学习的研究主要集中在在线强化学习，即算法通过与环境在线交互获得训练数据，并训练智能体来完成相应的任务。然而，在很多实际的问题中，在线强化学习的设置面临许多问题，比如说有时与环境交互的代价是比较昂贵的（比如机器人），甚至是比较危险的（比如自动驾驶）。因此，近五年来，相比于在线强化学习，离线强化学习获得了越来越多的关注。和在线强化学习不同，离线强化学习希望利用大量的离线数据来训练智能体并获得比离线数据更好性能的智能体。离线强化学习的一大优点是可以避免和环境交互，这在一些与环境交互代价很大的场景下应用前景更加广泛。同时，离线强化学习算法可以应用在大规模的数据集上，这也对利用大模型构建通用的智能体提供了很好的载体。然而，离线强化学习也面临很多挑战，特别是训练数据和真实策略之间的差别，会导致智能体自我评估不准。近年来，我国的研究人员在这个领域有显著的进展，提出了一系列的新方法来提升智能体的性能，比如：一些研究人员提出利于基于模型的算法来从离线数据中学习环境模型，通过与环境模型的交互来优化策略、一些研究人员基于保守估计等思想来设计算法避免在离分布数据上表现不佳，还有一些研究人员利用一些新的模型和架构，比如扩散模型、Transformer 等，来拟合离线数据，并且取得了很好的效果。

相比较于免模型的强化学习算法（model-free），基于模型的强化学习（model-based）算法希望首先从数据中学习到环境的一些属性，包括环境动态转移和奖励函数等，从而利用学习到的环境来帮助智能体的训练。近年来，基于模型的强化学习算法在许多任务上展现了巨大的潜力，由于这类算法利用了神经网络对环境的泛化性，因此往往可以获得更高的样本利用效率，我国在这方面也有不少相应的研究，比如部分研究人员在学习到的模型的基础上利用基于蒙特卡洛树搜索等方法来训练策略，也有部分研究人员希望构建世界模型来表示环境，并且在许多图片输入的任务上取得了很好的表现。

近年来，深度强化学习的算法发展日新月异，这也导致缺少一个通用的代码库来集成不同的算法。因此，构建强化学习开源算法库，集成不同的强化学习算法，并在一些典型任务上评估不同的算法，对于设计新的强化学习算法，以及将强化学习算法应用在一些新的场景上都有很重要的意义。之前，大部分开源的强化学习代码平台都是国外研究机构完成的，我国外在这方面有一定差距。近年来，我国也有不少高校、研究机构已经重视这个问题，清华大学朱军教授带领的团队开发了天授平台（Tianshou），构建了一个快速高效简洁的强化学习算法平台，并集成了大量经典的强化学习算法和公平的测评标准。另一方面，构建新的环境和新的数据集也对强化学习的进一步研究有重要的意义，我国也在这方面有一定的贡献，比如构建了一些离线强化学习的数据集。

（六）终身学习和持续学习技术的发展显著提升了机器学习算法对于开放环境的适应性和泛化性

在传统的机器学习方法中，模型通常是在静态的数据集上进行训练，并且一旦训练完成，模型的参数就被固定下来，无法在新数据到来时进行更新。然而，现实世界的数据和任务是动态变化的，新的数据可能与之前的数据存在差异或者包含新的类别和模式，传统的机器学习方法无法适应这种变化，因此需要一种能够在动态开放环境中长期进化与自适应发展的方法。终身学习作为一种新兴的机器学习范式，使机器学习模型能够从不断涌现的数据中获取、更新、积累和利用知识，以适应现实世界的复杂场景和任务。随着机器学习与人工智能的快速发展，终身学习成了一个重要的研究方向。它不仅能够解决传统机器学习方法的局限性，还能为智能系统提供更加灵活的学习能力，在诸多领域具有广泛的应用前景，包括自动驾驶、智能机器人、智能推荐系统等。因此，研究终身学习具有重要的理论和实际意义。

近年来，终身学习作为机器学习的一个重要研究方向，得到了国内外学者的广泛关注。与建立在捕捉静态数据分布前提下的传统机器学习模型不同，终身学习的特点是从动态数据分布中学习。一个主要的挑战被称为灾难性遗忘，即学习新任务通常会导致对先前所学旧任务的性能急剧下降。围绕着终身学习的灾难性遗忘问题，国内的研究团队在理论、方法和应用等方面作出了一系列重要成果。其中，来自中科院、清华、北大、南大、浙大、西交大等学术界的研究团队，以及华为、阿里、百度、腾讯等工业界的研究团队，在 NeurIPS、ICML、ICLR、CVPR、TPAMI 等机器学习与人工智能领域的重要会议和期刊发表了大量高水平的研究成果。

在理论层面，国内外在机器学习理论方面的前沿进展，将终身学习领域对灾难性遗忘的理解推广到学习可塑性与记忆稳定性的相互权衡、任务内与任务间数据分布差异的泛化兼容等核心要素，从而实现对连续学习的一系列任务都具有足够强的学习记忆和泛化能力。针对终身学习的优化目标，国内的研究团队提出了一系列有效的机器学习方法，从概念上可以分为五大类。

第一类被称为基于正则的方法，通过在损失函数中添加额外的正则化项来明确平衡学习可塑性和记忆稳定性。根据正则化的对象，这类方法可以进一步被划分为权重正则和函数正则，前者通常有选择地保护对执行先前任务比较重要的网络参数，后者则针对预测函数的中间输出及最终输出进行知识蒸馏。第二类被称为基于回放的方法，近似和恢复旧任务的数据分布来克服灾难性遗忘。根据回放的内容，这些方法可以进一步分为经历回放、生成回放和表征回放，分别采用旧任务的训练样本、生成数据和特征表示。第三类被称为基于优化的方法，近似并保留先前任务的输入空间和梯度空间，用于约束当前任务的参数更新方向。第四类被称为基于表征的方法，结合自监督学习和大规模预训练的优势来改善初始化和终身学习中的表征，以缓解参数更新导致的灾难性遗忘。第五类被称为基于结构的方法，通过构建专属于每个任务的参数子空间来克服任务之间的相互干扰，包括参数分配、模型分解和参数化网络等思路。

以理论和方法为支撑，国内的研究团队还在终身学习的实际应用中做出了重要贡献，使机器学习模型能够适应各类极具现实意义的终身学习场景。这些场景包括任务增量学习、域增量学习、类别增量学习、任务无关的终身学习、在线终身学习等，它们共同探讨了在训练和测试阶段是否需要任务标签、各个增量任务的数据标签是否重叠、新增训练样本在各个增量任务总训练样本中所占比例等问题。与此同时，终身学习还需要适应真实世界标记数据的稀缺性，由此衍生出小样本终身学习、半监督终身学习、自监督终身学习等研究方向。目前，终身学习的主要研究集中在视觉领域，特别是常规的图片分类任务，在此基础上，也有工作开始探索目标检测、语义分割、图片生成等视觉任务，以及终身学习与强化学习和自然语言处理等方面的结合。

在终身学习的发展过程中，来自神经科学的启发起到了很重要的作用。由于生物智能系统的学习过程先天就是以一种持续不断的方式进行的，其潜在的适应性机制为人工智能系统提供了天然的参考对象。近年来，国内的研究团队对神经元活动、突触可塑性和记忆编码等机制进行计算建模，为终身学习的模型和算法设计提供了重要的指导。

（七）以对抗鲁棒为代表的大模型的可信技术逐步提高大模型的安全性

近年来，随着深度学习技术的广泛应用，大规模的神经网络模型已经成为人工智能领域的关键技术。然而，这些大规模模型的可信性问题也日益受到了学术界和工业界的关注。随着我国人工智能技术的快速发展，大模型可信性研究在我国也得到了越来越多的关注。目前，我国在大模型可信性研究方面的研究机构和团队已经逐渐形成，并且在技术研发、学术交流和产业应用等方面取得了一些成果。

就技术研发而言，我国的研究机构和团队在大模型可信性研究方面已经取得了一些进展。如上文所说，我国的研究团队在大模型可信性的基础理论与基础方法、应用层面的安全性等不同层面都做出了巨大贡献。我国提出的基础理论与方法在国际上得到了广泛的关注，提出的对话大模型安全性数据集在国际上也得到了广泛的应用。

就学术交流而言，我国的学术界也在大模型可信性研究方面积极开展交流和合作。例如，在 2017 年的 NIPS 对抗攻击比赛中，中国的研究者们凭借着一些创新性的对抗攻击方法和防御技术，获得了白盒攻击、黑盒攻击、对抗防御这三个任务上的冠军。这一比赛大大促进了国内外在深度学习模型可信性这一领域的学术交流。就产业应用而言，我国的一些企业也在大模型可信性方面积极探索和应用。例如，百度提出了"百度城市安全大脑"，旨在推动人工智能技术的安全应用，并提高大规模深度神经网络的可信性和安全性。此外，RealAI、腾讯等公司也在发展安全、可信、可靠和可扩展的人工智能技术，致力于提高大模型的安全性。

我国的研究者在对抗性攻击、模型可解释性、鲁棒性和标准和规范方面都做出了很多积极的探索和尝试，为大模型可信性的发展和应用提供了重要的支持。例如，我国的研究者在基础理论研究上取得了重大突破。此外，我国也在不断推动人工智能标准和规范的建立，为大模型可信性的评估和比较提供了标准化的测试方法和数据集。对抗性攻击方面，国内外都作出了重要贡献。例如，国内学者提出的基于动量的对抗攻击方法，基于平移不变性的对抗攻击方法，大大提高了黑盒攻击的效率。国外学者也提出了使用对抗样本进行训练从而提高神经网络的鲁棒性的对抗训练方法，以及使用扩散模型进行对抗扰动去除的扩散净化方法。国内国外提出的这些方法都大大提高了大模型的安全性，为这一领域作出了巨大贡献。在模型可解释性方面，国内外的研究机构和团队也进行了大量的研究。例如，国外学者提出了 GradCAM 方法，使用神经网络对特征的梯度大小作为重要性指标，解释了神经网络在分类时的关注区域。我国学者也对神经网络的可解释性进行了充分地总结，并提出了可解释的卷积神经网络等新的可解释性模型，大大提高了大模型的可解释性，从而提高了模型的可信性。

在标准和规范方面，国内外的研究者也作出了重要的贡献。我国出台了《2022 中国大模型发展白皮书》，并指出攻关大模型成为产业智能化发展的必然选择，为政策制定者和企业管理者所重点关注，并且需要把大模型的技术安全，以及伴随着大模型落地所带来的伦理问题仍作为关注重点。在国外，OpenAI 高管出席美国国会听证会，提出"政府监管、干预对于降低人工智能工具所带来的风险至关重要"，要求政府加强对人工智能安全性的关注以及对人工智能的监管。

国内外学者在大模型可信性领域的研究都非常活跃和丰富，取得了很多重要的成果。

这些成果不仅为大模型的落地与应用打下了基础，也为人工智能技术的发展和应用提供了有力的支持。此外，国内外学者在大模型可信性领域的研究也存在一些互补性和合作性。通过国际合作和交流，国内外学者也共同推动了大模型可信性技术的发展和应用，为人工智能技术的发展和社会进步作出更大的贡献。

二、国内外研究进展比较

随着预训练模型的发展，其对数据、算力的需求暴增，并且明确显示了广阔的应用前景，国内外机器学习研究都存在研究重心从学术界向产业界偏移的大趋势。但是总体来说，我国在部分关键算法、场景应用等方面具有自己的特色，但是在原创性基础理论、算法平台和预训练基础模型方面和国外上有差距。

（一）在扩散模型等概率机器学习基础理论和方法与国外总体在同一发展阶段

在概率机器学习基础理论与算法方面，特别是扩散概率模型方面的研究，我国具备顶尖研究水平，扩散概率模型的基本学习理论与方法方面的代表性工作主要由美国斯坦福大学、加州大学伯克利分校提出，扩散概率模型的主要采样理论与方法的代表性工作Analytic-DPM、DPM-Solver主要由清华大学朱军教授团队提出，作为核心技术部署于国际先进的多模态预训练模型 DALL E2 and Stable Diffusion。在概率机器学习的大规模训练和模型部署方面，我国研究与国际领先水平尚有一定的差距。特别的，美国 OpenAI 公司在大语言模型方面的先发优势明显，GPT-3、GPT-4 模型在泛化性能和推理能力方面显著优于其他模型，预计模型代差至少在两三年，甚至差距还会进一步拉大。相比文本生成来说，图像等数据具有更高的维度以及更复杂的空间结构，通常需要更多的计算资源和时间来训练，具有更高的计算复杂度。目前，美国 Midjourney 公司在文生图任务上处于领先地位，但和其他模型之间的代差在半年左右。

（二）在物理信息驱动机器学习等交叉学科领域还需要进一步加强

在物理信息机器学习领域，我国总体而言起步较晚，目前领域内影响力较大的代表性工作大多都是由国外的实验室所完成。我们目前的研究成果虽然在数量上快速增加，尽管已经有相当数量的顶会论文，然而其具体内容还是以跟随、模仿国外工作为主。另外，由于物理信息机器学习是一个学科高度交叉的领域，好的研究工作通常需要多个学科研究人员的深度合作。而在我国暂时还没有形成非常完善的合作机制，或者跟随一些国外已经有一些铺垫的交叉学科领域或者任务，缺乏独立自主的开创精神，没有真正做到学科交叉。

（三）在基于自监督学习的预训练基础模型等方面和国外有显著差距

自监督学习近年来的研究热潮来源于其在预训练领域所展现出的泛化能力。预训练模型的性能往往受到大规模预训练数据集的影响。国外的研究机构，如谷歌、OpenAI 等，投入大量资源和人力打造了大量可靠的多语言数据集，但英文占据了极高比例。这导致多语言预训练模型在中文上的表现依然有待提高。由于语言和文化的差异，构建适用于中文和中文环境的数据集并探索相关应用会成为我国研究者所特别关注的方向。构建高质量中文文本语料库和数据集，也将成为我国自监督学习研究中的重要环节和目标。特别的，美国 OpenAI 公司在大语言模型方面的先发优势明显，GPT-3、GPT-4 模型在泛化性能和推理能力方面显著优于其他模型，预计模型代差至少在两三年，甚至差距还在进一步拉大。

（四）图神经网络的基础研究和开创性方法方面仍有待进步，在计算平台方面具有一定的国际影响力

过去五年，图神经网络已成为全球人工智能研究的热点之一，我国在这个领域也取得了显著的进展。但相较于国际先进水平，在一些前沿领域，还有一定的差距。尤其是在基础研究的深度和广度、研究环境，以及与工业界的紧密结合等方面，我国仍需努力追赶。许多开创性的工作由国外主导，比如经典的 GCN、GAT、GraphSAGE 等算法均由国外提出。值得注意的是，亚马逊云科技上海人工智能研究院开发的开源图机器学习计算框架 DGL 在国际图机器学习领域具有较高的影响力，推动了相关方法的研究、研发与落地。

（五）我国在强化学习的基础理论与关键应用方面和国外差距显著

在强化学习领域，我国近几年来发展迅速，在我国外顶级学术会议、期刊、竞赛上都产出了一大批优秀学术成果，但是，总体来看，由于国外在强化学习领域起步较早，先发优势明显。强化学习近年来的研究热潮：深度强化学习，主要兴起于2013 年至 2016 年间，DeepMind 团队首次将深度神经网络的技术运用到强化学习上，在雅达利游戏（Atari）和围棋等任务上取得超越人类的表现。此后，诸如离线强化学习等强化学习的新方向，以及一些强化学习的基本算法主要由国外学术机构提出，我国强化学习研究以跟随、改进国外研究为主，较少有开创新领域的工作。同时，最近几年国外部分研究机构将强化学习算法用于一些数学科学问题来提升相应数学科学问题的求解，比如谷歌团队利用强化学习来辅助芯片设计、DeepMind 提出的 AlphaTensor 利用强化学习来帮助设计新的矩阵相乘算法等，这些算法应用前景广阔，在这些方面我国还有一定差距。

（六）我国在终身学习和持续学习的研究和国外各有侧重

近年来，我国及国外的研究团队在终身学习的理论、方法和应用等方面都取得了显著

的进展。其中，我国的研究团队在终身学习领域表现出了巨大的潜力和活力，涌现出一系列高水平的学术论文和研究项目。这些研究工作主要集中在终身学习的方法和应用层面，侧重于对传统机器学习和深度学习方法的改进和扩展，注重模型的高效性和可拓展性，在域适应性学习、增量学习和迁移学习等方面做出了重要的成果，并且在计算机视觉、自然语言处理、强化学习等领域的应用中取得了许多进展。与此同时，其他国家的研究团队在终身学习领域也展现出了强大的实力。美国、加拿大和欧洲等地的研究机构和大学都在积极推动终身学习方面的研究。这些国家的研究工作更侧重于基础理论的深化和新兴技术的探索，为实现智能系统的持续进化提供理论基础和技术支持，在终身学习的基本设定、场景划分和代表性方法等方面作出了重要贡献。

此外，国内外终身学习领域的研究团队都非常注重交叉学科方面的研究，充分借鉴生物智能系统的学习和适应能力，将生物学原理和机制应用到机器学习和人工智能中，以适应真实世界的动态变化。

（七）在深度模型的可信技术方面与国外仍有较大差距

在深度学习模型的安全性与可信性方面，我国与国外的研究人员都开展了大量工作，按照理论、应用与大模型实践三方面分析。

在深度学习模型的安全与可信性理论方面，我国的研究与国外有明显差距。例如，在深度学习可验证鲁棒性理论方面，目前主流的理论方法（如随机平滑等）均由国外著名高校提出，我国在此方面的研究较少，仅北京大学和清华大学一些研究团队在此方面有过相关研究，但缺乏系统性的理论研究基础。

在深度学习的安全与可信性应用方面，我国的研究相比于国外的研究水平相当。在人脸识别、自动驾驶等与安全密切相关的领域，我国研究者们提出了多种算法，也取得了国际领先水平，多次在人工智能安全领域的国际竞赛获奖。

在大模型安全与可信研究方面，我国的研究者对此问题的意识较晚，目前主流的工作是由 OpenAI、DeepMind 等较早开启大模型研究的团队提出，并定义了大模型安全性评测框架和体系，已占得先机，并且基于其性能较好的预训练大模型开展了较为深入的研究。然而，我国大模型还处于起步阶段，距离 ChatGPT 等模型差距较大，因此我国在大模型安全可信方面的研究也较少，差距明显。

三、本学科发展趋势及展望

未来机器学习的发展将以更大步伐推进通用人工智能（AGI）的研究，模型的泛化性能和数据利用率也将得到提高，相关领域也会不断创新和突破。

（一）机器学习模型的通用性和适应性将大幅度提高

现有研究表明，模型随着规模增大会出现智能"涌现"现象，即在推理等复杂任务上的表现出现阶跃式提升，因此机器学习模型将会持续增大，直到数据、算力规模达到极限；模态数据持续增多，有能力理解文本、图像、语音、视频等多种模态的输入并对齐人类意图，合成上述模态的数据，并将衍生一系列重要应用，包括对话机器人、自动驾驶感知与决策智能、个性化助手、虚拟人物等。

（二）强化学习和具身学习将成为重要的发展方向

具身学习强调的是让模型能在一个特定的环境中，通过与环境的交互进行学习和决策，能够帮助机器更好地理解现实世界，并在现实世界中执行任务。预训练基础模型将作为机器人的大脑控制其通过自然语言接口、多模态感知等模块与人类和现实环境交互，智能地完成相关任务，是预训练模型的重要发展趋势。与之相适应的是，强化学习的研究从专才学习，即追求某个任务的性能，开始逐渐向发展为通才训练，即在一系列任务上表现得很好，并有很强的泛化能力。强化学习也将从虚拟走向现实，即研究具身人工智能，特别是具备终身学习能力的智能。

（三）大模型安全和可信性成为机器学习研究的重要方面

大模型可信性是指大型深度学习模型的可靠性、安全性和准确性，是保证机器学习系统有效性的重要因素之一，尤其是随着大模型的广泛应用如何保证模型的安全利用已经成为研究者关注的焦点之一。大模型虽然模型更大，训练数据更多，但其内在的学习机理没有改变，仍然会存在自身的安全性问题，在实际的应用中可能影响用户体验，甚至产生异常的输出结果，导致严重的后果；另外，大模型生成的内容往往不受控制，可能会产生反事实内容、恶意内容、危害内容、偏见内容等，不仅会影响用户的实际体验，还可能会对用户造成现实危害，因此如何保证模型生成内容的安全性是未来重要的研究方向。

（四）机器学习的数据驱动特征会更加明显

无论是概率建模还是自监督学习，一个明显的趋势是从互联网海量的无标签数据构建大规模无监督数据集，并合理利用这些数据进行训练。从 GPT 的强化学习指令微调和分割一切 SAM 构建的大规模数据引擎的惊人表现来看，未来的数据集构建将趋于半自动化。利用大量的自监督、无监督学习方法的自动标注和少量、精准的人类标注调整，有望构建大规模标注数据集，更利于大模型的训练和应用。

参考文献

［1］ Cen Y, Hou Z, Wang Y, et al. Cogdl：An extensive toolkit for deep learning on graphs［J］. arXiv preprint arXiv：2103.00959, 2021：1–11.

［2］ Schlichtkrull M, Kipf T N, Bloem P, et al. Modeling relational data with graph convolutional networks［C］// The Semantic Web：15th International Conference, ESWC 2018, Heraklion, Crete, Greece, June 3–7, 2018, Proceedings 15. Springer International Publishing, 2018：593–607.

［3］ Qiu J, Dong Y, Ma H, et al. Network embedding as matrix factorization：Unifying deepwalk, line, pte, and node2vec ［C］//Proceedings of the eleventh ACM international conference on web search and data mining. 2018：459–467.

［4］ Rong Y, Huang W, Xu T, et al. Dropedge：Towards deep graph convolutional networks on node classification［J］. arXiv preprint arXiv：1907.10903, 2019.

［5］ Zhou J, Cui G, Hu S, et al. Graph neural networks：A review of methods and applications［J］. AI open, 2020, 1：57–81.

［6］ Scarselli F, Gori M, Tsoi A C, et al. The graph neural network model［J］. IEEE transactions on neural networks, 2008, 20（1）：61–80.

［7］ Wu Z, Pan S, Chen F, et al. A comprehensive survey on graph neural networks［J］. IEEE transactions on neural networks and learning systems, 2020, 32（1）：4–24.

［8］ Zhang C, Song D, Huang C, et al. Heterogeneous graph neural network［C］//Proceedings of the 25th ACM SIGKDD international conference on knowledge discovery & data mining. 2019：793–803.

［9］ Xu K, Hu W, Leskovec J, et al. How powerful are graph neural networks?［J］. arXiv preprint arXiv：1810.00826, 2018.

［10］ Yang H. Aligraph：A comprehensive graph neural network platform［C］//Proceedings of the 25th ACM SIGKDD international conference on knowledge discovery & data mining. 2019：3165–3166.

［11］ Weng J, Chen H, Yan D, et al. Tianshou：A highly modularized deep reinforcement learning library［J］. Journal of Machine Learning Research, 2022, 23（267）：1–6.

［12］ Chen H, Lu C, Ying C, et al. Offline Reinforcement Learning via High–Fidelity Generative Behavior Modeling［J］. arXiv preprint arXiv：2209.14548, 2022.

［13］ Lu C, Chen H, Chen J, et al. Contrastive Energy Prediction for Exact Energy–Guided Diffusion Sampling in Offline Reinforcement Learning［J］. arXiv preprint arXiv：2304.12824, 2023.

［14］ Wu B. Hierarchical macro strategy model for moba game ai［C］//Proceedings of the AAAI conference on artificial intelligence. 2019, 33（01）：1206–1213.

［15］ Ye D, Chen G, Zhao P, et al. Supervised learning achieves human–level performance in moba games：A case study of honor of kings［J］. IEEE Transactions on Neural Networks and Learning Systems, 2020, 33（3）：908–918.

［16］ Huang S, Chen W, Zhang L, et al. TiKick：towards playing multi–agent football full games from single–agent demonstrations［J］. arXiv preprint arXiv：2110.04507, 2021.

［17］ Lin F, Huang S, Pearce T, et al. TiZero：Mastering Multi–Agent Football with Curriculum Learning and Self–Play ［J］. arXiv preprint arXiv：2302.07515, 2023.

［18］ Ying C, Zhou X, Su H, et al. Towards safe reinforcement learning via constraining conditional value–at–risk［J］.

arXiv preprint arXiv：2206.04436，2022.

［19］ Niu H，Qiu Y，Li M，et al. When to trust your simulator：Dynamics-aware hybrid offline-and-online reinforcement learning ［J］. Advances in Neural Information Processing Systems，2022，35：36599-36612.

［20］ Wu J，Wu H，Qiu Z，et al. Supported Policy Optimization for Offline Reinforcement Learning ［C］//Advances in Neural Information Processing Systems.

［21］ Xu H，Zhan X，Zhu X. Constraints penalized q-learning for safe offline reinforcement learning ［C］//Proceedings of the AAAI Conference on Artificial Intelligence. 2022，36（8）：8753-8760.

［22］ Bai C，Wang L，Yang Z，et al. Pessimistic Bootstrapping for Uncertainty-Driven Offline Reinforcement Learning ［C］//International Conference on Learning Representations.

［23］ Qin R J，Zhang X，Gao S，et al. NeoRL：A near real-world benchmark for offline reinforcement learning ［J］. Advances in Neural Information Processing Systems，2022，35：24753-24765.

［24］ Luo F M，Xu T，Lai H，et al. A survey on model-based reinforcement learning ［J］. arXiv preprint arXiv：2206.09328，2022.

［25］ Hu K，Zheng R C，Gao Y，et al. Decision Transformer under Random Frame Dropping ［C］// The Eleventh International Conference on Learning Representations.

［26］ Yuan Z，Xue Z，Yuan B，et al. Pre-Trained Image Encoder for Generalizable Visual Reinforcement Learning ［C］//Advances in Neural Information Processing Systems.

［27］ Ye W，Zhang Y，Abbeel P，et al. Become a Proficient Player with Limited Data through Watching Pure Videos ［C］//The Eleventh International Conference on Learning Representations.

［28］ Ye W，Liu S，Kurutach T，et al. Mastering atari games with limited data ［J］. Advances in Neural Information Processing Systems，2021，34：25476-25488.

［29］ Mei Y，Gao J，Ye W，et al. SpeedyZero：Mastering Atari with Limited Data and Time ［C］//The Eleventh International Conference on Learning Representations.

［30］ Zhu G，Zhang M，Lee H，et al. Bridging imagination and reality for model-based deep reinforcement learning ［J］. Advances in Neural Information Processing Systems，2020，33：8993-9006.

［31］ Pan M，Zhu X，Wang Y，et al. Iso-Dream：Isolating and Leveraging Noncontrollable Visual Dynamics in World Models ［J］. Advances in Neural Information Processing Systems，2022，35：23178-23191.

［32］ Zhang W，Chen G，Zhu X，et al. Predictive Experience Replay for Continual Visual Control and Forecasting ［J］. arXiv preprint arXiv：2303.06572，2023.

［33］ Ying C，Hao Z，Zhou X，et al. Reward Informed Dreamer for Task Generalization in Reinforcement Learning ［J］. arXiv preprint arXiv：2303.05092，2023.

［34］ Mu Y M，Chen S，Ding M，et al. CtrlFormer：Learning Transferable State Representation for Visual Control via Transformer ［C］//International Conference on Machine Learning. PMLR，2022：16043-16061.

［35］ Qiaoben Y，Ying C，Zhou X，et al. Understanding Adversarial Attacks on Observations in Deep Reinforcement Learning ［J］. arXiv preprint arXiv：2106.15860，2021.

［36］ Qiaoben Y，Zhou X，Ying C，et al. Strategically-timed state-observation attacks on deep reinforcement learning agents ［C］//ICML 2021 Workshop on Adversarial Machine Learning. 2021.

［37］ Ying C，Qiaoben Y，Zhou X，et al. Consistent attack：Universal adversarial perturbation on embodied vision navigation ［J］. Pattern Recognition Letters，2023，168：57-63.

［38］ Wang J，Ren Z，Liu T，et al. QPLEX：Duplex Dueling Multi-Agent Q-Learning ［C］//International Conference on Learning Representations.

［39］ Yang R，Bai C，Ma X，et al. RORL：Robust Offline Reinforcement Learning via Conservative Smoothing ［C］// Advances in Neural Information Processing Systems.

［40］ Wang L, Zhang Y, Hu Y, et al. Individual Reward Assisted Multi-Agent Reinforcement Learning［C］// International Conference on Machine Learning. PMLR, 2022: 23417-23432.

［41］ Ye J, Li C, Wang J, et al. Towards Global Optimality in Cooperative MARL with Sequential Transformation［J］. arXiv preprint arXiv: 2207.11143, 2022.

［42］ Yuan L, Wang C, Wang J, et al. Multi-Agent Concentrative Coordination with Decentralized Task Representation ［C］. IJCAI, 2022.

［43］ Yuan L, Wang J, Zhang F, et al. Multi-agent incentive communication via decentralized teammate modeling［C］// Proceedings of the AAAI Conference on Artificial Intelligence. 2022, 36（9）: 9466-9474.

［44］ Ying C, Hao Z, Zhou X, et al. On the Reuse Bias in Off-Policy Reinforcement Learning［J］. arXiv preprint arXiv: 2209.07074, 2022.

［45］ Ma X, Yang Y, Hu H, et al. Offline Reinforcement Learning with Value-based Episodic Memory［C］// International Conference on Learning Representations.

［46］ Liu X, Zhang F, Hou Z, et al. Self-supervised learning: Generative or contrastive［J］. IEEE Transactions on Knowledge and Data Engineering, 2021, 35（1）: 857-876.

［47］ Jiao X, Yin Y, Shang L, et al. Tinybert: Distilling bert for natural language understanding［J］. arXiv preprint arXiv: 1909.10351, 2019.

［48］ Bai H, Zhang W, Hou L, et al. Binarybert: Pushing the limit of bert quantization［J］. arXiv preprint arXiv: 2012.15701, 2020.

［49］ Zhang Z, Han X, Liu Z, et al. ERNIE: Enhanced language representation with informative entities［J］. arXiv preprint arXiv: 1905.07129, 2019.

［50］ Chen C, Yin Y, Shang L, et al. bert2bert: Towards reusable pretrained language models［J］. arXiv preprint arXiv: 2110.07143, 2021.

撰稿人：朱　军

深度学习与大模型的研究现状及发展趋势

深度学习是人工智能领域的核心支撑性技术，在近十年来取得了飞速的发展，推动了计算机视觉、自然语言处理等研究方向取得突破性进展，并在生命科学、物理、化学、医学等诸多领域得到广泛应用。近年来，随着大规模通用基础模型（大模型）技术的出现，深度学习正逐步突破专用模型的瓶颈，展现出较强的通用性和泛化能力。以 ChatGPT 为代表的通用语言模型实现了流畅地自然语言对话功能，体现了很强的智能性和逻辑性，在法律、医学等专业能力测试中的表现已经达到或超越了从业人员的水平。

一、深度学习模型结构的研究进展

（一）视觉模型研究进展

1. Vision Transformer

Transformer 是基于自注意力机制的深度神经网络，最初主要应用于自然语言处理领域中。由于其具有强大的表征能力，研究者尝试将 Transformer 应用到计算机视觉任务中，提出了 Vision Transformer（ViT）模型。ViT 在各项视觉任务上都显示出优异的性能，超越了主流的卷积神经网络。目前，国内的许多研究者都在研究这一方向，并取得了显著的进展。

原始 ViT 只能完成图像分类任务。南京大学和起源人工智能研究院的研究者提出了 Pyramid Vision Transformer（PVT），克服了将 Transformer 应用于各种密集预测任务的困难，极大地扩展了 ViT 的应用场景，包括对象检测、实例和语义分割等。与产生低分辨率输出并需要高计算和内存成本的原始 ViT 不同，PVT 不仅具有对密集预测至关重要的高输出分辨率，还使用了渐进式金字塔结构以减少大型特征图的计算。此外，PVT 使用 spatialreduction attention（SRA）层替代了 Transformer 中传统的多头注意力（MHA）层，进一步降低了计算的复杂度。

ViT 的计算复杂度对图像尺寸成平方，限制了其使用的灵活性。微软亚洲研究院提出了 Swin Transformer 的视觉架构，突破了这个局限，使模型的计算复杂度对图像尺寸成线性，显著提高了 ViT 的计算效率。一是采用 CNN 中常用的层次化构建方式，构建层次化 Transformer；二是引入局部性（locality）的思想，将特征图划分为无重合的窗口，在每个窗口区域内分别进行 Self-Attention 计算。Swin Transformer 因其在计算机视觉领域的卓越贡献获得 ICCV2021 最佳论文奖马尔奖。此外，微软亚洲研究院还提出了层次化的 CSWin（CSWin 代表十字窗口）Transformer，用十字形窗口自注意机制取代传统的全局注意力，从而可以在少量的计算成本下实现全局注意力。将输入特征分割成相等宽度后，十字形窗口自注意机制并行计算十字形窗口内的水平和垂直条。

注意力机制是一把双刃剑，大量的 key 和 value 增加了计算量，使模型难于收敛，也增加了过拟合的风险。理想情况下，注意力的位置应该根据输入变化，key 和 value 应该关注到输入图像中重要的部分，比如目标检测中的目标物体上。基于此，清华大学提出了 Deformable Attention Transformer（DAT），令所有 query 都跟同一组 key 和 value 交互，通过对每个输入图像学习一组偏移量，移动 key 和 value 到重要的位置实现可变形的注意力机制。这样的可变形注意力增强了稀疏表征能力，同时具有线性空间复杂度，进一步提升了 ViT 的计算效率。该工作获入选计算机视觉权威会议 CVPR 的最佳论文候选。

许多研究者也在探索动态的 Transformer 结构，以实现计算速度更快、效率更高的模型。ViT 通常将所有输入图像表征为固定数目的 tokens（例如 16×16 和 14×14）。清华大学的研究者发现采用定长的 token 序列表征数据集中所有的图像是一种低效且次优的做法，并提出一种可针对每个样本自适应地使用最合适的 token 数目进行表征的动态模型 Dynamic Vision Transformer（DVT），将 ImageNet 上的平均推理速度（GPU 实测）加快了 1.4~1.7 倍，为 ViT 在轻量级设备上的应用提供了可行的方案。其主要思想在于利用级联的 ViT 模型自动区分"简单"与"困难"样本，实现自适应的样本推理。DVT 还提出了特征重用与关系重用的模型设计思路，从而减少级联模型中的冗余计算。

另一方面，清华大学的研究者观察到 ViT 的预测结果只与图片中的少部分 token 有关。动态去除掉一些重要性较低的 token，不会对模型的准确率带来较大的影响，而自注意力和 FFN 的计算量都会随之减少。基于此，该团队提出了基于动态 token 稀疏化的 DynamicViT。动态 token 稀疏化可以看成一种下采样的方式，但是每次下采样中保留哪些 token 是由当前的输入来动态确定的。作为对比，CNN 中的下采样方式是预先定义好的结构化下采样，而动态 token 稀疏化是非结构化的。在 Transformer 中自注意力的计算无须考虑 token 之间的空间关系，所以可以通过动态 token 稀疏化直接去除不重要的 token 实现加速。DynamicViT 为在边缘设备上部署 Transformer 提供了可行的思路。

中国科学院大学和腾讯优图实验室提出了 Evo-ViT，使用 token 双流更新策略，在模型训练的同时能够动态判断低信息的 token 分布，从而采用两种不同的计算路径高效更新低信息 token（Fast）、精细更新高信息 token（Slow），在保留完整的空间结构同时，实现高效准确的特征建模，提升了 ViT 的吞吐量。

2. 卷积神经网络

尽管 ViT 在计算机视觉领域体现出了优势，但近来的一些研究发现，卷积神经网络在视觉任务方面仍然具有发展潜力，对于实际应用而言仍是一种具有吸引力的方案。

清华大学、旷视的研究者提出了一种高效极简卷积网络架构 RepVGG，仅由 3×3 卷积和 ReLU 激活函数构成，甚至没有任何分支。他们应用"结构重参数化"的模型设计与优化方法，即 RepVGG 在训练时具有分支结构，在训练后可以等价转化为无分支的极简结构，结合了多分支架构的高精度和单路架构的高推理效率。RepVGG 在图像分类和语义分割等任务上可以持平或超越 EfficientNet、RegNet 等高效的 CNN 架构，甚至以更高的精度和速度超越 Swin Transformer 等最新的 Transformer 架构，具有很强的实际应用价值。

在 ViTs 中，MHSA 通常使用较大的感受域（不小于 7×7），每个输出都能包含较大范围的信息。而在 CNNs 中，目前的做法都是通过堆叠较小（3×3）的卷积来增大感受域，每个输出所包含信息的范围较小。基于这种在构建长距离位置关系（long-range spatial connections）范式上的不同，清华大学、旷视尝试通过引入少量具有大卷积核的卷积层来弥补 ViTs 和 CNNs 之间的性能差异，提出了 RepLKNet，通过重参数化的大卷积来建立空间关系。RepLKNet 基于 Swin Transformer 主干，将 MHSA 替换为大的 depth-wise 卷积，超越了许多 Vision Transformer 的精度。通过可视化，研究者还发现引入大卷积核相对于堆叠小卷积能显著提升有效感受野，且可以像 Vision Transformer 一样关注到形状特征。

与大规模 ViT 取得的巨大进展相比，基于卷积神经网络的大规模模型仍有待探索。上海人工智能研究院提出了一个大规模的基于 CNN 的基础模型 InternImage，可以像 ViT 一样从增加参数和训练数据中获得增益。与聚焦于大的密集卷积核的 CNN 不同，InternImage 以可变形卷积为核心算子，不仅具有检测和分割等下游任务所需的大的有效感受野，还能根据输入和任务信息自适应进行空间聚集。因此，InternImage 能够减少传统卷积神经网络的严格归纳偏差，使其像 ViT 一样用大规模的参数从海量数据中学习更强、更稳健的特征。模型的有效性在图像分类、物体检测、图像分割等具有挑战性的任务中得到了验证，实现了与 ViT 相同或更好的准确度。

在未来，通用的视觉大模型将成为主流，如何设计更高效的结构令其在边缘设备上顺利部署应是研究的重点。此外，多模态融合是重要的发展趋势，如何设计视觉模型的结构使其能够更有效地与其他模态交互，从而应用到更广泛的场景中，也是值得研究的方向。

3. 面向计算机视觉的大模型

视觉大模型通过预训练学到通用的知识，在下游任务上展现出了惊人的效果。但对于工业界而言，将应用落地是关键问题。随着模型参数量的急剧增加，大模型 fine-tune 所需要的计算资源也越来越大，普通开发者通常无法负担。另外，随着 AIoT 的发展，越来越多 AI 应用从云端往边缘设备、端设备迁移，而大模型无法直接部署在这些存储和算力都极其有限的硬件上。

华为提出盘古视觉大模型，其包含三十亿参数，实现了模型的按需抽取，可以在不同部署场景下抽取出不同大小的模型，动态范围可根据需求覆盖特定的小场景到综合性的复杂大场景，实现了在 ImageNet 上小样本学习能力业界第一。此外，盘古视觉大模型提供模型预训练、微调、部署和迭代的功能，形成了开发完整闭环，极大提升了开发效率，已成功应用在铁路巡检、国家电力巡检等场景。

百度提出统一特征表示优化技术（UFO：Unified Feature Optimization），在充分利用大数据和大模型的同时，兼顾了大模型落地成本及部署效率。VIMER-UFO 2.0 大模型的参数量达到 170 亿，单模型 28 项公开数据集 SOTA，基于飞桨 Task MoE 架构，根据任务的不同自动选择激活最优的区域，从而实现一百倍参数压缩，同时支持下游任务快速扩展。

上海人工智能实验室联合商汤科技、香港中文大学、上海交通大学共同发布新一代通用视觉技术体系"书生"（INTERN），旨在系统化解决当下人工智能视觉领域中存在的任务通用、场景泛化和数据效率等一系列瓶颈问题。一个"书生"基模型即可全面覆盖分类、目标检测、语义分割、深度估计四大视觉核心任务。在 ImageNet 等 26 个最具代表性的下游场景中，书生模型广泛展现了极强的通用性，显著提升了这些视觉场景中长尾小样本设定下的性能。"书生"通用视觉技术将实现以一个模型完成成百上千种任务，体系化解决人工智能发展中数据、泛化、认知和安全等诸多瓶颈问题。

（二）自然语言模型研究进展

基于深度学习的语言模型大致可以分为编码器 – 解码器结构（encoder-decoder）和仅含解码器（decoder only）的结构。

1. 基于编码器 – 解码器结构的语言模型

2021 年 3 月，清华大学、北京智源人工智能研究院和上海期智研究院等提出了新型通用语言模型（general language model，GLM）以及改进的在大规模文本上的预训练方法。文章发现自然语言处理任务可以归类为分类任务、无条件文本生成任务和有条件文本生成任务。在此基础上，GLM 使用单个 Trasnformer 编码器对序列进行双向建模。在预训练方面，GLM 通过设计两个部分的输入模式和掩码设计方式，实现了自编码和自回归两种训练任务的统一。同时，这一预训练任务也和分类和生成下游任务取得了较好的一致性，在自然语言处理的测评集 SuperGLUE 上取得当时最优效果。

GLM-130B 是 GLM 团队在大语言模型方面的最新工作，模型 GLM-130B 采用 GLM 的模型结构和预训练任务并引入先进的可扩展结构设计，包括旋转位置编码（RoPE）、基于 DeepNorm 的后置归一化层以及 GeLU 激活的门控线性单元，最终实现扩展到具有一千三百亿参数的大语言模型。GLM-130B 在多项自然语言基准测试数据集上达到了和 OpenAI GPT3-175B、Google PaLM-540B、Meta OPT-175B 等国际先进大语言模型相近甚至更好的精度。GLM-130B 模型开源于 2022 年 8 月。

在 GLM-130B 的基础上，研究团队进一步通过指令微调训练技术实现了千亿级中英文双语对话式大语言模型 ChatGLM。可用于个人部署的版本 ChatGLM-6B 于 2023 年 3 月开源，更大规模的 ChatGLM-130B 已于 2023 年 4 月实现商业应用，服务国内多家企业。

ERNIE 三代是百度研究团队的 ERNIE 大语言模型系列在 2021 年的工作。在之前的 ERNIE 系列模型基础上，自回归和自编码网络被创新型地融合在一起进行预训练，其中自编码网络采用 ERNIE 二代的多任务学习增量式构建预训练任务，持续地进行语义理解学习。通过新增的实体预测、句子因果关系判断、文章句子结构重建等语义任务。同时，自编码网络创新性地增加了知识增强的预训练任务。自回归网络基于 Transformer-XL 结构，支持长文本语言模型建模。ERNIE 三代在 14 种 45 个语言数据集上取得了最佳的效果。

研究团队后续工作 ERNIE 三代 Zeus 通过探索层次化提示学习技术显著提升了模型的零样本 / 小样本学习能力。另一项后续工作"鹏城 – 百度·文心"将 ERNIE 三代扩展到了两千六百亿参数量，通过进一步设计的可控和可信学习算法，结合百度飞桨自适应大规模分布式训练技术和"鹏城云脑 II"算力系统，解决了超大模型训练中多个公认的技术难题。在应用上，首创大模型在线蒸馏技术，大幅降低了大模型落地成本。百度最新的对话式语言大模型"文心·一言"（ERNIE Bot）在 2023 年 3 月发布，成为我国首个发布的产品级大语言模型。

来自清华大学、普林斯顿大学、MILA 等的研究团队提出了 KEPLER 模型，用语言预训练模型辅助知识图谱学习，同时利用知识图谱辅助语言模型的预训练，提出了统一的预训练框架，基于 RoBERTa 模型在自然语言处理任务和知识图谱链接预测任务上都得到明显提升。此外，生成式语言模型的引入克服了对训练阶段未出现过的实体的编码问题，KEPLER 因此可以应用到推导式链接预测任务、关系分类任务甚至是信息检索任务。

2. 基于解码器结构的语言模型

清华大学和北京智源人工智能研究院在 OpenAI 的 GPT-2 基础上提出了中文预训练模型（Chinese pretrained model，CPM），CPM 在大规模中文语料库上预训练，在对话、文章生成、语言理解等下游任务上表现良好。CPM 将模型大小扩展到 26 亿参数，在各类小样本甚至零样本的生成任务中表现出色。文章于 2021 年发表在 *AI Open* 期刊上。

CPM-2 是 CPM 团队在探索扩展到更大模型道路上的另一篇工作，基于谷歌的 T5 模型结构，并通过混合专家（mixture of experts，MoE）扩展到 1980 亿模型参数。为了加速大规模语言模型的训练进程，研究人员提出"知识继承"（knowledge inheritance）的方法，将模型训练进程分为中文、双语和 MoE 三个阶段，每个阶段都使用上一阶段的模型作为初始化，并且通过调整数据集的比重避免灾难性遗忘。CPM-2 在各项基准测试中取得了优于谷歌的 mT5 大模型的精度，并实现了 INFMOE 框架，节约了 MoE 推理时显存开销。

盘古（PANGU-α）由来自华为和鹏城实验室的研究团队于 2021 年 4 月发布。盘古模型在 GPT-3 基础上引入了额外的一个查询（query）预测层，用于更好地在自回归生成中预测下一个 query 的位置。模型引入随机词序生成，增加预训练难度，提升模型能力。引入预测模块（predictor），预训练阶段通过位置向量诱导输出。相比于 GPT-3，盘古 α 模型在设计阶段就考虑了其持续学习演化的能力，不仅节省计算资源，还支持从顺序自回归模型过渡到随机词序自回归模型的增量训练，不同阶段的持续学习能力让模型具备随机词序的生成，具备更强的自然语言理解能力。盘古 α 模型在各类下游中文自然语言处理任务上，都表现出优于悟道 CPM1 的性能。在此基础上研究人员继续将模型参数扩大到万亿级，于 2023 年公布了盘古 PANGU-Σ 大模型。

（三）多模态模型研究进展

CogView 是来自清华大学和智源研究院的团队研发的文本生成图像的多模态大模型。通过 VQVAE 预训练图像编码器，将图像特征离散化为 token，与文本 token 一同送入 Transformer 解码器，实现自回归图像和语言生成的预训练。CogView 支持超分辨率、文本生成图像、风格迁移和工业服装设计等丰富的下游任务，在多项图像生成任务上取得了优于 OpenAI DALL·E 的 FID 评分。

在 CogView 的基础上，CogView2 将掩码图像生成预训练任务引入进来，实现了语言输入条件下的图像修复以及图像加标题任务。同样由于掩码预训练带来的计算开销降低，CogView2 在生成图像的分辨率和生成速度方面都达到了原来模型的四倍。

CogVideo 将 CogView 的方法拓展到视频生成任务上。针对视频数据时间维度上的高动态性，在模型结构上研究团队提出双通道注意力机制分别建模空间和时间维度的信息，而在预训练任务上研究团队针对视频特性在生成视频内容之外还增加了时间维度的插帧任务，从而为模型提供更好的时序一致性输出的监督信号。CogVideo 在实验上取得了显著优于 OpenAI VideoGPT 的 FVD 评分，并实现了高质量时序一致的视频生成。

BEiT 系列是来自微软亚洲研究院团队提出的视觉基础模型。BEiT 及后续的 BEiT v2 模型都是纯视觉模态的 Transformer 模型，利用 VQVAE 式的离散化 token 重建技术进行掩码图像预训练。而 VLMo 将文本和视觉模态同时引入，设计了多模态 MoE Transformer，分别对不同的模态输入数据应用不同的全连接层，并分多个阶段预训练不同模态的数据，在视觉问答、视觉推理、图文提取等多模态下游任务中取得了优于 Google 的 Flamingo 多模态大模型的性能。

VL-BEiT 在 VLMo 的基础上，使用整体的双向编码器结构，设计掩码文本建模、掩码图像建模和掩码文本 – 图像建模任务，通过生成式预训练统一各个模态的训练目标，文章公开于 2022 年 6 月。BEiT-3 进一步增强了这种大一统的趋势，使用统一的掩码数据建模处理两种模态以及混合的输入，并将模型扩展到了十九亿参数量，在十二项视觉和视觉语言多模态任务上超越了各自的当前最佳的方法。

LLaMA-Adapter 是上海人工智能实验室和香港中文大学的研究团队提出的针对大语言模型的高效微调方法。LLaMA-Adapter 通过将一组可自适应学习的提示 token 作为文本提示的前缀注入 Transformer Decoder 的深层部分，实现高效低显存开销的微调。此外，将视觉编码器提取的视觉特征加到自适应的提示 token，即可几乎没有额外负担地解锁大语言模型的多模态能力。在 ScienceQA 的科学问答任务上，实验结果显示 LLaMA-Adapter 显著优于 Amazon 的 MM-COT 多模态微调方法。

LLaMA-Adapter v2 是 LLaMA-Adapter 团队将模型用于视觉指令微调模型的扩展。通过解锁更多可微调的模型参数，并设计早期视觉信号融合策略，LLaMA-Adapter v2 解决了图文对齐和指令跟随两个任务同时预训练的干扰问题，表现出更强的语言指令跟随能力，拥有优于 OpenAI ChatGPT 的聊天交互能力。

（四）生成模型研究进展

扩散模型是近年来深度生成模型发展最快、最受关注、同时效果也最为优异的方法。扩散概率模型最初受到非平衡热力学的启发，作为一种潜在变量生成模型被提出。这类模型由两个过程组成：正向过程通过在多个尺度上逐步添加噪声来干扰数据分布，反向过程学习恢复数据结构。从这个角度来看，扩散模型可以看作是一个层次非常深的变分自编码器，其中破坏和恢复过程分别对应编码和解码过程。

扩散模型在图像合成方面已经超越了生成对抗网络，并在其他视觉任务上展示了巨大的应用潜力，如图像超分辨率、文本生成图像、图像编辑、语义分割、视频生成、点云生成等领域。许多国内学者已经在国际会议或期刊上发表了相关的研究成果，并取得了奖项的认可。此外，原始的扩散模型仍然存在采样速度较慢的问题，通常需要数千步的评估才能得到一个样本，这使得它难以与其他基于似然的模型（如自回归模型）在对数似然性能上相媲美。因此，许多国内学者从理论角度探索了扩散模型更高效的采样策略，并取得了一系列突破性的成果。近年来我国在快速发展的扩散模型领域取得了进展和提出了代表性方法。

在图像超分辨率方面，浙江大学的学者基于扩散概率模型提出了用于单张图像的超分辨的 SRDiff 模型，该模型通过马尔可夫链将高斯白噪声转换为超分辨率预测，从而避免模式崩溃的影响，生成多样化和高质量的超分辨率结果。与基于生成对抗网络的方法相比，SRDiff 在单损耗的情况下训练稳定，不需要任何额外的模块；与基于流的方法相比，SRDiff 没有架构限制，训练速度快。同时 SRDiff 可以利用扩散过程和反向过程进行灵活的图像处理，包括潜在空间插值和内容融合，具有广阔的应用前景。

在文本生成图像方面，中国科学技术大学提出了在离散的量化空间训练扩散模型的思路，设计了 VQ-Diffusion 模型。VQ-Diffusion 中首创的遮挡与替换的加噪策略，可以成功地避免误差累积的问题。此外，通过利用双向注意力机制进行去噪，VQ-Diffusion 避免了单向偏差的问题。还提出了给离散扩散模型加上重参数化的技巧，从而有效地平衡生成速度和图像质量。清华大学提出了图像自适应的提示文本学习，用于基于文本控制的零样本扩散模型域自适应任务，实现了更优的生成效果和更好的身份保持能力。

在图像编辑方面，国内学者提出的 T2I-adapter 和 Composer 能够为文本生成图像的扩散模型大模型提供更多的可控编辑能力，通过训练轻量化的适配器使外部控制信号与扩散模型内部知识对齐，得到基于结构引导的适配器，如草图、分割图、关键点。以及其他指导的适配器，如深度图、法线图、样式、三维骨架、粗略三维模型等，从而实现多样化的可控图像编辑。该适配器即插即用，不影响现有文本生成图像扩散模型（例如，稳定扩散）的原始网络拓扑和生成能力。

在视频生成方面，近期基于文本到图像扩散生成的巨大最新进展推动了文本到视频生成的发展。由于视频帧的复杂性和时空连续性，生成高质量的视频在深度学习时代仍然是一个挑战。最近的研究转向扩散模型，以提高生成视频的质量。国内学者提出的 FateZero 是第一个使用预训练的文本到图像扩散模型进行时间一致的零样本文本到视频编辑的框架。它融合了扩散模型反转和生成过程中的注意力图，以最大限度地保持编辑过程中运动和结构的一致性。

点云是捕捉现实世界物体的一种重要的三维表现形式。然而，由于种种原因，扫描常常产生不完整的点云。最新有研究应用扩散模型来解决这一挑战，利用它们来推断缺失的部分，以重建完整的形状。北京大学的学者采取将点云视为热力学系统中的粒子的方法，利用相关原理来促进从原始分布到噪声分布的扩散。对许多下游任务，如三维重建、增强现实和场景理解产生积极的影响。

在扩散过程的高效求解方面，清华大学和中国人民大学的学者提出的 Analytic-DPM 从严谨的数学角度证明了扩散概率模型中最小化 KL 散度求解均值和方差是有解析形式的，极大地提高了原始扩散概率模型的似然和采样速度，几十步就可以达到原来一千步的效果。该工作斩获了 ICLR 2022 会议的优秀论文奖。此外，国内学者还从理论层面上探究了扩散概率模型采样策略和常微分方程求解器的数学对应关系，基于常微分方程的半线性结构，提出 DPM-Solver 对应于更高阶的扩散模型求解器，从而实现十步左右的采样达到原扩散模型一千步的采样效果。

扩散模型用于图像生成的思想最早由美国斯坦福大学的学者于 2015 年提出，并由 2020 年加州大学伯克利分校的学者在 2020 年对其理论推导和实验方法进行了改进和完善，最终提出了扩散概率模型（DDPM），形成了一种生成模型新范式。随后 OpenAI 的学者进一步优化 DDPM 的网络结构并实现了超越生成对抗网络的图像生成效果。随后 DALLE-2、

Stable Diffusion 和 Imagen 等文生图大模型的出现，更是引发了学术界和工业界极大的关注。近年来，我国的学者在扩散模型领域也取得了长足的进展，尤其是在为扩散模型设计高效推理的求解器方面处于明显的国际领先地位。面向实际场景的应用时，国内的研究还是基于国外成熟模型进行的微调改进，缺乏有影响力的原创性模型结构设计。

目前，扩散模型的研究仍处于初始阶段，有着巨大的改进潜力，无论在理论还是应用方面。正如前面的章节所讨论的，关键的研究方向包括设计有效的采样策略和改进似然函数，探索扩散模型如何处理特殊的数据结构，与其他类型的生成模型进行融合，并为一系列应用定制扩散模型。我们认为扩散模型的研究将在以下方面扩展。

扩散模型中的许多典型假设需要重新审视和分析。例如，扩散模型的前向过程完全消除了数据中的任何信息，并将其变为先验分布的假设可能并不总是成立。在现实中，完全消除信息在有限时间内是不可行的。因此，了解何时停止前向噪声过程，以在采样效率和采样质量之间取得平衡，具有重要意义。近期在薛定谔桥和最优传输方面的研究进展提供了希望，提出了能够在有限时间内收敛到指定先验分布的扩散模型的新公式。

扩散模型已经成为一个强大的框架，特别是作为唯一无须使用对抗训练就能在大多数应用中与生成对抗网络相媲美的框架。关键是要理解为什么以及在什么情况下，扩散模型在特定任务中比替代方案更有效。重要的是确定将扩散模型与其他类型生成模型区分开来的基本特征，例如变分自动编码器、基于能量的模型或自回归模型。通过理解这些区别，可以阐明扩散模型为何能够生成高质量样本，并实现最高似然性。同样重要的是，需要制定理论指导，系统地选择和确定扩散模型的各种超参数。

（五）图神经网络研究进展

图神经网络（graph neural networks，GNNs）是专门用于处理图结构数据的深度学习模型。与传统的深度学习模型侧重于处理向量和矩阵数据不同，图神经网络的目标是对图中的节点和边进行建模和学习。图神经网络的设计灵感来自图论和神经网络领域的交叉点。它的出现填补了传统神经网络在处理图结构数据时的不足之处。与传统方法相比，图神经网络能够充分利用图的拓扑结构和节点之间的关系，从而更好地捕捉到数据的复杂性和局部特征。

图神经网络的基本构成包括节点表示学习和图结构建模两个部分。在节点表示学习中，图神经网络通过将每个节点映射到低维空间中的向量表示来编码节点的特征。这种向量表示通常包含了节点自身的属性及其周围节点的信息。而图结构建模则关注节点之间的连接和相互作用关系，通过在图上进行信息传递和聚合，以获取全局上下文信息。

近年来，国内研究机构和学者在图神经网络方面取得了显著成果，揭示了图神经网络在社交网络分析、推荐系统、计算机视觉任务和药物发现等领域的应用潜力。

北京大学和清华大学最近的一项研究表明，尽管图卷积网络在处理图和网络数据的各种分析任务中获得了广泛的应用，目前最先进的 GNNs 在融合节点特征和拓扑结构方面的能力与最优甚至令人满意的程度相去甚远。为了突破这一局限，该团队提出了一种自适应多通道图卷积网络（AM-GCN），能够从节点特征、拓扑结构以及它们的组合中提取特定和通用的表征信息，并使用注意力机制自学习不同表征信息的重要性权重。该模型在处理不同任务时能够自适应地学习拓扑结构和节点特征之间的某些深层相关信息。

在推荐系统方面，现有的方法主要集中在具有单一类型节点、边的网络上，并且在处理大型网络时无法良好扩展。然而，许多现实世界的网络由数十亿个节点和多种类型的边组成，并且每个节点都与不同的属性相关联。清华大学学者对这类更加贴近真实场景的属性多重异构网络的学习问题进行了形式化，并提出 GATNE 框架以支持图网络模型对于这类问题的直推式和归纳式学习。该框架具备高效性与可扩展性，能够高效处理包含数亿节点和数十亿边的网络，成功地部署在全球领先的电子商务公司阿里巴巴集团的推荐系统中。

在计算机视觉任务上，中国科学院大学的学者们提出将图像表示为图结构，并提出将Vision GNN 用于提取视觉任务的图级特征。具体来说，首先将图像分割成若干部分，将每个部分视为一个节点，再通过连接最近邻街店构建图网络。Vision GNN 在所有节点之间进行信息转化和交换学习视觉特征，在图像识别和目标检测任务展现出了优越的性能。相比广泛使用的卷积神经网络和 Transformer，该模型能够灵活捕捉不规则和复杂的对象。

在生物医药方面，国内学者提出面向大规模分子图的 GNN 预训练模型 GROVER 以学习分子表征。通过在节点、边和图级别上精心设计的自监督任务，GROVER 可以从大量未标记的分子数据中学习到丰富的结构和语义信息。为了编码这种复杂信息，GROVER 将图神经网络与 Transformer 风格的架构相结合，提供一类更具表达能力的分子编码器。经过少量微调，GROVER 预训练模型在多个具有挑战性的分子属性预测任务中展现出明显的精度提升。相比已有工作，GROVER 的灵活性使其能够在大规模分子数据集上高效训练，而无须任何监督，同时具备较强的泛化能力。

在传统自然科学问题上，许多问题都会涉及建模物体的一些几何特征，例如空间位置、速度、加速度等。这种特征往往可以使用几何图这一形式来表示。不同于一般的图数据，几何图一个非常重要的特征是额外包含旋转、平移、翻转对称性。这些对称性往往反映了某些物理问题的本质。许多国内的相关研究利用了几何图中的对称性，基于经典图神经网络设计了很多具有等变性质的模型去解决对几何图建模问题，在多体物理动力学仿真、蛋白质动力学模拟以及抗体的生成与优化等难题上取得了较大进展。清华学者联合腾讯 AI Lab 进一步发表了等变图神经网络的研究综述，对近年等变图神经网络的发展脉络进行了系统性梳理，并指明了当前的挑战和未来的可能方向。

（六）神经辐射场研究进展

合成照片级逼真的图像和视频一直是计算机图形学的核心问题，过去几十年来广受关注。传统计算机图形学方法可以生成高质量且可控的场景图像，但要实现对真实场景的可控图像生成，则需要提供场景的所有物理参数，例如摄像机参数、光照条件和物体材质等。然而，从现有的观测数据（如图像和视频）中准确估计这些物理属性以进行逆渲染，尤其是在追求照片级真实感合成图像的情况下，具有相当的挑战性。

相比之下，神经渲染是一个快速兴起的领域，它采用紧凑的场景表示，并利用神经网络从现有观测数据中学习渲染过程。神经渲染的核心思想是将经典基于物理的计算机图形学的原理与深度学习的最新进展相结合。类似于传统计算机图形学，神经渲染的目标是以可控的方式生成照片级真实感图像，例如实现新视角合成、重新调整光照条件、场景变形和合成等功能。

近期出现的神经辐射场技术提供了一个很好的例子，神经辐射场（NeRF）利用多层感知器（MLP）来近似三维场景的辐射场和密度场。这种学习到的体表示可以使用解析可微分渲染（例如体积分）从任意虚拟摄像头进行渲染。在训练阶段，假设从多个摄像机视点对场景进行观测。通过从这些训练视点渲染估计的三维场景，并最小化渲染图像与观察图像之间的差异，利用这些观察结果对网络进行训练。一旦训练完成，通过神经网络近似的三维场景可以从新的视点进行渲染，从而实现可控的合成。

神经渲染领域的结果质量和方法的简洁性导致了领域的爆炸式发展。在静态场景的新视点合成、动态场景的视角合成、场景编辑和组合等领域，近年来国内学者取得了进展。

静态场景新视角合成是指通过给定一组图像和其摄像头姿态作为输入，在新的摄像头位置上对给定场景进行渲染。为了应对数据采集过程中相机运动和失焦导致的图像模糊问题，香港科技大学的学者提出了 Deblur-NeRF。该方法利用可变形的稀疏卷积核，在经过训练的模糊多视角图像上直接预测生成高清的新视角图像。同时，西北工业大学的学者提出了 HDR-NeRF，旨在从具有不同曝光水平的低动态范围图像中恢复高动态范围的神经辐射场。此外，清华大学的学者还提出了 Nerf-SR，以解决 NeRF 只能生成训练集级别图像而无法生成更高质量超分图像的限制，实现了高质量的新视角超分图像合成。

动态场景的视角合成不同于静态场景下的视角合成，可以处理动态变化的内容，实现新视角合成和编辑。针对基于输入音频序列生成高保真的说话人头部视频的问题，中国科学技术大学的学者对人像使用 NeRF 对头部和衣着的形变分别进行建模，生成高保真且自然的视频结果，同时支持音频信号、视角方向（相机角度）、背景图片等的自由调整。中国科学技术大学的学者还将神经辐射场 NeRF 与人脸头部参数化表示相结合，进而提出一种可实时渲染照片级精度的人脸头部参数化模型 HeadNeRF。南京大学的学者提出 MoFaNeRF，将自由视角的图像用神经辐射场映射到编码的面部形状、表情和外观的矢量空间，在多种应用中显示出强大的能力，包括基于图像的拟合、随机生成、脸部装配、脸部编辑和新的视图合成等。浙江大学的学者提出 Neural Body 方法，能够从稀疏多视图视频中实现动态人体的自由视角视频的合成，该工作获得 CVPR 2021 最佳论文提名奖。

场景编辑和组合允许编辑重建的三维场景，即重新布局仿射变换目标，并改变其结构和外观。在这一研究领域，上海科技大学的学者提出 ST-NeRF，通过将时空形变模块和神经辐射模块串联，利用十六台摄像机实现可编辑的自由视点视频生成的新功能，呈现各种逼真的时空视觉编辑效果，同时支持大视角的自由观看。

神经辐射场最初由加州大学伯克利分校的学者提出，并以其惊人的场景生成效果在学术界引起广泛关注，还荣获了 ECCV 2020 会议的最佳论文奖。随后，受到神经辐射场的启发，马普所的学者提出的 GIRAFFE 通过隐式表示实现了物体编辑和组合，并获得了 CVPR 2021 会议的最佳论文奖。近年来，国内外均涌现了大量神经辐射场领域相关成果。其中，我国学者在部分子领域中对于神经辐射场的研究中已经取得了国际领先地位，特别是在人脸和人体位姿的神经渲染领域取得了显著成果，但整体态势还是处于跟踪的情形，缺少引起国际领域关注并积极跟踪的通用性理论和方法。

尽管国内外学者在神经辐射场领域均取得了一些进展，但作为一项新技术，其仍然面临许多挑战和限制。数据采集方面，现有数据集仅涵盖有限的场景和角度，难以满足训练和优化模型所需的丰富多样数据。训练效率方面，神经辐射场需要大量计算资源和时间，并存在训练不稳定和过拟合等问题。场景复杂性方面，神经辐射场在复杂场景和物体上可能出现模型失真和精度不足的问题。此外，神经辐射场处理大量数据可能导致较高的延迟和计算成本，对于实时交互的应用存在挑战。

（七）AI for Science

AI for Science 是一项利用人工智能技术解决科学领域难题的研究领域。AI for Science 的目标是通过开发智能算法和模型，提供快速、准确和高效的解决方案，辅助科学家进行数据挖掘分析、建模、仿真、预测等科研工作，加快发现自然科学新规律、新模式。随着大数据和计算能力的迅速增长，以及深度学习和机器学习等技术的快速发展，AI for Science 正在成为推动科学研究和创新的重要工具。

近年来，AI for Science 已成为国际领先的研究机构中重点关注的交叉学科领域，例如 DeepMind 在 2021 年至 2022 年期间发表了多篇重要文章，将 AI 技术应用于蛋白质结构预测、数学推理和控制核聚变等传统难题，取得了重要突破。国内研究机构和学者同样看到人工智能与传统科研相结合所催生的科研新范式的巨大潜能，并在生物学、化学、物理学、地球科学、材料科学等领域取得了巨大的研究进展。这些研究工作为推动科学研究的发展和创新提供了有力的支持，并在学术界和工业界产生了广泛的影响。本报告将对其中的代表性方法进行介绍。

在蛋白质折叠预测领域，AlphaFold 系列工作在 CASP（Critical Assessment of Structure Prediction）竞赛中取得的重大突破，它对大部分蛋白质结构的预测与真实结构只差一个原子的宽度，基本达到了人类利用冷冻电子显微镜等复杂仪器观察预测的水平。这一巨大进步在整个生命科学领域掀起了轩然大波，吸引了国内外研究人员的关注。国内深势科技团队随即投入到相关代码的解读与优化中，最终实现了对 AlphaFold 模型的全尺寸训练，推出 Uni-Fold 并开源训练源码。在相同的测试条件下，Uni-Fold 达到了接近 AlphaFold 的预测精度。

AlphaFold 以及 Uni-Fold 系列工作证实了可以通过人工智能的方法，从蛋白质的一级序列精准预测其三维结构可达到实验精度。但这些模型主要依赖多序列比对（MSA）和模板（Template）信息，而从蛋白质数据库中搜索 MSA 和模板又是一件非常耗时的工作，成为模型向产业界大规模推广的一个瓶颈。为了解决这一问题，百度飞桨螺旋桨与百图生科共同开发了新的蛋白结构预测大模型 HelixFold-Single，不再需要 MSA 信息作为输入，仅仅通过蛋白质的一级序列就可以准确预测其三级结构。HelixFold-Single 从近三亿的无标注蛋白质数据中提取信息，建模蛋白质之间的关系，从而将 MSA 同源信息隐式的学习在预训练大模型中，进而有效地替代 MSA 信息检索模块，极大地提升了结构预测的速度，模型推理的速度平均提升数百倍。在计算效率极大提升的同时，HelixFold-Single 模型在精度上也不输 AlphaFold2，且在 MSA 更深的蛋白上表现比 AlphaFold2 更优。

在分子动力学领域，近些年来深度学习在多体势能表示方面的最新发展为解决分子模拟中的准确性与效率困境带来了新的希望。北京应用物理与计算数学研究所联合中物院高性能数值模拟软件中心、北京大数据研究院提出的深度学习库 DeePMD 旨在最大限度地减少构建基于深度学习的势能和力场表示以及执行分子动力学所需的工作量，帮助实现了在分子层面大规模、高效的模拟，同时保证了微观科学领域里面计算的尺度和精度。在此基础上，国内学者精确建模了包含一亿原子的动力学系统，该研究成果获得了 2020 年度的戈登贝尔奖。

为了进一步扩展深度势能模型在分子模拟领域的可扩展性，国内学者提出基于门控注意力机制的预训练深度势能模型 DPA-1，以突破现有方法训练成本高、对训练数据的依赖性强的局限。DPA-1 能容纳元素周期表中大多数元素，具有较强的通用性和样本利用效率。这一研究成功将"预训练 + 微调"的研究范式应用于分子模拟，克服了已有方法在面对新的复杂体系需要生成大量数据来从头训练模型的关键难题。

在参数化偏微分方程求解方面，北京大学学者提出的 Meta-Auto-Decoder 通过隐式编码建模不同物理参数、边界条件和计算域几何结构对偏微分方程求解的影响。该模型属于一种无网格和无监督的深度学习方法，在参数化偏微分方程求解上可以通过微调隐编码向量将预训练模型快速迁移到不同的方程实例。相比已有的方法或是需要为不同的偏微分方程参数重新训练模型，或是需要大量来自数值模拟的输入、输出观测对，Meta-Auto-Decoder 在不损失准确性的情况下具备更快的收敛速度。

在天气预测方面，国内学者提出的盘古气象预测大模型在短到中期时间范围内的全球气象预测上优于目前最先进的数值预报方法。该方法提出面向三维地球的 Transformer 结构，将高度信息编码进信息特征中，以实现对于不同位势高度的气象预测；同时，该方法使用层级时序综合算法来缓解时间尺度上的累积误差。相比已有的深度学习方法，盘古气象预测大模型具备较快的推理速度，同时支持广泛的下游预测场景，包括极端天气预报和实时集合预报。

二、深度学习与大模型相关算法的研究进展

（一）自监督学习方法进展

预训练在深度学习中很重要。通过在大规模数据集上进行预训练，深度学习模型可以学习到丰富的特征表示，从而提升其性能和泛化能力。预训练的模型作为初始化参数，使得模型在各项任务上更容易收敛并加速训练过程。预训练还有助于解决数据稀缺和标注困难的问题，通过在大量未标记数据上进行预训练，模型可以学习到通用的特征表达，然后在特定任务上进行微调，提高模型的性能。预训练已经成为构建基础深度学习模型的必要步骤，对各种预训练技术的研究也十分丰富，近年来预训练领域的主流方法被分为两条路线：对比学习和掩码学习。

1. 对比学习

对比学习是一种自监督预训练方法，核心思想是通过将相似样本对进行聚集，使它们在特征空间中更加接近，同时将不相似样本对进行分散，使它们在特征空间中更加远离。通过这种方式，对比学习可以学习到更具区分度的特征表示，从而提升模型的性能。对比学习通过最大化相似样本对的相似性，最小化不相似样本对的相似性，使得模型可以在无须人工标注的情况下进行训练。对比学习已经在计算机视觉、自然语言处理和多模态学习等领域取得了显著的成功。

对比学习一般使用大量的图像文本数据对，由于这些数据是通过网络收集的，所以文本和图像之间的相关性相对松散，使得对比学习的训练过程较为低效，并且要求训练有很高的批大小。为了解决这个问题，来自厦门大学，阿里达摩院的研究人员探讨了一种非对比性语言－图像预训练的有效性，并研究了是否可以出现在视觉自监督模型中展示的良好特性。他们通过实验证实了非对比性损失函数会帮助学习表示，但在零样本识别方面表现不佳。基于上述研究，他们进一步引入了混合对比或非对比学习框架，并展示了非对比学习在增强特征语义方面对对比学习的帮助。两个目标之间的协同作用让这种混合结构享受了两全其美的优势：在零样本迁移和表示学习方面都具有出色的性能。

对比学习模型在密集预测下游任务上，泛化能力差，鲁棒性弱，为了解决这个问题，来自字节跳动和上海交通大学的研究人员提出了一种自监督框架 iBOT，用于执行掩码预测。通过自蒸馏的方式，他们将掩码补丁标记作为教师网络，并对类标记进行自蒸馏，

以获取视觉语义。在线标记器与 MIM 目标联合可学习，并且无须预训练，避免了多阶段训练流程。研究人员认为这种新兴的局部语义模式有助于模型对常见的损坏具有强大的鲁棒性。

2. 掩码学习

掩码学习通过对文本或者图像进行掩码处理模态中的语义信息和结构特征。在这种方法中，模型需要根据输入的掩码信息来预测原始信息中被掩码的区域。通过这种方式，掩码建模学习可以促使模型理解和学习更具局部特征，并提供更准确的语义理解能力。近年来有大量的研究掩码学习的研究出现，主要关注点在掩码学习目标和数据掩码方式上。

在图像领域做掩码学习的困难在于图像的粒度无限可分，难以像语言一样被分为离散的"单词"，为了解决这个问题，在图像领域实现掩码学习，微软亚洲研究院的研究人员在掩码学习领域提出了 BEiT 方法，利用了一个预训练好的离散化生成模型。他们提出了一个掩码图像建模任务来预训练视觉 Transformer。具体而言，他们的预训练中每张图像有两个视图，即图像块和视觉令牌。他们首先将原始图像划分成视觉令牌。然后他们随机掩码一些图像块并将其输入骨干 Transformer。预训练的目标是基于受损的图像块恢复原始的视觉令牌。这种预训练方式解决了提到的图像不能被分为离散"单词"的问题，在各类视觉任务上有很好的泛化性和鲁棒性。

虽然上述方法为在图像领域实现了掩码建模学习，但是需要借助一个预训练好的图像生成器，整体流程很复杂，为了解决这个问题，微软亚洲研究院的研究人员提出了一种名为 SimMIM 的简单框架，用于进行掩码图像建模。他们简化了最近提出的相关方法，避免了特殊设计，如块状掩码、离散 VAE 或聚类标记化。SimMIM 使用了适度大小的掩码块对输入图像进行随机掩码，并通过直接回归预测原始像素的 RGB 值。这种简单的方法具有和以往方法相当的泛化性和鲁棒性，并且更简单、更轻量。

为了进一步提升建模图像语义的丰富性并提取更多高级语义特征，微软亚洲研究院的研究人员提出了 BEiTv2，提出使用语义丰富的视觉分词器作为掩码预测的重构目标，为掩码从像素级别提升到语义级别提供了系统的方法。具体而言，他们提出了量化向量知识蒸馏来训练分词器，将连续的语义空间离散化为紧凑的编码。然后，他们通过预测掩码图像块的原始视觉令牌来预训练视觉 Transformer。这种方法进一步丰富了掩码学习预训练模型的高级语义。

用视频数据做预训练会消耗大量的资源，因为视频占有的存储空间很大，所以预训练难以利用大量的视频数据。为了解决预训练开销高的问题，复旦大学和微软的研究人员提出了一种名为 BEVT 的视频 Transformer 的预训练方法。为了解决视频领域中的问题，他们引入了掩码图像学习，将视频表示学习分解为空间表示学习和时间动力学学习两个方面。具体而言，BEVT 首先在图像数据上进行掩码图像建模，然后在视频数据上同时进行掩码图像建模和掩码视频建模。BEVT 在图像数据集上学习到了良好的空间先验知识，在不同任务上泛化能力强，可以减轻视频 Transformer 的学习负担，因为从头开始训练视频 Transformer 通常需要大量计算资源；BEVT 可以正确地处理空间和时间信息，对于不同的内容的视频识别鲁棒性强。

虽然 BEVT 掩码学习取得了成功，但是在小数据集上的泛化能力较差，为了解决这个问题，南京大学、腾讯和上海人工智能实验室的研究人员提出了 VideoMAE 的视频掩码自编码器作为自监督视频预训练的高效学习方法。他们提出了一种定制的视频"管道"掩码策略，其特点是掩码比例极高。这种简单的设计使得视频重构成为一个更具挑战性的自监督任务，从而在预训练过程中鼓励提取更有效的视频表示。通过极高比例的掩码增大预训练任务的难度，能产生良好的识别能力，并且在小数据集上泛化性和鲁棒性都很强。

对比国内外预训练技术的进展情况，发现近年来都呈现出从对比学习到掩码学习迁移的趋势，在语言和视觉领域，掩码学习都表现出了比对比学习更强的泛化性和鲁棒性，未来的研究可能国内外都会更加关注掩码学习。

国外的研究更多集中在预训练技术，例如掩码学习的目标，掩码的策略等，国内的研究更加关注在不同数据模态上的扩展，例如在点云，视频等模态上实现掩码学习。未来国内的研究可以更加关注预训练技术。国外的一些企业也在研究预训练技术，这些企业关注的是模型规模较大时的预训练技术，国内研究的模型相对较小。

预训练作为构建深度学习大模型的基础技术，在未来五年会发挥不可替代的作用，是深度学习发展的重中之重。预训练学习到的丰富语义和知识，是模型在下游任务上表现良好的基础保障。预训练技术的研究热点可能会集中在掩码学习领域，对掩码学习的目标、掩码策略、掩码学习在模型上的扩展规模等方向可能会有进一步地研究。

预训练技术和计算速度、计算架构、数据存储架构等领域的结合对于训练大规模深度学习模型十分重要，是扩大模型规模的必要步骤。如何保证预训练学习到的知识可以被正确地利用，而不是编造知识也是预训练技术值得研究的话题。

对预训练技术的深入研究是提高国内相关领域前沿识别新能力的重要需要，是构建面向海量庞杂、异质多源、大范围时空关联的社会感知数据智能处理系统的核心基石。

（二）其他面向大模型的学习方法研究进展

为实现大模型的高效、稳定训练和推理，近年来学术界提出了一系列新的方法。

1. 预训练与微调

目前，预训练大模型可以在多种任务中取得优异的表现，但是模型的规模也十分庞大，需要大量的计算资源和数据，训练成本非常高昂，一般的研究机构难以承受。为解决这一问题，不少研究者开始研究参数高效微调方法，旨在最小化微调参数的数量和计算复杂度，同时尽可能提高预训练模型在新任务上的性能，从而降低大模型的训练成本。

目前，有许多国内的研究者聚焦于这一研究方向，并取得了许多影响力较大的研究成果。例如，清华大学的学者提出了现有大模型参数高效微调方法的统一架构 Delta Tuning。具体来说，Delta Tuning 有三种范式，分别是增量式微调、指定式微调和重参数化微调。增量式微调引入在原始模型中不存在的额外可训练神经模块或参数，只通过微调这一小部分参数来达到模型高效适配的效果。指定式微调不会在模型中引入任何新参数，也不改变模型的结构，而是直接指定要优化的部分参数，能够取得几乎和全模型微调相当的效果。重参数化微调方法使用低维代理参数对部分原始模型参数进行重参数化，仅优化代理参数，从而降低模型微调的计算量和内存成本。除此之外，Delta Tuning 从优化和最优控制两个角度给出了理论解释，并对大量自然语言处理的任务进行了实验，证明了方法的有效性和高效性。又如，上海人工智能实验室提出了 LLaMA-Adapter，可以有效地将大语言模型 LLaMA 微调为一个跟随指令的模型，应用于多种下游任务。具体来说，LLaMA-Adapter 采用了一组可学习的提示向量，将其插入到 Transformer 模型深层的每一层中，同时使用零初始的注意力机制保留大模型的预训练知识。LLaMA-Adapter 仅仅微调 1.2M 的参数就能够达到与 Alpaca 全模型微调类似的能力，所需微调时间很短，能够灵活地切换下游任务并且支持多模态。

在预训练大模型的微调方面，我国学者取得了一些有影响力的学术成果，提出了一些创新性的理论，例如清华大学提出的 Delta Tuning 和上海人工智能实验室的 LLaMA-Adapter，在一些方向上具有优势。

2. 上下文学习

上下文学习（in-context learning）是一种新的学习范式，其与传统的端到端训练不同，通过给定少量示例和问题来训练模型。该技术已经被应用于自然语言处理和计算机视觉等领域，并且已经在研究中取得了显著的进展。在自然语言处理领域，上下文学习已经成为大型预训练语言模型的一种重要推理方式之一。这些模型通过从大量文本数据中学习来获取语言的规律和语义信息。上下文学习技术可以通过给定特定任务的示例和问题，帮助语言模型针对性地进行调整，以帮助模型在特定任务上无须改变模型参数即可获得有意义的输出结果。

目前，国内的许多研究者都在聚焦这一方向，并取得了显著的研究进展。例如，来自北京大学以及清华大学的研究者对上下文学习的内部机理做了细致完整的分析，阐释了大语言模型与元学习之间的关联，并在理论上证明了 Transformer 的注意力层与梯度下降的对偶关系，最终得出上下文学习本质上是一种隐式的模型微调手段的结论，这为深入理解上下文学习技术，开发更好的上下文学习手段提供了启示。除了在自然语言处理领域，上下文学习技术也已经被引入到计算机视觉领域。这些方法可以帮助模型对不同的视觉任务进行统一的建模，从而提高模型的泛化性能。在这些方法中，模型的输入由图像示例和问题组成，模型通过学习示例和问题之间的关系来完成任务。例如，来自北京智源、浙江大学以及北京大学的研究者尝试了在计算机视觉领域引入上下文学习的技术，实现了对多种视觉任务的统一建模。实验结果表明，通过上下文学习这种形式，得到的预训练视觉模型具有强大的开集感知能力以及泛化性能。

在上下文学习领域，我国学者已在部分研究课题上处于国际领先地位，如北京智源研究者主导研究的视觉上下文学习模型 Painter 以及 SegGPT，但在整体研究进展上仍处于跟踪态势，缺少引起全领域跟踪的全新概念与方法。

在未来，国内关于上下文学习领域应当更聚焦于如何在更广泛的应用场景，即自然语言处理以及多模态场合下，完成方法创新层面的突破，从而能够完成全领域影响力的工作。

3. 指令微调

指令微调（instruction tuning）技术旨在根据大量不同的指令对模型进行微调，这些指令使用简单直观的任务描述，例如"将此电影评论分类为正面或负面"或"将此句子翻译成丹麦语"。根据这些指令训练模型，可以让模型不仅擅长解决在训练过程中看到的各种指令，而且总体上善于遵循指令。指令微调的动机来自一个事实：通过类似于上下文学习的技术，大规模预训练的语言模型如 GPT-3 往往已经具备了很好的少样本学习能力，但它的零样本推理能力却往往欠佳，比如在阅读理解、问题回答以及自然语言推理方面，其任务表现不甚理想，一个潜在的原因是，由于零样本推理下没有示例为模型提供支持，模型接收到的输入很难与训练前保持一致。因此，研究者试图让模型能够直接有能力接受自然语言输入，这种方式可以有效地提升模型的零样本推理能力。此外，实际训练过程中，由于指令数据集往往不是现成的，因此许多工作都采用基于模板的方式进行指令数据集的构建。

目前，已有许多国内研究者将指令微调技术应用于构建与人类意图相一致的大模型，并得到了令人满意的，可与用户良好互动的大语言模型以及基于大语言模型的多模态模型。例如，来自清华大学的研究者构建了良好的中英文指令微调数据，并提出了一种基于 GLM（通用语言模型）的聊天机器人 ChatGLM，取得了十分符合人类偏好的机器人答复水平。来自微软亚洲研究院的研究者通过指令微调技术构建了能够接受视觉输入的大型多模态模型 KOSMOS，实验结果表明，该模型可以取得令人惊艳的多模态认知、推理表现。此外，近期的由阿里达摩研究院提出的 mPLUG-Owl 指出，通过建立在强大的预训练语言模型如 LLAMA 之上，并同时结合纯语言指令微调数据集以及多模态指令微调数据集，可以有效提升多模态预训练大模型的表现。来自上海人工智能研究院的研究者也提出了一种新的基于 Open Flamingo 的大规模多模态预训练模型的指令微调模型 MultiModal-GPT，通过对多模态预训练模型进行指令微调，其训练的模型可以支持更为细化的视觉理解能力。

在指令微调领域，我国学者主要更加关注如何将该技术良好地应用于大型语言模型以及大型多模态模型与人类意图的对齐，因此目前对该领域主要停留在应用层面。相较国外，国内学者在领域微调的技术与方法创新上相关的研究较少。

在未来，国内关于指令微调的研究应当从应用层面跳出，转向更加有挑战性的方法、理论创新层面工作。

4. 基于人类反馈的强化学习

基于人类反馈的强化学习（RLHF）技术是指：使用强化学习的方式直接优化带有人类反馈的语言模型，使得在一般文本数据语料库上训练的语言模型能和复杂的人类价值观对齐的一种技术。过去几年里，各种 LLM 根据人类输入提示（prompt）生成多样化文本的能力令人印象深刻。然而，对生成结果的评估是主观和依赖上下文的，例如，我们希望模型生成一个有创意的故事、一段真实的信息性文本，或者是可执行的代码片段，这些结果难以用现有的基于规则的文本生成指标（如 BLEU 和 ROUGE）来衡量。除了评估指标，现有的模型通常以预测下一个单词的方式和简单的损失函数（如交叉熵）来建模，没有显式地引入人的偏好和主观意见。因此，RLHF 技术应运而生，其核心是用生成文本的人工反馈作为性能衡量标准，或者更进一步用该反馈作为损失来优化模型，只不过在评估过程中涉及了强化学习模型，因为要生成无尽的对文本的人类偏好度反馈过于困难。RLHF主要包含两个步骤：聚合问答数据并训练一个奖励模型（reward model，RM）；用强化学习（RL）方式微调 LM。其中，RM 的训练是 RLHF 区别于旧范式的开端。这一模型接收一系列文本并返回一个标量奖励，数值上对应人的偏好。我们可以用端到端的方式用 LM建模，或者用模块化的系统建模（比如对输出进行排名，再将排名转换为奖励）。这一奖励数值将对后续无缝接入现有的 RL 算法至关重要。其次，再通过强化学习的方式来微调 LM，其中，策略（policy）是一个接受提示并返回一系列文本（或文本的概率分布）的LM。这个策略的行动空间（action space）是 LM 的词表对应的所有词元（一般在 50k 数量级），观察空间（observation space）是可能的输入词元序列，也比较大。奖励函数是偏好模型和策略转变约束（policy shift constraint）的结合。

目前，RLHF 技术在国内受到的关注还较少，比较有代表性的工作有清华大学的ChatGLM，其同时使用了指令微调与基于人类反馈的强化学习技术，目前，62 亿参数的ChatGLM-6B 已经能生成相当符合人类偏好的回答。此外，基于人类反馈的强化学习技术也可以被应用在图像生成领域，例如，来自清华大学的研究者提出了 ImageReward，这是一个评估 diffusion 类生成图像模型的生成效果的工作，通过该奖励模型，模型可以清楚地知道自己生成的图像质量好坏，从而有望借此方式引导、学习出更符合人类意图以及审美的图像生成模型。

在基于人类反馈的强化学习领域，国内应用与理论创新相关的工作都较少，但考虑到该技术方兴未艾，目前国内外在该方面都处于研究的较早期阶段，因此虽然国内的相关研究普遍较少，但国内外的研究差距仍然是可以弥补的。

在未来，国内在基于人类反馈的强化学习领域可以着手弥补理论创新相关研究的短板，同时在应用层继续开发更多使用到该技术的模型。

5. 思维链

思维链（chain of thought，CoT）是人类在解决推理任务时形成的一系列有逻辑关系的思考步骤或想法，这些步骤或想法相互连接，形成了一个完整的思考过程。它可以帮助我们将一个问题分解成一系列的子问题，然后逐个解决这些子问题，从而得出最终的答案。借鉴于这种想法，近期研究者将 CoT 应用于大语言模型，通过一系列的提示语，引导模型"一步一步"地进行思考，最终给出答案。已有的研究工作表明，CoT 能够大幅度提升大语言模型在推理任务上的能力。

在 CoT 技术的研究方面，有不少国内的研究者取得了显著的成果。例如，针对 CoT 中提示的构造问题，北京大学的学者提出了 DIVERSE（diverse verifier on reasoning Step），能够显著提升 CoT 的效果。具体来说，DIVERSE 使用多个不同的提示以提升多样性，并引入了一个验证器，验证每个步骤的正确性，最终对各个答案进行加权投票，从而明显改善了 CoT 的效果。又如，上海交通大学的学者提出了 Auto-CoT，能够将人工设计问题、中间推理步骤和答案样例的步骤自动化，从而节省人工成本。实验表明，在十个数据集上 Auto-CoT 可以取得和 Manual-CoT 类似甚至更优的性能，这说明 Auto-CoT 不仅能节省人工成本，而且自动构造的 CoT 的问题、中间推理步骤和答案样例比人工设计的质量更好。

此外，为了将 CoT 方法应用于多模态大模型，上海交通大学的研究者还提出了 Multimodal-CoT，它能够结合视觉和语言特征进行推理。这种方法将生成推理步骤的过程和进行最终推理的过程分成两个独立的阶段。通过在两个阶段结合视觉信息，模型能够生成更有效的基本原理，进而得到最终的答案推断。该工作在 ScienceQA 的上进行了评估，结果表明他们的模型性能比当时最先进的大语言模型（GPT-3.5）高出许多，甚至超过了人类的表现。

在思维链技术的研究方面，国内较多工作聚焦于设计各类方法提升 CoT 的实际效果，整体工作偏向于应用层面，针对 CoT 的理论研究工作和宏观设计工作相对较少。

参考文献

［1］ Vaswani, Ashish, Noam Shazeer, Niki Parmar, Jakob Uszkoreit, Llion Jones, Aidan N. Gomez, Łukasz Kaiser, and Illia Polosukhin. Attention is all you need. Advances in neural information processing systems, 2017.

［2］ Dosovitskiy, Alexey, Lucas Beyer, Alexander Kolesnikov, Dirk Weissenborn, Xiaohua Zhai, Thomas Unterthiner, Mostafa Dehghani et al. An Image is Worth 16×16 Words: Transformers for Image Recognition at Scale. In International Conference on Learning Representations, 2021.

［3］ Wang, Wenhai, Enze Xie, Xiang Li, Deng-Ping Fan, Kaitao Song, Ding Liang, Tong Lu, Ping Luo, and Ling Shao. Pyramid vision transformer: A versatile backbone for dense prediction without convolutions. In Proceedings of the IEEE/CVF international conference on computer vision, 2021.

［4］ Liu, Ze, Yutong Lin, Yue Cao, Han Hu, Yixuan Wei, Zheng Zhang, Stephen Lin, and Baining Guo. Swin transformer: Hierarchical vision transformer using shifted windows. In Proceedings of the IEEE/CVF international conference on computer vision, 2021.

[5] Dong, Xiaoyi, Jianmin Bao, Dongdong Chen, Weiming Zhang, Nenghai Yu, Lu Yuan, Dong Chen, and Baining Guo. Cswin transformer: A general vision transformer backbone with cross-shaped windows. In Proceedings of the IEEE/CVF Conference on Computer Vision and Pattern Recognition, 2022.

[6] Xia, Zhuofan, Xuran Pan, Shiji Song, Li Erran Li, and Gao Huang. Vision transformer with deformable attention. In Proceedings of the IEEE/CVF conference on computer vision and pattern recognition, 2022.

[7] Wang, Yulin, Rui Huang, Shiji Song, Zeyi Huang, and Gao Huang. Not all images are worth 16×16 words: Dynamic transformers for efficient image recognition. Advances in Neural Information Processing Systems, 2021.

[8] Rao, Yongming, Wenliang Zhao, Benlin Liu, Jiwen Lu, Jie Zhou, and Cho-Jui Hsieh. Dynamicvit: Efficient vision transformers with dynamic token sparsification. Advances in neural information processing systems, 2021.

[9] Xu, Yifan, Zhijie Zhang, Mengdan Zhang, Kekai Sheng, Ke Li, Weiming Dong, Liqing Zhang, Changsheng Xu, and Xing Sun. Evo-vit: Slow-fast token evolution for dynamic vision transformer. In Proceedings of the AAAI Conference on Artificial Intelligence, 2022.

[10] Ding, Xiaohan, Xiangyu Zhang, Ningning Ma, Jungong Han, Guiguang Ding, and Jian Sun. Repvgg: Making vgg-style convnets great again. In Proceedings of the IEEE/CVF conference on computer vision and pattern recognition, 2021.

[11] Ding, Xiaohan, Xiangyu Zhang, Jungong Han, and Guiguang Ding. Scaling up your kernels to 31×31: Revisiting large kernel design in cnns. In Proceedings of the IEEE/CVF Conference on Computer Vision and Pattern Recognition, 2022.

[12] Wang, Wenhai, Jifeng Dai, Zhe Chen, Zhenhang Huang, Zhiqi Li, Xizhou Zhu, Xiaowei Hu et al. Internimage: Exploring large-scale vision foundation models with deformable convolutions. In Proceedings of the IEEE/CVF conference on computer vision and pattern recognition, 2023.

[13] Xi, Teng, Yifan Sun, Deli Yu, Bi Li, Nan Peng, Gang Zhang, Xinyu Zhang et al. UFO: Unified Feature Optimization. In Computer Vision-ECCV 2022: 17th European Conference. Cham: Springer Nature Switzerland, 2022.

[14] Du, Zhengxiao, Yujie Qian, Xiao Liu, Ming Ding, Jiezhong Qiu, Zhilin Yang, and Jie Tang. GLM: General language model pretraining with autoregressive blank infilling. In Proceedings of the 60th Annual Meeting of the Association for Computational Linguistics, 2022.

[15] Wang, Alex, Yada Pruksachatkun, Nikita Nangia, Amanpreet Singh, Julian Michael, Felix Hill, Omer Levy, and Samuel Bowman. Superglue: A stickier benchmark for general-purpose language understanding systems. Advances in neural information processing systems, 2019.

[16] Zeng, Aohan, Xiao Liu, Zhengxiao Du, Zihan Wang, Hanyu Lai, Ming Ding, Zhuoyi Yang et al. Glm-130b: An open bilingual pre-trained model. arXiv preprint arXiv: 2210.02414, 2022.

[17] Wang, Hongyu, Shuming Ma, Li Dong, Shaohan Huang, Dongdong Zhang, and Furu Wei. Deepnet: Scaling transformers to 1,000 layers. arXiv preprint arXiv: 2203.00555, 2022.

[18] Brown, Tom, Benjamin Mann, Nick Ryder, Melanie Subbiah, Jared D. Kaplan, Prafulla Dhariwal, Arvind Neelakantan et al. Language models are few-shot learners. Advances in neural information processing systems, 2020.

[19] Chowdhery, Aakanksha, Sharan Narang, Jacob Devlin, Maarten Bosma, Gaurav Mishra, Adam Roberts, Paul Barham et al. Palm: Scaling language modeling with pathways. arXiv preprint arXiv: 2204.02311, 2022.

[20] Zhang, Susan, Stephen Roller, Naman Goyal, Mikel Artetxe, Moya Chen, Shuohui Chen, Christopher Dewan et al. Opt: Open pre-trained transformer language models. arXiv preprint arXiv: 2205.01068, 2022.

[21] Sun, Yu, Shuohuan Wang, Shikun Feng, Siyu Ding, Chao Pang, Junyuan Shang, Jiaxiang Liu et al. Ernie 3.0:

Large-scale knowledge enhanced pre-training for language understanding and generation. arXiv preprint arXiv: 2107.02137, 2021.

［22］ Sun, Yu, Shuohuan Wang, Yukun Li, Shikun Feng, Hao Tian, Hua Wu, and Haifeng Wang. Ernie 2.0: A continual pre-training framework for language understanding. In Proceedings of the AAAI conference on artificial intelligence, 2020.

［23］ Dai, Zihang, Zhilin Yang, Yiming Yang, Jaime Carbonell, Quoc V. Le, and Ruslan Salakhutdinov. Transformer-xl: Attentive language models beyond a fixed-length context. arXiv preprint arXiv: 1901.02860, 2019.

［24］ Wang, Xiaozhi, Tianyu Gao, Zhaocheng Zhu, Zhengyan Zhang, Zhiyuan Liu, Juanzi Li, and Jian Tang. KEPLER: A unified model for knowledge embedding and pre-trained language representation. Transactions of the Association for Computational Linguistics, 2021.

［25］ Liu, Yinhan, Myle Ott, Naman Goyal, Jingfei Du, Mandar Joshi, Danqi Chen, Omer Levy, Mike Lewis, Luke Zettlemoyer, and Veselin Stoyanov. Roberta: A robustly optimized bert pretraining approach. *arXiv preprint arXiv: 1907.11692*, 2019.

［26］ Zhang, Zhengyan, Xu Han, Hao Zhou, Pei Ke, Yuxian Gu, Deming Ye, Yujia Qin et al. CPM: A large-scale generative Chinese pre-trained language model. AI Open, 2021.

［27］ Zhang, Zhengyan, Yuxian Gu, Xu Han, Shengqi Chen, Chaojun Xiao, Zhenbo Sun, Yuan Yao et al. Cpm-2: Large-scale cost-effective pre-trained language models. AI Open, 2021.

［28］ Raffel, Colin, Noam Shazeer, Adam Roberts, Katherine Lee, Sharan Narang, Michael Matena, Yanqi Zhou, Wei Li, and Peter J. Liu. Exploring the limits of transfer learning with a unified text-to-text transformer. The Journal of Machine Learning Research, 2020.

［29］ Xue, Linting, Noah Constant, Adam Roberts, Mihir Kale, Rami Al-Rfou, Aditya Siddhant, Aditya Barua, and Colin Raffel. MT5: A massively multilingual pre-trained text-to-text transformer. arXiv preprint arXiv: 2010.11934, 2020.

［30］ Zeng, Wei, Xiaozhe Ren, Teng Su, Hui Wang, Yi Liao, Zhiwei Wang, Xin Jiang et al. PanGu-α: Large-scale Autoregressive Pretrained Chinese Language Models with Auto-parallel Computation. arXiv preprint arXiv: 2104.12369, 2021.

［31］ Ren, Xiaozhe, Pingyi Zhou, Xinfan Meng, Xinjing Huang, Yadao Wang, Weichao Wang, Pengfei Li et al. PanGu-Σ: Towards Trillion Parameter Language Model with Sparse Heterogeneous Computing. arXiv preprint arXiv: 2303.10845, 2023.

［32］ Ding, Ming, Zhuoyi Yang, Wenyi Hong, Wendi Zheng, Chang Zhou, Da Yin, Junyang Lin et al. Cogview: Mastering text-to-image generation via transformers. Advances in Neural Information Processing Systems, 2021.

［33］ Ramesh, Aditya, Mikhail Pavlov, Gabriel Goh, Scott Gray, Chelsea Voss, Alec Radford, Mark Chen, and Ilya Sutskever. Zero-shot text-to-image generation. In International Conference on Machine Learning, 2021.

［34］ Ding, Ming, Wendi Zheng, Wenyi Hong, and Jie Tang. Cogview2: Faster and better text-to-image generation via hierarchical transformers. Advances in Neural Information Processing Systems, 2022.

［35］ Hong, Wenyi, Ming Ding, Wendi Zheng, Xinghan Liu, and Jie Tang. Cogvideo: Large-scale pretraining for text-to-video generation via transformers. ICLR, 2023.

［36］ Yan, Wilson, Yunzhi Zhang, Pieter Abbeel, and Aravind Srinivas. Videogpt: Video generation using vq-vae and transformers. arXiv preprint arXiv: 2104.10157, 2021.

［37］ Bao, Hangbo, Li Dong, Songhao Piao, and Furu Wei. BEiT: BERT Pre-Training of Image Transformers. In International Conference on Learning Representations, 2022.

［38］ Peng, Zhiliang, Li Dong, Hangbo Bao, Qixiang Ye, and Furu Wei. Beit v2: Masked image modeling with vector-quantized visual tokenizers. arXiv preprint arXiv: 2208.06366, 2022.

［39］ Van Den Oord, Aaron, and Oriol Vinyals. Neural discrete representation learning. Advances in neural information processing systems, 2017.

［40］ Bao, Hangbo, Wenhui Wang, Li Dong, Qiang Liu, Owais Khan Mohammed, Kriti Aggarwal, Subhojit Som, Songhao Piao, and Furu Wei. Vlmo: Unified vision-language pre-training with mixture-of-modality-experts. Advances in Neural Information Processing Systems, 2022.

［41］ Alayrac, Jean-Baptiste, Jeff Donahue, Pauline Luc, Antoine Miech, Iain Barr, Yana Hasson, Karel Lenc et al. Flamingo: a visual language model for few-shot learning. Advances in Neural Information Processing Systems, 2022.

［42］ Bao, Hangbo, Wenhui Wang, Li Dong, and Furu Wei. Vl-beit: Generative vision-language pretraining. arXiv preprint arXiv: 2206.01127, 2022.

［43］ Wang, Wenhui, Hangbo Bao, Li Dong, Johan Bjorck, Zhiliang Peng, Qiang Liu, Kriti Aggarwal et al. Image as a foreign language: Beit pretraining for all vision and vision-language tasks. arXiv preprint arXiv: 2208.10442, 2022.

［44］ Zhang, Renrui, Jiaming Han, Aojun Zhou, Xiangfei Hu, Shilin Yan, Pan Lu, Hongsheng Li, Peng Gao, and Yu Qiao. Llama-adapter: Efficient fine-tuning of language models with zero-init attention. arXiv preprint arXiv: 2303.16199, 2023.

［45］ Lu, Pan, Swaroop Mishra, Tanglin Xia, Liang Qiu, Kai-Wei Chang, Song-Chun Zhu, Oyvind Tafjord, Peter Clark, and Ashwin Kalyan. Learn to explain: Multimodal reasoning via thought chains for science question answering. Advances in Neural Information Processing Systems, 2022.

［46］ Zhang, Zhuosheng, Aston Zhang, Mu Li, Hai Zhao, George Karypis, and Alex Smola. Multimodal chain-of-thought reasoning in language models. arXiv preprint arXiv: 2302.00923, 2023.

［47］ Gao, Peng, Jiaming Han, Renrui Zhang, Ziyi Lin, Shijie Geng, Aojun Zhou, Wei Zhang et al. LLaMA-Adapter V2: Parameter-Efficient Visual Instruction Model. arXiv preprint arXiv: 2304.15010, 2023.

［48］ Ouyang, Long, Jeffrey Wu, Xu Jiang, Diogo Almeida, Carroll Wainwright, Pamela Mishkin, Chong Zhang et al. Training language models to follow instructions with human feedback. Advances in Neural Information Processing Systems, 2022.

［49］ Li, Haoying, Yifan Yang, Meng Chang, Shiqi Chen, Huajun Feng, Zhihai Xu, Qi Li, and Yueting Chen. SRDiff: Single image super-resolution with diffusion probabilistic models. Neurocomputing, 2022.

［50］ Gu, Shuyang, Dong Chen, Jianmin Bao, Fang Wen, Bo Zhang, Dongdong Chen, Lu Yuan, and Baining Guo. Vector quantized diffusion model for text-to-image synthesis. In Proceedings of the IEEE/CVF Conference on Computer Vision and Pattern Recognition, 2022.

［51］ Mou, Chong, Xintao Wang, Liangbin Xie, Jian Zhang, Zhongang Qi, Ying Shan, and Xiaohu Qie. T2I-Adapter: Learning adapters to dig out more controllable ability for text-to-image diffusion models. arXiv preprint arXiv: 2302.08453, 2023.

［52］ Huang, Lianghua, Di Chen, Yu Liu, Yujun Shen, Deli Zhao, and Jingren Zhou. Composer: Creative and controllable image synthesis with composable conditions. arXiv preprint arXiv: 2302.09778, 2023.

［53］ Qi, Chenyang, Xiaodong Cun, Yong Zhang, Chenyang Lei, Xintao Wang, Ying Shan, and Qifeng Chen. FateZero: Fusing attentions for zero-shot text-based video editing. arXiv preprint arXiv: 2303.09535, 2023.

［54］ Luo, Shitong, and Wei Hu. Diffusion probabilistic models for 3d point cloud generation. In Proceedings of the IEEE/CVF Conference on Computer Vision and Pattern Recognition, 2021.

［55］ Bao, Fan, Chongxuan Li, Jun Zhu, and Bo Zhang. Analytic-dpm: an analytic estimate of the optimal reverse variance in diffusion probabilistic models. In International Conference on Learning Representations, 2022.

［56］ Lu, Cheng, Yuhao Zhou, Fan Bao, Jianfei Chen, Chongxuan Li, and Jun Zhu. Dpm-solver: A fast ode solver for diffusion probabilistic model sampling in around 10 steps. Advances in Neural Information Processing Systems, 2022.

［57］ Sohl-Dickstein, Jascha, Eric Weiss, Niru Maheswaranathan, and Surya Ganguli. Deep unsupervised learning using nonequilibrium thermodynamics. In International Conference on Machine Learning, 2015.

[58] Ho, Jonathan, Ajay Jain, and Pieter Abbeel. Denoising diffusion probabilistic models. Advances in Neural Information Processing Systems, 2020.

[59] Dhariwal, Prafulla, and Alexander Nichol. Diffusion models beat gans on image synthesis. Advances in Neural Information Processing Systems, 2021.

[60] Ramesh, Aditya, Prafulla Dhariwal, Alex Nichol, Casey Chu, and Mark Chen. Hierarchical text-conditional image generation with clip latents. arXiv preprint arXiv: 2204.06125, 2022.

[61] Rombach, Robin, Andreas Blattmann, Dominik Lorenz, Patrick Esser, and Björn Ommer. High-resolution image synthesis with latent diffusion models. In Proceedings of the IEEE/CVF Conference on Computer Vision and Pattern Recognition, 2022.

[62] Saharia, Chitwan, William Chan, Saurabh Saxena, Lala Li, Jay Whang, Emily L. Denton, Kamyar Ghasemipour et al. Photorealistic text-to-image diffusion models with deep language understanding. Advances in Neural Information Processing Systems, 2022.

[63] Scarselli, Franco, Marco Gori, Ah Chung Tsoi, Markus Hagenbuchner, and Gabriele Monfardini. The graph neural network model. IEEE transactions on neural networks, 2008.

[64] Wang, Xiao, Meiqi Zhu, Deyu Bo, Peng Cui, Chuan Shi, and Jian Pei. Am-gcn: Adaptive multi-channel graph convolutional networks. In Proceedings of the 26th ACM SIGKDD International conference on knowledge discovery & data mining, 2020.

[65] Cen, Yukuo, Xu Zou, Jianwei Zhang, Hongxia Yang, Jingren Zhou, and Jie Tang. Representation learning for attributed multiplex heterogeneous network. In Proceedings of the 25th ACM SIGKDD international conference on knowledge discovery & data mining, 2019.

[66] Han, Kai, Yunhe Wang, Jianyuan Guo, Yehui Tang, and Enhua Wu. Vision GNN: An Image is Worth Graph of Nodes. In Advances in Neural Information Processing Systems, 2022.

[67] Rong, Yu, Yatao Bian, Tingyang Xu, Weiyang Xie, Ying Wei, Wenbing Huang, and Junzhou Huang. Self-supervised graph transformer on large-scale molecular data. Advances in Neural Information Processing Systems, 2020.

[68] Han, Jiaqi, Wenbing Huang, Tingyang Xu, and Yu Rong. Equivariant graph hierarchy-based neural networks. Advances in Neural Information Processing Systems, 2022.

[69] Kong, Xiangzhe, Wenbing Huang, and Yang Liu. Conditional antibody design as 3d equivariant graph translation. arXiv preprint arXiv: 2208.06073, 2022.

[70] Han, Jiaqi, Yu Rong, Tingyang Xu, and Wenbing Huang. Geometrically equivariant graph neural networks: A survey. arXiv preprint arXiv: 2202.07230, 2022.

[71] Mildenhall, Ben, Pratul P. Srinivasan, Matthew Tancik, Jonathan T. Barron, Ravi Ramamoorthi, and Ren Ng. NeRF: Representing Scenes as Neural Radiance Fields for View Synthesis. In Computer Vision–ECCV 2020: 16th European Conference, 2020.

[72] Ma, Li, Xiaoyu Li, Jing Liao, Qi Zhang, Xuan Wang, Jue Wang, and Pedro V. Sander. Deblur-NeRF: Neural radiance fields from blurry images. In Proceedings of the IEEE/CVF Conference on Computer Vision and Pattern Recognition, 2022.

[73] Huang, Xin, Qi Zhang, Ying Feng, Hongdong Li, Xuan Wang, and Qing Wang. HDR-NeRF: High dynamic range neural radiance fields. In Proceedings of the IEEE/CVF Conference on Computer Vision and Pattern Recognition, 2022.

[74] Wang, Chen, Xian Wu, Yuan-Chen Guo, Song-Hai Zhang, Yu-Wing Tai, and Shi-Min Hu. NeRF-SR: High Quality Neural Radiance Fields using Supersampling. In Proceedings of the 30th ACM International Conference on

Multimedia, 2022.

［75］ Guo, Yudong, Keyu Chen, Sen Liang, Yong-Jin Liu, Hujun Bao, and Juyong Zhang. AD-NeRF: Audio driven neural radiance fields for talking head synthesis. In Proceedings of the IEEE/CVF International Conference on Computer Vision, 2021.

［76］ Hong, Yang, Bo Peng, Haiyao Xiao, Ligang Liu, and Juyong Zhang. HeadNeRF: A real-time nerf-based parametric head model. In Proceedings of the IEEE/CVF Conference on Computer Vision and Pattern Recognition, 2022.

［77］ Zhuang, Yiyu, Hao Zhu, Xusen Sun, and Xun Cao. MoFaNeRF: Morphable facial neural radiance field. In Computer Vision-ECCV 2022: 17th European Conference, 2022.

［78］ Peng, Sida, Yuanqing Zhang, Yinghao Xu, Qianqian Wang, Qing Shuai, Hujun Bao, and Xiaowei Zhou. Neural Body: Implicit neural representations with structured latent codes for novel view synthesis of dynamic humans. In Proceedings of the IEEE/CVF Conference on Computer Vision and Pattern Recognition, 2021.

［79］ Zhang, Jiakai, Xinhang Liu, Xinyi Ye, Fuqiang Zhao, Yanshun Zhang, Minye Wu, Yingliang Zhang, Lan Xu, and Jingyi Yu. Editable free-viewpoint video using a layered neural representation. ACM Transactions on Graphics (TOG), 2021.

［80］ Niemeyer, Michael, and Andreas Geiger. GIRAFFE: Representing scenes as compositional generative neural feature fields. In Proceedings of the IEEE/CVF Conference on Computer Vision and Pattern Recognition, 2021.

［81］ Jumper, John, Richard Evans, Alexander Pritzel, Tim Green, Michael Figurnov, Olaf Ronneberger, Kathryn Tunyasuvunakool et al. Highly accurate protein structure prediction with AlphaFold, 2021.

［82］ Davies, Alex, Petar Veličković, Lars Buesing, Sam Blackwell, Daniel Zheng, Nenad Tomašev, Richard Tanburn et al. Advancing mathematics by guiding human intuition with AI, 2021.

［83］ Degrave, Jonas, Federico Felici, Jonas Buchli, Michael Neunert, Brendan Tracey, Francesco Carpanese, Timo Ewalds et al. Magnetic control of tokamak plasmas through deep reinforcement learning, 2022.

［84］ Fang, Xiaomin, Fan Wang, Lihang Liu, Jingzhou He, Dayong Lin, Yingfei Xiang, Xiaonan Zhang, Hua Wu, Hui Li, and Le Song. Helixfold-single: Msa-free protein structure prediction by using protein language model as an alternative. arXiv preprint arXiv: 2207.13921, 2022.

［85］ Wang, Han, Linfeng Zhang, Jiequn Han, and E. Weinan. DeePMD-kit: A deep learning package for many-body potential energy representation and molecular dynamics. Computer Physics Communications, 2018.

［86］ Jia, Weile, Han Wang, Mohan Chen, Denghui Lu, Lin Lin, Roberto Car, E. Weinan, and Linfeng Zhang. Pushing the limit of molecular dynamics with ab initio accuracy to 100 million atoms with machine learning. In SC20: International conference for high performance computing, 2020.

［87］ Zhang, Duo, Hangrui Bi, Fu-Zhi Dai, Wanrun Jiang, Linfeng Zhang, and Han Wang. DPA-1: Pretraining of Attention-based Deep Potential Model for Molecular Simulation. arXiv preprint arXiv: 2208.08236, 2022.

［88］ Huang, Xiang, Zhanhong Ye, Hongsheng Liu, Shi Ji, Zidong Wang, Kang Yang, Yang Li et al. Meta-auto-decoder for solving parametric partial differential equations. Advances in Neural Information Processing Systems, 2022.

［89］ Zhou, Jinghao, Li Dong, Zhe Gan, Lijuan Wang, and Furu Wei. Non-Contrastive Learning Meets Language-Image Pre-Training. arXiv preprint arXiv: 2210.09304, 2022.

［90］ Bi, Kaifeng, Lingxi Xie, Hengheng Zhang, Xin Chen, Xiaotao Gu, and Qi Tian. Pangu-Weather: A 3D High-Resolution Model for Fast and Accurate Global Weather Forecast. arXiv preprint arXiv: 2211.02556, 2022.

［91］ Zhou, Jinghao, Chen Wei, Huiyu Wang, Wei Shen, Cihang Xie, Alan Yuille, and Tao Kong. Image BERT Pre-training with Online Tokenizer. In International Conference on Learning Representations, 2022.

［92］ Xie, Zhenda, Zheng Zhang, Yue Cao, Yutong Lin, Jianmin Bao, Zhuliang Yao, Qi Dai, and Han Hu. Simmim: A simple framework for masked image modeling. In Proceedings of the IEEE/CVF Conference on Computer Vision and Pattern Recognition, 2022.

［93］ Wang, Rui, Dongdong Chen, Zuxuan Wu, Yinpeng Chen, Xiyang Dai, Mengchen Liu, Yu-Gang Jiang, Luowei Zhou, and Lu Yuan. Bevt: Bert pretraining of video transformers. In Proceedings of the IEEE/CVF Conference on Computer Vision and Pattern Recognition, 2022.

［94］ Tong, Zhan, Yibing Song, Jue Wang, and Limin Wang. VideoMAE: Masked Autoencoders are Data-Efficient Learners for Self-Supervised Video Pre-Training. In Advances in Neural Information Processing Systems, 2022.

［95］ Ding, Ning, Yujia Qin, Guang Yang, Fuchao Wei, Zonghan Yang, Yusheng Su, Shengding Hu et al. Delta tuning: A comprehensive study of parameter efficient methods for pre-trained language models. arXiv preprint arXiv: 2203.06904, 2022.

［96］ Dai, Damai, Yutao Sun, Li Dong, Yaru Hao, Zhifang Sui, and Furu Wei. Why Can GPT Learn In-Context? Language Models Secretly Perform Gradient Descent as Meta Optimizers. arXiv preprint arXiv: 2212.10559, 2022.

［97］ Wang, Xinlong, Wen Wang, Yue Cao, Chunhua Shen, and Tiejun Huang. Images Speak in Images: A Generalist Painter for In-Context Visual Learning. arXiv preprint arXiv: 2212.02499, 2022.

［98］ Wang, Xinlong, Xiaosong Zhang, Yue Cao, Wen Wang, Chunhua Shen, and Tiejun Huang. Seggpt: Segmenting everything in context. arXiv preprint arXiv: 2304.03284, 2023.

［99］ Huang, Shaohan, Li Dong, Wenhui Wang, Yaru Hao, Saksham Singhal, Shuming Ma, Tengchao Lv et al. Language is not all you need: Aligning perception with language models. arXiv preprint arXiv: 2302.14045, 2023.

［100］ Ye, Qinghao, Haiyang Xu, Guohai Xu, Jiabo Ye, Ming Yan, Yiyang Zhou, Junyang Wang et al. mplug-owl: Modularization empowers large language models with multimodality. arXiv preprint arXiv: 2304.14178, 2023.

［101］ Touvron, Hugo, Thibaut Lavril, Gautier Izacard, Xavier Martinet, Marie-Anne Lachaux, Timothée Lacroix, Baptiste Rozière et al. Llama: Open and efficient foundation language models. arXiv preprint arXiv: 2302.13971, 2023.

［102］ Gong, Tao, Chengqi Lyu, Shilong Zhang, Yudong Wang, Miao Zheng, Qian Zhao, Kuikun Liu, Wenwei Zhang, Ping Luo, and Kai Chen. MultiModal-GPT: A Vision and Language Model for Dialogue with Humans. arXiv preprint arXiv: 2305.04790, 2023.

［103］ Xu, Jiazheng, Xiao Liu, Yuchen Wu, Yuxuan Tong, Qinkai Li, Ming Ding, Jie Tang, and Yuxiao Dong. ImageReward: Learning and Evaluating Human Preferences for Text-to-Image Generation. arXiv preprint arXiv: 2304.05977, 2023.

［104］ Li, Yifei, Zeqi Lin, Shizhuo Zhang, Qiang Fu, Bei Chen, Jian-Guang Lou, and Weizhu Chen. On the advance of making language models better reasoners. arXiv preprint arXiv: 2206.02336, 2022.

［105］ Zhang, Zhuosheng, Aston Zhang, Mu Li, and Alex Smola. Automatic chain of thought prompting in large language models. arXiv preprint arXiv: 2210.03493, 2022.

撰稿人：黄　高

自然语言处理的研究现状及发展趋势

自 2018 年以来，以预训练语言模型为代表，特别是 Chat GPT 技术路径的演进，自然语言处理展现出旺盛的势头。

一、概述

人类语言（又称自然语言）具有无处不在的歧义性、高度的抽象性、近乎无穷的语义组合性和持续的进化性，理解语言往往需要知识和推理等认知能力，这些都为计算机处理自然语言带来了巨大的挑战，使其成为机器难以逾越的鸿沟。因此，自然语言处理被认为是目前制约人工智能取得突破和广泛应用的瓶颈。国务院 2017 年印发的《新一代人工智能发展规划》将知识计算与服务、跨媒体分析推理和自然语言处理作为新一代人工智能关键共性技术体系的重要组成部分。

自然语言处理自诞生起，经历了五次研究范式的转变，由最开始基于小规模专家知识的方法，逐步转向基于机器学习的方法。机器学习方法也由早期基于浅层机器学习的模型变为了基于深度学习的模型。为了解决深度学习模型需要大量标注数据的问题，2018 年开始又全面转向基于大规模预训练语言模型的方法，其突出特点是充分利用大模型、大数据和大计算以求更好效果。

2022 年底 Chat GPT 横空出世，其表现出了非常惊艳的语言理解、生成、知识推理能力，它可以极好地理解用户意图，真正做到多轮沟通，并且回答内容完整、重点清晰、有概括、有逻辑、有条理。Chat GPT 的成功表现，使人们看到了解决自然语言处理这一认知智能核心问题的一条可能的路径，并被认为向通用人工智能迈出了坚实的一步，将对搜索引擎构成巨大的挑战，甚至将取代很多人的工作，更将颠覆很多领域和行业。

本文将主要介绍自 2018 年以来，以预训练语言模型为代表的自然语言处理技术的发展历程，特别是 Chat GPT 技术的演进路径，并对自然语言处理领域的未来发展趋势加以展望。

二、大规模预训练语言模型

大规模预训练语言模型（简称大模型），又称大规模语言模型（large language model，LLM），作为 Chat GPT 的知识表示及存储基础，对系统效果表现至关重要，接下来对大模型的技术发展历程加以简要介绍。

2018 年，Open AI 提出了第一代 GPT（generative pretrained transformer）模型[1]，将自然语言处理带入"预训练"时代。所谓模型预训练（pre-train），即首先在一个原任务上预先训练一个初始模型，然后在下游任务（也称目标任务）上继续对该模型进行微调（fine-tune），从而达到提高下游任务准确率的目的。本质上，这也是迁移学习（transfer learning）思想的一种应用。然而，由于同样需要人工标注，导致原任务标注数据的规模往往也是非常有限的。那么，如何获得更大规模的标注数据呢？其实文本自身的顺序性就是一种天然的标注数据，通过若干连续出现的词语预测下一个词语（又称语言模型）就可以构成一项原任务。由于图书、网页等文本数据规模近乎无限，这样就可以非常容易地获得超大规模的预训练数据。有人将这种不需要人工标注数据的预训练学习方法称为无监督学习（unsupervised learning），其实这并不准确，因为学习的过程仍然是有监督的（supervised），更准确的叫法应该是自监督学习（self-supervised learning）。

然而，GPT 模型并没有引起人们的关注，反倒是谷歌随即提出的 BERT（Bidirectional Encoder Representations from Transformers）模型[2]产生了更大的轰动。不过，OpenAI 继续沿着初代 GPT 的技术思路，分别于 2019 年和 2020 年发布了 GPT-2[3]和 GPT-3[4]模型。

尤其是 GPT-3 模型，含有 1750 亿超大规模参数。由于参数过大，不易进微调，因此提出"提示语"（prompt）的概念，只要提供具体任务的提示语，即便不对模型进行调整也可完成该任务，如：输入"我太喜欢 Chat GPT 了，这句话的情感是____"，那么 GPT-3 就能够直接输出结果"褒义"。如果在输入中再给一个或几个示例，那么任务完成的效果会更好，这也被称为语境学习（in-context learning）。[5-8]

不过，通过对 GPT-3 模型能力的仔细评估发现，大模型并不能真正克服深度学习模型鲁棒性差、可解释性弱、推理能力缺失的问题，在深层次语义理解和生成上与人类认知水平还相去甚远。直到 ChatGPT 的问世，才彻底改变了人们对于大模型的认知。

三、ChatGPT 的影响

2022 年 11 月 30 日，OpenAI 推出全新的对话式通用人工智能工具 ChatGPT。据报道，在其推出短短几天内，注册用户超过一百万，两个月活跃用户数已达一个亿，全网热议，成为历史上增长最快的消费者应用程序，掀起了人工智能领域的技术巨浪。

ChatGPT 之所以有这么多活跃用户，是因为它可以通过学习和理解人类语言，以对话的形式与人类交流，交互形式更为自然和精准，极大地改变了普通大众对于聊天机器人的认知，完成了从"人工智障"到"有趣"的印象转变。除了聊天，ChatGPT 还能够根据用户提出的要求，进行机器翻译、文案撰写、代码撰写等工作。ChatGPT 吹响了大模型构建的号角，学界和企业界纷纷迅速跟进启动研制自己的大模型。

继 OpenAI 推出 ChatGPT 后，与之合作密切的微软迅速上线了基于 ChatGPT 的 NewBing，并计划将 ChatGPT 集成到 Office 办公套件中。谷歌也迅速行动推出了类似的 Bard 与之抗衡。除此之外，苹果、亚马逊、Meta（原 Facebook）等企业也均表示要积极布局 ChatGPT 类技术。国内也有多家企业和机构明确表态正在进行类 ChatGPT 模型研发。百度于 2023 年 3 月 16 日发布了基于文心大模型的文心一言系统。5 月 6 日，科大讯飞发布了星火大模型。此外，阿里巴巴表示其类 ChatGPT 产品正在研发之中，华为、腾讯表示其在大模型领域均已有相关的布局，网易表示其已经投入到类 ChatGPT 技术在教育场景的落地研发，京东表示将推出产业版 ChatGPT，国内高校复旦大学则推出了类 ChatGPT 的 MOSS 模型。

除了国内外学界和企业界在迅速跟进以外，我国国家层面也对 ChatGPT 有所关注。相关技术有可能会成为国家战略支持的重点。

四、ChatGPT 的核心技术

从技术角度讲，ChatGPT 是一个聚焦于对话生成的大语言模型，其能够根据用户的文本描述，结合历史对话，产生相应的智能回复。其中 GPT 是英文 generative pretrained transformer 的缩略词。GPT 通过学习大量网络已有文本数据（如 Wikipedia，Reddit 对话），获得了像人类一样流畅对话的能力。虽然 GPT 可以生成流畅的回复，但是有时候生成的回复并不符合人类的预期，OpenAI 认为符合人类预期的回复应该具有真实性、无害性和有用性。为了使生成的回复具有以上特征，OpenAI 在 2022 年初发表的"Training language models to following structions with human feedback"中提到引入人工反馈机制，并使用近端策略梯度算法（PPO）对大模型进行训练。这种基于人工反馈的训练模式能够很大程度上减小大模型生成回复与人类回复之间的偏差，也使得 ChatGPT 具有良好的表现。

ChatGPT 核心技术主要包括具有良好的自然语言生成能力的大规模预训练语言模型 GPT-3.5 以及开启这一模型的钥匙提示学习、指令微调以及基于人工反馈的强化学习。

（一）基于 Transformer 的预训练语言模型

ChatGPT 强大的基础模型采用 Transformer 架构，Transformer[20] 是一种基于自注意力机制的深度神经网络模型，可以高效并行地处理序列数据。原始的 Transformer 模型包含两个关键组件：编码器和解码器。编码器用于将输入序列映射到一组中间表示，解码器则将中间表示转换为目标序列。编码器和解码器都由多层的注意力模块和前馈神经网络模块组成。其中自注意力模块可以学习序列中不同位置之间的依赖关系，即在处理每个位置的信息时，模型会考虑序列中其他所有位置上的信息，这种机制使得 Transformer 模型能够有效地处理长距离依赖关系。在原始 Transformer 模型基础上，相继衍生出了三类预训练语言模型：编码预训练语言模型、编解码预训练语言模型和解码预训练语言模型。

1. 编码预训练语言模型（Encoder-only Pre-trained Models）

这类模型在预训练过程中只利用原始 Transformer 模型中的编码器。相应的预训练任务通常选用掩码语言建模任务（masked language modeling），即掩码（用特殊字符 MASK 替换）输入句子中一定比例的单词后，要求模型根据上下文信息去预测被遮掩的单词。其中代表性的工作包括 BERT[2]、ALBERT[21]、RoBERTa[22] 等。

BERT 模型是最经典的编码预训练语言模型，其通过掩码语言建模和下一句预测任务，对 Transformer 模型的参数进行预训练。

ALBERT 是一个轻量化的 BERT 模型，作者通过分解词向量矩阵和共享 Transformer 层参数来减少模型参数个数。

RoBERTa 相较于 BERT 模型，在预训练阶段，采用了更多的语料以及动态掩码机制（不同轮次同一样本掩码不同的单词），去掉了下一句预测任务，同时采用了更大的批大小。

2. 基于编解码架构的预训练语言模型（Encoder-decoder Pre-trained Models）

基于编码器的架构得益于双向编码的全局可见性，在语言理解的相关任务上性能卓越，但是因为无法进行可变长度的生成，不能应用于生成任务。基于解码器的架构采用单向自回归模式，可以完成生成任务，但是信息只能从左到右单向流动，模型只知"上文"而不知"下文"，缺乏双向交互。针对以上问题，一些模型采用序列到序列的架构来融合两种结构，使用编码器提取出输入中有用的表示，来辅助并约束解码器的生成。下面列举该架构下的若干经典模型。

BART 的具体结构为一个双向的编码器拼接一个单向的自回归解码器，采用的预训练方式为输入含有各种噪声的文本，再由模型进行去噪重构。在解码器部分，BART 每一层对编码器的最后一层的隐藏表示执行交叉注意力机制以聚合关键信息。BART 在维基百科和 BookCorpus 数据集上训练，数据量达 160GB[24]。

BART 为了兼顾不同任务设计了复杂的预训练任务，针对如何在多个任务中实现优秀的迁移性能这一问题，谷歌研究者提出了一种新的范式：将所有自然语言处理任务统一成"文本到文本"的生成任务。T5 通过在输入之前加入提示词，实现了用单个模型解决机器翻译、文本摘要、问答和分类等多个任务。针对迁移学习需要的巨量、高质量和多样的预训练数据，T5 在谷歌专门构造的 C4 数据集上进行训练[25]。

3. 解码预训练语言模型（Decoder-only Pre-trained Models）

GPT（Generative Pre-trained Transformer）是只有解码器的预训练模型。相较于之前的模型，不再需要对于每个任务采取不同的模型架构，而是用一个取得了优异泛化能力的模型，针对性地对下游任务进行微调。可用于对话、问答、机器翻译、写代码等一系列自然语言任务。每一代 GPT 相较于上一代模型的参数量均呈现出爆炸式增长。OpenAI 在 2018 年 6 月发布的 GPT 包含 1.2 亿参数，在 2019 年 2 月发布的 GPT-2 包含 15 亿参数，在 2020 年 5 月发布的 GPT-3 包含 1750 亿参数。与相应参数量一同增长的还有公司逐年积淀下来的恐怖的数据量。可以说大规模的参数与海量的训练数据为 GPT 系列模型赋能，使其可以存储海量的知识、理解人类的自然语言并且有着良好的表达能力。

（1）GPT-1

GPT-1 在文章"Improving Language Understanding by Generative Pre-Training"[1] 中被提出。在 GPT 被提出之前，大多数深度学习方法都需要大量人工标注的高质量数据，但是标注数据的代价是巨大的，这极大程度限制了模型在各项任务的性能上限。如何利用容易获取的大规模无标注数据来为模型的训练提供指导成为 GPT-1 中需要解决的第一个问题。另外，自然语言处理领域中有许多任务依赖于自然语言在隐含空间中的表征，不同任务对应的表征很可能是不同的，这使得根据一种任务数据学习到的模型很难泛化到其他任务上。因此如何将从大规模无标注数据上学习到的表征应用到不同的下游任务成为 GPT-1 需要解决的第二个问题。

GPT-1 的结构很简单，由 12 层 Transformer Block（自注意力模块和前馈神经网络模块）叠加而成。针对第一个问题，GPT-1 使用了自左到右生成式的目标函数对模型进行预训练。这个目标函数可以简单理解为给定前 i 个 token，对第 $i+1$ 个 token 进行预测。基于这样的目标函数，GPT-1 就可以利用无标注的自然语言数据进行训练，学习到更深层次的语法信息与语义信息。

针对第二个问题，在完成了无监督的预训练之后，GPT-1 接着使用了有标注的数据进行有监督的微调使得模型能够更好地适应下游任务。给定输入 token 序列 x_1、x_2、$\cdots$、x_m 与标签 y 的数据集，对模型的参数进行再次训练调整，使得优化模型在给定输入序列时预测的标签最接近真实值。

具体来说，GPT-1 在大规模无标注语料库上预训练之后，再利用有标注数据在特定的目标任务上对模型参数进行微调，实现了将预训练中获得的知识迁移到下游任务。在 GPT-1 提出之前，自然语言处理领域常用的预训练方法是 Word2Vec[23]。在此之后，GPT-1 提出的两步走的训练方法成为许多大型语言模型的训练范式。从这个角度来看，GPT-1 和 Word2Vec 在具体下游任务中发挥的作用是类似的，通过无监督的方法获取自然语言的隐含表示，再将其迁移至其他目标任务。但是从更高的层面来看，GPT-1 与以往的词向量表示方法是不同的，其数据量与数据规模的增大使得模型能够学习到不同场景下的自然语言表示。

（2）GPT-2

与 GPT-1 中通过预训练 – 微调范式来解决多个下游任务不同，GPT-2[3]更加侧重于 Zero-shot 设定下语言模型的能力。Zero-shot 是指模型在下游任务中不进行任何训练或微调，即模型不再根据下游任务的数据进行参数上的优化，而是根据给定的指令自行理解并完成任务。

简单来讲，GPT-2 并没有对 GPT-1 的模型架构进行创新，而是在 GPT-1 的基础上引入任务相关信息作为输出预测的条件，将 GPT-1 中的条件概率 p（*output*|*input*）变为 p（*output*|*input*；*task*）；并继续增大预训练的数据规模以及模型本身的参数量，最终在 Zero-shot 的设置下对多个任务都展示了巨大的潜力。

（3）GPT-3

GPT-3[4]使用了与 GPT-2 相同的模型和架构。文中为了探索模型规模对于性能的影响，一共训练了八个不同大小的模型，并将最大的具有 1750 亿参数的模型称为 GPT-3。

GPT-3 最显著的特点就是大。大体现在两方面，一方面是模型本身规模大，参数量众多，具有 96 层 TransformerDecoderLayer，每一层有 96 个 128 维的注意力头，单词嵌入的维度也达到了 12288；另一方面是训练过程中使用到的数据集规模大，达到了 45TB。在这样的模型规模与数据量的情况下，GPT-3 在多个任务上均展现出了非常优异的性能，延续 GPT-2 将无监督模型应用到有监督任务的思想，GPT-3 在 Few-shot、One-shot 和 Zero-shot 等设置下的任务表现都得到了显著的提升。

虽然 GPT-3 取得了令人惊喜的效果，但是也存在许多限制，例如天然的从左到右生成式学习使得其理解能力有待提高；对于一些简单的数学题目仍不能够很好完成，以及模型性能强大所带来的社会伦理问题等。同时由于 GPT 系列模型并没有对模型的架构进行改变，而是不断通过增大训练数据量以及模型参数量来增强模型效果，训练代价巨大，这使得普通机构和个人无法承担大型语言模型训练甚至推理的代价，极大提高了模型推广的门槛。

除了参数上的增长变化之外，GPT 模型家族的发展从 GPT-3 开始分成了两个技术路径并行发展，一个路径是以 Codex 为代表的代码预训练技术，另一个路径是以 InstructGPT 为代表的文本指令（instruction）训练技术。但这两个技术路径不是始终并行发展的，而是到了一定阶段后（具体时间不详）进入了融合式预训练的过程，并通过指令有监督微调（supervised fine-tuning）以及基于人类反馈的强化学习（reinforcement learning with human feedback，RLHF）等技术实现了以自然语言对话为接口的 ChatGPT 模型。

（二）提示学习

提示学习（prompt learning）简单来说是通过一些方法编辑下游任务的输入，使其形式上模拟模型预训练过程使用的数据与任务。比如做情感分类任务时，监督学习的做法是输入"我今天考砸了"，模型输出分类的分数或分布，而提示学习的做法则是在"我今天考砸了"后拼接上自然语言描述"我感觉很____"，让模型生成后面的内容，再根据某种映射函数，将生成内容匹配到某一分类标签。

可以看出，提示学习这种方式拉近了测试分布与预训练分布的距离，进而可以利用大规模预训练语言模型在预训练过程中习得的强大语言建模能力，使其不经过微调就可以在各种下游任务上取得很好的结果。后续更有工作提出了自动提示搜索和连续提示的方法，使得提示本身也可以微调，使其有了更好的灵活性。

提示学习还有各种有趣的用法，如小样本场景下的语境学习（in-context learning），即在提示中加入几个完整的例子，如"美国的首都是华盛顿，法国的首都是巴黎，英国的首都是____"，以及在推理任务上的思维链（chain-of-thought，COT）等。

人类在解决数学应用题这类复杂推理任务的过程中，通常会将问题分解为多个中间步骤，并逐步求解，进而给出最终的答案。例如求解问题："小华每天读 24 页书，12 天读完了《红岩》一书，小明每天读 36 页书，几天可以读完《红岩》？"人会将问题分解为①红岩共 24×12=288（页）；②小明可以用 288÷36=8（天）。受此启发，谷歌研究人员 Jason Wei（现 OpenAI 员工）等提出了思维链，通过在小样本提示学习的示例中插入一系列中间推理步骤，有效提升了大规模语言模型的推理能力。

相较于一般的小样本提示学习，思维链提示学习有几个吸引人的性质：①在思维链的加持下，模型可以将需要进行多步推理的问题分解为一系列的中间步骤，从而采用分而治之的方法加以解决；②思维链为模型的推理行为提供了一个可解释的窗口，使通过调试推理路径来探测黑盒语言模型成为可能；③思维链推理应用广泛，不仅可以用于数学应用题求解、常识推理和符号操作等任务，而且可能适用任何需要通过语言解决的问题；④思维链使用方式非常简单，可以非常容易地融入语境学习（in-context learning），从而诱导大语言模型展现出推理能力。

在此基础上，针对零样本场景，利用推荐关键词"Let's think step by step"（让我们一步一步思考）生成中间步骤的内容，从而避免了人工撰写的中间步骤。

（三）指令微调

相较于提示学习，指令微调（instruction tuning）可以说是提示学习的加强版。两种学习方法的本质目标均是希望通过编辑输入来深挖模型自身所蕴含的潜在知识，进而更好地完成下游任务。而与提示学习不同的是，指令学习不再满足于模仿预训练数据的分布，而是希望通过构造"指令（instruction）"并微调的方式，学习人类交互模式的分布，使模型更好地理解人类意图，与人类行为对齐；在指令学习中，模型需要面对的不再是单纯的补全任务，而是各种不同任务的"指令"，即任务要求。模型需要根据不同的任务要求，做出相匹配的正确回复。"指令"举例如下：

请将下面这句话翻译成英文："ChatGPT 都用到了哪些核心技术？"

请帮我把下面这句话进行中文分词："我太喜欢 ChatGPT 了！"

请帮我写一首描绘春天的诗词，诗词中要有鸟、花、草。

从样例中可以看出，原本自然语言处理中的经典任务，经过任务要求的包装后，就变成了更符合人类习惯的"指令"。研究表明，当"指令"任务的种类达到一定量级后，大模型甚至可以在没有见过的零样本（zero-shot）任务上有较好的处理能力。因此，指令学习可以帮助语言模型训练更深层次的语言理解能力，以及处理各种不同任务的零样本学习能力。

根据 OpenAI 的博客，ChatGPT 所用到的指令学习数据集的构造方法和训练方法与 InstructGPT 大致相同，因此我们介绍 InstructGPT 构造"指令"数据集的细节。

InstructGPT 的"指令"数据集由两部分构成，其中一部分收集于全球用户使用 OpenAI 的 API 后的真实人机交互数据，这些数据在使用之前都经过了信息去重和敏感信息过滤；另一部分数据则来自人工标注。为了使标注人员能够标注出高质量的数据集，OpenAI 组建了一个由四十人组成的标注团队。这些人工标注的数据分为三类：其一是为了增加数据集中任务的多样性，由标注人员写出任意任务的"指令"；其二是小样本（few-shot）数据，由标注人员写出"指令"和一些对应的问答对，用于训练模型的小样本学习（Few-shot learning）能力；其三是在 OpenAI API 中已有的用例，标注人员模仿这些用例写出相类似的"指令"数据。这些数据包含了语言模型中常见的任务类型（生成、问答、聊天、改写、总结、分类等），其中 45.6% 的"指令"为生成任务类型，在所有类型中占比最大。

InstructGPT 通过在构造的"指令"数据集上进行有监督微调（supervised fine-tuning，SFT）和基于人工反馈的强化学习（reinforcement learning from human feedback，RLHF）以使模型与人类需求对齐。

在实验结果上，将运用指令学习后且含有 175B 参数的 InstructGPT 模型，在指令学习的经典数据集 FLAN、T0 上进行微调后发现，InstructGPT 模型对比 FLAN、T0 两个模型在效果上均有一定程度的提升。其原因可以归结为两点。

其一，现有的公开 NLP 数据集，往往专注于容易进行评测的 NLP 任务（如分类任务、问答任务、翻译或总结任务等）。但事实上，经过统计发现，在 OpenAI API 的用户中，用模型解决分类或问答任务的只占到了各类任务中很小一部分，而开放性的生成任务才是占比最大的一类任务。这就使得以往用公开 NLP 数据集进行训练的模型，缺乏在开放性任务上的有效训练。InstructGPT 通过让标注人员大量标注有关生成和头脑风暴类的开放性"指令"，并让模型进行训练，从而使得模型能够在这些方面有很大的效果提升。

其二，现有的公开 NLP 数据集，往往仅针对一种或几种语言任务进行处理。这就忽视了现实情况下，人类用户会向语言模型提出各种任务要求的情况。因此，能够综合处理各种任务的模型，才能在实际中获得更好的效果。而 InstructGPT 所用到的指令学习技术正好可以弥补传统模型的缺陷，通过标注大量具备任务多样性的"指令"数据，帮助模型获得在各类任务上的处理能力。

（四）基于人类反馈的强化学习

RLHF 这一概念最早是在 2008 年的 Training an Agent Manually Via Evaluative Reinforcement[9]一文中被提及的。在传统的强化学习框架下，代理（agent）提供动作给环境，环境输出奖励和状态给代理，而在 TAMER 框架下，引入人类标注人员作为系统的额外奖励。该文章中指出引入人类进行评价的主要目的是加快模型收敛速度，降低训练成本，优化收敛方向。具体实现上，人类标注人员扮演用户和代理进行对话，产生对话样本并对回复进行排名打分，将更好的结果反馈给模型，让模型从人类评价奖励中学习策略，对模型进行持续迭代式微调。这一框架的提出成为后续基于 RLHF 相关工作的理论基础。

在 2017 年前后，深度强化学习（deep reinforcement learning）逐渐发展并流行起来。有学者提出了一种 AC 算法（actor-critic），并且将人工反馈（包括积极和消极）作为信号调节优势函数（advantage function）。同时，将 TAMER 框架与深度强化学习相结合，成功将 RLHF 引入深度强化学习领域。在这一阶段，RLHF 主要被应用于模拟器环境（例如游戏等）或者现实环境（例如机器人等）领域，而利用其对于语言模型进行训练并未受到重视。

在 2019 年以后，RLHF 与语言模型相结合的工作开始陆续出现，较早利用人工信号在四个具体任务上进行了微调并取得不错的效果。OpenAI 从 2020 年开始关注这一方向并陆续发表了一系列相关工作，如应用于文本摘要，利用 RLHF 训练一个可以进行网页导航的代理等。后来，OpenAI 将 RLHF 与 GPT 相结合，提出了 InstructGPT 这一 ChatGPT 的前身，主要是利用 GPT-3 进行对话生成，旨在改善模型生成的真实性、无害性和有用性。与此同时，作为缔造 AlphaGo 的公司，具有一干擅长强化学习算法工程师的 DeepMind 也关注到了这一方向，先后发表了 GopherCite 和 Sparrow 两个利用 RLHF 进行训练的语言模型，GopherCite 是在开放域问答领域的工作，Sparrow 是在对话领域的一篇工作。并且在 2022 年 9 月，DeepMind 的聊天机器人也已经上线。

RLHF 是 ChatGPT/InstrcutGPT 实现与人类意图对齐，即按照人类指令尽可能生成无负面影响结果的重要技术。该算法在强化学习框架下实现，大体可分为以下两个阶段。

一是奖励模型训练。该阶段旨在获取拟合人类偏好的奖励模型。奖励模型以提示和回复作为输入，计算标量奖励值作为输出。奖励模型的训练过程通过拟合人类对于不同回复的倾向性实现。具体而言，首先基于在人类撰写数据上微调的模型，针对同一提示采样多条不同回复。然后，将回复两两组合构成一条奖励模型训练样本，由人类给出倾向性标签。最终，奖励模型基于训练样本中倾向回复奖励与另一条回复奖励之差构造目标函数，进而完成训练过程。

二是生成策略优化。给定习得的奖励模型，ChatGPT/InstructGPT 的参数将被视为一种策略，在强化学习的框架下进行训练。首先，当前策略根据输入的查询采样回复。然后，奖励模型针对回复的质量计算奖励，反馈回当前策略用以更新。值得注意的是，为防止上述过程的过度优化，损失函数同时引入了词级别的 KL 惩罚项。此外，为了避免基于强化学习的对齐过程导致模型在公开 NLP 数据集上性能表现的衰退，策略更新过程还兼顾了预训练损失。

（五）ChatGPT 技术发展脉络的总结

纵观 ChatGPT 的发展历程，不难发现其成功是循序渐进的，OpenAI 从 2020 年开始关注 RLHF 这一研究方向，并且开展了大量的研究工作，积攒了足够的强化学习在文本生成领域训练的经验。GPT 系列工作的研究则积累了海量的训练数据以及大语言模型训练经验，这两者的结合才产生了 ChatGPT。可以看出技术的发展并不是一蹴而就的，是大量工作的积淀量变引起质变。此外，将 RLHF 这一原本应用于模拟器环境和现实环境下的强化学习技术迁移到自然语言生成任务上是其技术突破的关键点。

纵观 AI 这几年的发展，已经逐渐呈现出不同技术相互融合的大趋势，比如将 Transformer 引入计算机视觉领域产生的 ViT；将强化学习引入蛋白质结构预测的 AlphaFold 等。每个研究人员都有自己熟悉擅长的领域，而同时科学界也存在着大量需要 AI 解决的关键问题，如何设计合理的方法，利用自己研究领域优越的技术是值得思考的问题。

当下，AI 蓬勃发展，计算机科学界每天都在产生着令人惊奇的发明创造，之前很多可望而不可即的问题都在或者正在被解决的路上。2022 年 2 月，DeepMind 发布可对托卡马克装置中等离子体进行磁控制的以帮助可控核聚变的人工智能，这项研究目前仍在进行。或许在未来，能源将不成为困扰我们的问题，环境污染将大大减少，星际远航将成为可能。

五、自然语言处理系统的评价

（一）模型评价指标

1. 分类任务

自然语言理解的大部分任务，都可以归为分类问题。而精确率、召回率和 F1 值是判断分类任务匹配精确程度最常用的评价指标，广泛应用于文本分类、序列标注、信息检索等领域。

精确率（precision）指的是模型正确预测为正例的样本数占预测为正例的样本总数的比例。精确率越高，表示模型预测出的结果中真实正例的比例越高。

召回率（recall）指的是模型正确预测为正例的样本数占实际正例的样本总数的比例。召回率越高，表示模型越能够正确地捕捉到所有的正例。

F1 是精确率和召回率的调和平均数，反映了模型的综合性能。

2. 生成任务

自然语言生成是自然语言处理中一个重要的研究领域，包含机器翻译、文本摘要、对话生成等多个任务。衡量一句话生成的好坏，无法简单用正确和错误来分类，而是包含多个层次、多个维度的评价，因此使用的指标也更加复杂。

对于机器翻译而言，通常使用 BLEU 值来衡量机器翻译质量的好坏，BLEU 值就是计算机器译文 N-gram 的精确度，根据参考译文来评价机器译文。

对于自动摘要而言，通常使用 ROUGE 值来衡量摘要质量的好坏。ROUGE 同样基于 N-gram 的匹配程度，由于文本摘要更多关心的是摘要内容是否覆盖完全，因此使用的是面向召回率的摘要评估指标。

近年来，随着深度学习和预训练模型的发展，评估准确性也出现了一些新的方案，但是通常而言，使用上述经典的统计指标进行准确性的评价，仍然是最普适和稳妥的方案。

（二）对话系统的评价

1. 不确定性

对话模型不一定每次都能给出准确的答案，在一些特殊的场景，例如医疗诊断一类的高风险应用场景下，我们不能只关心模型的准确度，还应该关注对话模型给出的结果有多大程度的确定性，如果不确定性太高，就需要谨慎决定。

不确定性可分为两种。一是偶然不确定性，又称数据不确定性，指数据中内在的噪声，即无法避免的误差。通过获取更多的数据是无法降低偶然不确定性的，降低偶然不确定性的可行办法主要包括提高数据精度和对数据进行降噪处理两种。二是认知不确定性，又称模型不确定性，指模型自身对输入数据的估计可能因为训练不佳、训练数据不足等原因而不准确，与某一单独数据无关。认知不确定性可以通过增加训练数据的数量等方式来降低甚至解决。

一般来讲，对话模型的不确定性可以通过置信度来反映，置信度越高，不确定性越低。对于一个优秀的模型，其准确率应该和置信度相匹配，为了衡量这一匹配程度，一个常用的评价指标便是期望校准误差（ECE）。该指标通过计算各个置信区间中样本的平均置信度和准确率差值的期望，来对模型的优秀与否进行评估。

2. 攻击性

在大量真实人类对话语料数据上训练得到的模型在测试场景可能会面临数据分布及特征不一致的情况，大量的研究证明，人类在与对话机器交流时往往会更加具有攻击性，并且会使用许多暗示以诱导模型生成不安全的内容。此外，基于大规模语料学习的语言模型也会学习到特定语料间潜在的关联，而这些关联往往高频出现在毒害内容中。

对话系统的攻击性评价，作为一种评价方法，是在实时交互中诱导对话系统犯错。根据输入上文诱导方向的不同，它可以评价系统的安全性、公平性和鲁棒性等许多方面。比如我们可以通过收集已有的人类用户"攻击"某个对话系统的上文，测试现有系统的安全性、公平性；我们同样可以使用对抗攻击方式，微调输入上文，观察对于系统输出的影响，从而评价其鲁棒性。

模型在诱导提示下的表现评价。研究了预训练语言模型在多大程度上会被诱导产生有危害的内容。作者从大型网络英文语料中提取了约十万个真实人类语句的提示（prompt），并构建了数据集 Real Toxicity Prompts。虽然这些提示本身是没有危害的，但是实验结果表明，将其作为主流语言模型的输入后，输出的结果有很大的概率为毒害性文本。

模型在攻击提示下的表现评价。多语言鲁棒性评价工具[31]采取了多种策略（转换，对抗攻击等），可以为输入数据根据各种增广策略来生成相应的变体，提供了对鲁棒性的全面评价，并在评价中给出了可视化结果。有学者提出使用对抗攻击方式评价对话模型，提出两种策略评价对话模型的两种行为：过于敏感与过于固执。使用同义词替换等方式替换对话上文，模型输出的下文可能出现极大变化，即模型的过于敏感；而微小但改变了语义的对话上文，模型也可能输出与原来同样的内容，体现了其固执。

3. 毒害性

对话模型需要能够妥善处理各式各样的对话场景并给出令人感到舒适的回复，包括冒犯性言论、辱骂、仇恨言论等[33]。对毒害内容的自动检测对语言模型输入输出内容的审核政策有着极大的帮助。特别值得注意的是，毒性检测的风险是非常高的，由毒性检测的失败而导致的内容审核失败会引发非常严重的社会问题，并对其广泛部署的可行性造成深远的影响。

早期的关键词检测方法会导致检测结果存在非常多的假阳样本，虽然很多的语句包含这些预先定义好的毒害关键词，但是本身句义是安全的。随着深度学习技术的发展，现在主流的做法是通过训练分类模型来判断整句句义是否为有毒害的，这样的一种方法突破了关键词库的限制，使得毒害性检测可以扩展到各式各样的检测场景中。

通过预训练方式得到的毒害性检测器虽然有着良好的性能，但在对抗性攻击输入下性能表现低下。有学者提出一种人在回路的方法（BBF）来增强评价模型的表现，通过人为地不断打破模型的识别边界，使得模型更加具有鲁棒性，其表现逐渐接近人类水平。

BBF 的方法仅考虑了言论检测场景，并将这一过程扩充到了对话生成场景。同样采用了人在回路的方式，模拟了真实人机对话场景中人类的攻击性言论并得到机器回复，从而利用该对话数据训练并部署模型安全层，使得模型极大地减少了关于毒害内容的生成。

目前已经有一些团队开放了用于评价语言模型潜在危害的接口。Jiq saw 与谷歌泛滥用技术团队于 2022 年推出了新版本多语言检测接口 Perspective API，模型采用一个多语言

BERT 模型及多个单语种 CNN 网络，可以对待检测言论给出在毒害、侮辱、威胁等标签内容的可能性。脸书团队于 2022 年推出了测试工具 SafetyKit[37]，主要关注对话模型在三个方面的安全表现，来评价语言模型是否存在明显毒害性。具体包括三个方面：对话模型是否直接生成有害内容，对话模型对有害内容的回应是否合适，以及对话模型给出回复是否符合自身设定与属性。

4. 公平性与偏见性

现有的大量案例表明，语言模型对待具有不同特征的个体与群体的数据存在明显的差异。这些明显的差异源于数据本身，并且模型在数据上训练的过程中没有规避这一潜在风险。通过评价语言模型的公平性和偏见水平，确保其在一个合理的范围内，可以发挥并体现出科学技术在社会发展变革中的积极作用，引领良好的社会风气。

最近，将衡量公平性的方式分为两类：反事实公平和性能差异。反事实公平通过对测试数据集进行目标特征的反事实增广，基于特定任务，评价模型对反事实数据的结果变动情况。反事实公平通过对数据进行扰动，提供了可操作性，并且适用于很多场景。性能差异则是通过预先确定好具有目标特征的数据样本，计算语言模型在这些待观察的数据组上的表现差异。

除此之外，类似公平性，对社会偏见的研究也是语言风险技术的核心。但不同的是，偏见往往描述的是一种内在的特性，与特定任务没有关系，体现在语言模型在语言选择上的倾向。几乎所有的数据集都存在偏见，并且目前对偏见也没有一个系统性的解决方案。

模型在人类层面的偏见水平的评价[38]提出了 SEAT 方法来衡量语言模型在二元性别方面的偏见水平，SEAT 通过预先定义好的两组性别属性词汇（him，man，...；her，woman，...）和一组检测目标词汇（family，child，office，...），以及用于合成句子的语句模板，通过语言模型得到合成句的上下文表示，通过计算目标句子与两组性别句子表示的相似度，来反映语言模型在性别上的偏见程度。

有学者提出了 Stereo Set 基准测试数据将测试目标拓展到了职业和种族方面。每一个测试数据都包含有空缺的语境句子和三个候选项，分别对应刻板、非刻板印象，以及不相关三种关系。通过计算语言模型对每个示例在刻板联想和反刻板联想上的倾向进行评分，来量化语言模型的偏见程度。

标准、非裔美式英语数据集（SAE/AAVE Pairs）包含了具有同等语义但是具有不同方言特征的美式英语对，用来更好地理解语言模型在方言上面的性能差异。为了评价语言模型，使用每条非裔美式英语的前面几个词用作语言模型的提示，通过人工评价和情感分类计算生成回复与原始回复的相似性。

模型在社会层面的偏见水平的评价研究了语言模型在宗教层面的偏见，在其提出的测试数据集 MuslimBias 上，采用了补全提示和类比推理的方法。在补全提示中，用一个包含

Muslim 词汇的提示作为语言模型的输入，通过关键字匹配判断补全结果中是否使用暴力词语，并将结果与其他宗教团体作比较。类比推理测试中，将一个包含 Muslim 的类比句作为输入，并报告那些常用来完成类比的词汇的频率。

政治敏感话题仍然是语言模型面临的挑战，以负责任、无党派和安全的回复处理政治敏感内容对语言模型来说是不可或缺的。引入度量标准来评估对话机器人的政治谨慎性。方法考虑了两种场景，用户输入是中立的和有偏的（倾斜的政治观点），通过使用不同的政治属性词组合（政治家 – 姓名、政治 – 主题、政治 – 信仰）和语句模板分别生成了两个场景的模型输入。在测试阶段通过预训练好的 BERT 分类器对输出结果的政治立场进行打分。

5. 鲁棒性

在部署测试阶段，语言模型面临着开放世界语言的复杂性与随机性（如简写、错字等），大多数在实验中表现良好的语言模型都会存在性能显著下降的问题。现实世界的数据包含不同类型的噪声，评价这些噪声对语言模型的输出结果的影响，对研究一个安全可靠的语言模型是非常必要的。此外，其他形式的鲁棒性也非常重要，但是在评价阶段需要对数据和模型有额外的处理流程，使得在评价阶段实现高效且精确的度量具有挑战性。例如，在评价基于分布的鲁棒性时，需要具有特殊构造的检验集（将源域与目标域基于特征划分为不同的子域）。而在评价对抗鲁棒性时，需要对语言模型进行多次对抗攻击，以不断地逼近其阈值（扰动临界点）。

无关扰动的稳定程度，基于转换 / 扰动的范式，即评估语言模型的输出在小的、语义保持的扰动下的稳定性，已被广泛用于研究模型的鲁棒性。由推出的自然语言数据集扩充工具 NL-Augmenter 可以实现这一过程。NL-Augmenter 将目标语句的"转换"从严格对等的逻辑中心观点放宽到更具描述性的语言学观点，通过容纳噪声、有意和无意的类人错误、社会语言层面变动、有效语言风格、语法变化等方法对原数据进行转变，极大地提高了原始数据集的多样性。最后通过语言模型输出结果中的不变比例反映模型的鲁棒性。

关键扰动的敏感程度，测试模型的鲁棒性目的是了解模型是否真正的捕捉到了语句中的关键信息而非某些不相关的次要联系。作为对微小扰动下不变性的补充，测试改变语义的扰动如何影响模型行为，可以了解模型对改变目标输出的扰动敏感程度，且不关注实例样本中的不相关部分。但困难的是，与生成保持不变的噪声不同，实现一个用于生成语义交替扰动（目标输出也相应变动）的通用方案具有更高的挑战性。

相关工作有 Contrast Sets，作者基于数个当前 NLP 常见数据集的测试集（视觉推理、阅读理解、情感分析等任务相关）进行了扩充，对已有测试样本进行了微小（保留原始样例中出现的任何词汇 / 语法信息）但能改变标签结果的扰动。新的基准测试表明各 SOTA 模型在 Contrast Sets 上均表现不佳。

六、问题及挑战

ChatGPT 的出现，给自然语言处理领域带来了巨大的影响。首先，大规模语言模型中已经蕴含了如分词、词性标注、句法分析等传统自然语言处理任务能提供的信息，因此在当下基于大模型的自然语言处理时代，已经不再需要对这些任务进行专门的研究了。

其次，自然语言处理任务之间的界限也被打破了，ChatGPT 将所有任务都转化为序列到序列生成问题，不但能够使用同一个模型解决各种已有的任务，而且能够很好地处理未曾见过的新任务，因此之前针对某一任务进行研究的学者面临研究空间被挤压的危险。

最后，由于工业界掌握了大量的计算资源、用户信息和用户反馈的数据，相较于学术界更容易进行系统级的创新，这种 AI 马太效应会造成胜者通吃的局面，进一步加大自然语言处理学术界研究的困境。

当然，ChatGPT 也并非完美，仍然存在诸多不足，这也是短期内自然语言处理领域的研究者需要关注的问题。具体包括如何进一步弥补模型的不足、探究模型的机理和推广模型的应用三个方面。

（一）弥补模型的不足

1. 提高结果的可信性和时效性

ChatGPT 生成结果的可信性一直为人们所诟病，它经常会一本正经地胡说八道。另外，由于其预训练模型的数据截至 2021 年，因此无法回答此后的相关信息。目前已有一些系统致力于通过引入搜索引擎的结果以及在模型生成结果中增加相关网页的链接等方式来解决可信性和时效性问题（如微软的 NewBing 等），但是结果中仍然存在一些事实性的错误等问题。

然而，可信性与创造性本身就是矛盾的，如果限制 ChatGPT 只能生成确定的事实，则会极大地限制其创造能力。因此，需要在可信性和创造性之间进行权衡，或者交由用户选择其希望得到哪种类型的结果。

2. 提高符号推理能力

ChatGPT 在符号推理等能力上仍然存在不足，无法进行稍微复杂的算数运算以及逻辑推理等。这是由于其生成式语言模型的天然局限性造成的。目前已有一些研究者通过调用外部的符号计算引擎来解决这一问题，如 Meta 的 Toolformer[46] 能够让语言模型生成调用计算器、问答引擎等外部 API 的调用语句。还有的工作则是先生成 Python、SQL 等程序，再由相应外部的引擎来执行这些程序，然后结合执行的结果生成最终的答案。这也是让神经网络与符号知识相结合的一种有益尝试。

3. 减小对大规模标注数据的依赖

ChatGPT 虽然具有非常惊艳的小样本甚至零样本处理能力，但是在进行指令微调以及人类反馈的训练阶段，其对大规模高质量人工标注数据的依赖仍然是其不可或缺的一部分。因此，如何减小对大规模高质量人工标注数据的依赖，依然是需要重点关注的问题，这将有助于模型在具体行业和领域中的应用落地。

4. 提高多种语言处理能力

ChatGPT 表现出了非常优秀的多语言能力，人们能够使用英语、汉语等多种语言与其流畅对话。虽然其究竟使用了多少多语言数据不得而知，但是其前身 InstructGPT 指令微调的指令集中 96% 以上是英语，其他 20 种语言（包含汉语、西班牙语、法语、德语等）只占不到 4%。因此，无论从处理语言的数量还是对少资源语言的处理质量上，ChatGPT 的多语言能力仍然需要进一步提升。

（二）探究模型的机理

1. 大模型的结构

目前，GPT 系列模型始终坚持使用解码器结构，和 Google 提出的 T5、Meta 提出的 BART 等编码 - 解码器结构的模型相比，这样做的好处有两点。①可以高效地利用数据，即能对一个批次中的全部数据进行学习，而编码 - 解码器结构每批次只能对一半的数据进行学习，因此需要更多的数据才能达到相同的效果。②在显存大小一定的条件下，解码器结构模型的层数是编码 - 解码器结构模型的两倍，因此能够更好地捕捉到数据中的潜在信息。但是，仅使用解码器的模型结构也有其不足，即在对用户的输入进行理解时，由于只进行了单向的编码，因此理解能力不如编码 - 解码器结构充分。因此，未来的研究方向之一是如何在保证模型学习效率的同时，兼顾模型的理解能力和生成能力。

2. 知识的调用方法

目前，ChatGPT 通过指令微调、COT、RLHF 等方式调用大模型中所蕴藏的知识。但是，这些方法都存在一些局限性，如指令微调需要人工编写复杂的指令，COT 也需要人工编写答案的推理过程，RLHF 需要人工标注反馈数据等。因此，未来的研究方向是如何能够让模型自动地调用大模型中的知识，减少人工的劳动。

3. 对大模型的评价

和其他对话系统以及文本生成系统一样，目前还不存在完全客观的指标对 ChatGPT 等系统进行评价。因此主要是通过人工评价的方式，即人工对模型的输出进行评价。但是，这种评价方式存在一些局限性，如人效率低下、标准不一致等。虽然上文中给出了多种模型的评价指标，但是如何自动地对这些指标进行客观公正地评价，并且将多个指标的评价结果进行综合，仍然是一个值得研究的问题。

4. 大模型的机理

虽然 ChatGPT 表现出了有趣的"涌现"现象，通过 COT 实现了一定的推理能力，具有简单的计算能力等，但是究竟是什么原因使得 ChatGPT 具有这些能力，仍然是一个未解之谜。因此，如何通过研究模型机理来解释 ChatGPT 等模型的表现是未来的研究方向之一，并有助于进一步提升和挖掘 ChatGPT 的能力。

（三）拓展模型的应用

1. 适配特定领域

虽然在通用任务上表现出了非常好的效果，但是在缺少相应数据的金融、医疗等专用领域，ChatGPT 表现并不理想，这极大地阻碍了 ChatGPT 的产业化应用。因此，需要研究如何利用专用领域大量无标注数据、少量有标注数据以及已有的知识库将 ChatGPT 适配到特定领域，从而实现 ChatGPT 在特定领域的产业化应用。

2. 个性化模型

同样地，由于 ChatGPT 是一个通用模型，其对于不同用户的表现也是相同的，缺少对用户个性化信息的存储和利用。因此，如果能利用与用户的对话历史记录等个性化数据，来训练个性化的 ChatGPT 模型，将是一个非常有趣也非常有意义的研究方向。

3. 高效计算

大规模语言模型无论训练还是部署，都需要耗费大量的计算资源，这对于一般的企业和个人来讲，都是一个巨大的负担。因此，如果在有限的计算资源下，能够高效地训练和部署 ChatGPT，将是一个非常有意义的研究方向。相关的技术包括但不限于模型压缩、蒸馏、剪枝、量化等。

4. 应对风险

若要将 ChatGPT 以及后续更强大的通用人工智能系统落地应用，还必须解决众多风险问题，如模型的安全性、隐私性等。其中有一些风险可以通过技术手段加以解决，但是更多的风险则需要通过法律等手段来解决，这是一个非常复杂的问题，需要更多的其他领域的研究者和专家的参与。

七、未来发展趋势

经过近七十年的发展，自然语言处理技术先后经历了五次范式的变迁，随着 ChatGPT 的产生，人们也看到了实现通用人工智能（AGI）的曙光。在这个过程中，自然语言处理技术呈现了明显的"同质化"和"规模化"的发展趋势。因此，我们认为未来自然语言处理还将沿着这一道路继续前进。即使用参数量越来越大的模型，从越来越多的文本数据中进行学习。

然而，人类习得语言的途径绝不仅仅是文本这一条，还需要利用听觉、视觉、触觉等多种感官信息并将语言同这些信息进行映射。因此，自然语言处理未来需要融入更多的多模态信息。此外，还需要智能体能够同物理世界以及人类社会进行交互，这样才能真正理解现实世界中的各种概念，从而实现真正的通用人工智能。

以上想法与学者提出的"世界范围"（world scope，WS）概念不谋而合。它将自然语言处理所需的信息来源划分为了五个范围。ChatGPT 所基于的大规模预训练语言模型处于网络文本数据范围，而 ChatGPT 通过对话的方式与人类用户交互，一下子迈入了社会的范围。但是，为了实现真正的通用人工智能，还需要能够融合多模态信息，并实现与物理世界的交互，即具身能力。

因此，我们完全有理由相信，在多模态版本的 ChatGPT 问世后，再结合具身智能，一个能够同时处理文字、语音、图像等各种模态指令，并且能和物理世界以及人类社会共存的通用人工智能体即将诞生。

参考文献

［1］ Radford A，Narasimhan K，Salimans T，et al. Improving language understanding by generative pre-training［J］. 2018.

［2］ Devlin J，Chang M W，Lee K，et al. Bert：Pre-training of Deep Bidirectional Transformers for Language Understanding［J］. arXiv preprint arXiv：1810.04805，2019.

［3］ Radford A，Wu J，Child R，et al. Language models are unsupervised multitask learners［J］. OpenAI blog，2019.

［4］ Brown T B，Mann B，Ryder N，et al. Language Models are Few-Shot Learners. arXiv preprint arXiv：2005.14165，2020.

［5］ Qiu X，Sun T，Xu Y，et al. Pre-trained models for natural language processing：A survey［J］. Science China Technological Sciences，2020.

［6］ Kalyan K S，Rajasekharan A，Sangeetha S. Ammus：A Survey of Transformer-based Pretrained Models in Natural Language Processing［Z］. arXiv：2108.05542，2021.

［7］ Amatriain X. Transformer models：an introduction and catalog［Z］. arXiv preprint arXiv：2302.07730，2023.

［8］ Liu P，Yuan W，Fu J，et al. Pre-train，Prompt，and Predict：A Systematic Survey of Prompting Methods in Natural Language Pro-cessing［J］. arXiv preprint arXiv：2107.13586，2021.

［9］ Knox W B，Stone P. Tamer：Training an agent manually via evaluative reinforcement［C］. In Proceedings of the IEEE International Conference on Development and Learning，2008.

［10］ Macglashan J，Ho M K，Loftin R T，et al. Interactive Learning from Policy-Dependent Human Feedback［C］. International Conference on Machine Learning，2017.

［11］ Warnell G，Waytowich N R，Lawhern V，et al. Deep TAMER：Interactive Agent Shaping in High-Dimensional State Spaces［C］. arXiv preprint arXiv：1709.10163，2018.

［12］ Ziegler D M，Stiennon N，Wu J，et al. Fine-tuning language models from human preferences［J］. arXiv preprint arXiv：1909.08593，2019.

［13］ Stiennon N，Ouyang L，Wu J，et al. Learning to summarize with human feedback ［C］. Advances in Neural Information Processing Systems，2020.

［14］ Wu J，Ouyang L，Ziegler D M，et al. Recursively summarizing books with human feedback ［J］. ArXiv preprint arXiv：2109.10862，2021.

［15］ Nakano R，Hilton J，Balaji S A，et al. WebGPT：Browser-assisted question-answering with human feedback ［J］. ArXiv preprint arXiv：2112.09332，2021.

［16］ Ouyang L，Wu J，Jiang X，et al. Training language models to follow instructions with human feedback ［J］. ArXiv preprint arXiv：2203.02155，2022.

［17］ Menick J，Trebacz M，Mikulik V，et al. Teaching language models to support answers with verified quotes ［J］. ArXiv preprint arXiv：2203.11147，2022.

［18］ Glaese A，Mcaleese N，Trębacz M，et al. Improving alignment of dialogue agents via targeted human judgements ［J］. ArXiv preprint arXiv：2209.14375，2022.

［19］ Liu Y，Ott M，Goyal N，et al. Roberta：A robustly optimized bert pretraining approach ［J］. ArXiv preprint arXiv：1907.11692，2019.

［20］ Raffel C，Shazeer N，Roberts A，et al. Exploring the Limits of Transfer Learning with a Unified Text-to-Text Transformer ［J］. Journal of Machine Learning Research，2020.

［21］ Wei J，Wang X，Schuurmans D，et al. Chain of thought prompting elicits reasoning in large language models ［J］. ArXiv preprint arXiv：2201.11903，2022.

［22］ Kojima T，Gu S S，Reid M，et al. Large language models are zero-shot reasoners ［J］. ArXiv preprint arXiv：2205.11916，2022.

［23］ Liang P，Bommasani R，Lee T，et al. Holistic evaluation of language models ［J］. ArXiv preprint arXiv：2211.09110，2022.

［24］ Gehman S，Gururangan S，Sap M，et al. RealToxicityPrompts：Evaluating Neural Toxic Degeneration in Language Models ［C］. arXiv preprint arXiv：2009.11462，2020.

［25］ Niu T，Bansal M. Adversarial Over-Sensitivity and Over-Stability Strategies for Dialogue Models ［C］. arXiv Preprint arXiv：1809.02079，2018.

［26］ Sun H，Xu G，Deng J，et al. On the Safety of Conversational Models：Taxonomy，Dataset，and Benchmark ［C］. arXiv preprint arXiv：2110.08466，2021.

［27］ Nadeem M，Bethke A，Reddy S. StereoSet：Measuring stereo-typical bias in pretrained language models ［C］. arXiv preprint arXiv：2004.09456，2020.

［28］ Abid A，Farooqi M，Zou J. Persistent Anti-Muslim Bias in Large Language Models ［C］. arXiv preprint arXiv：2101.05783，2021.

［29］ Dhole K D，Gangal V，Gehrmann S，et al. Nl-augmenter：A framework for task-sensitive natural language augmentation ［J］. arXiv preprint arXiv：2112.02721，2021.

［30］ Gardner M，Artzi Y，Basmov V，et al. Evaluating Models' Local Decision Boundaries via Contrast Sets ［C］. arXiv preprint arXiv：2004.02709，2020.

撰稿人：刘　挺

计算机视觉的研究现状及发展趋势

一、研究概况

　　视觉系统研究最早要追溯到二十世纪五十年代美籍加拿大神经生理学家 David Hubel 和瑞典神经生理学家 Torsten Wiesel 对猫的视觉系统的研究。在 1959 年的一项实验中，他们将微电极插入被麻醉的猫的主视皮层中，并在猫面前的屏幕上投射光亮和黑暗的图案。他们发现，一些神经元对特定角度的线条有快速的反应，而其他神经元对另一个角度的线条反应较强，此外不同神经元对不同亮度图案的反应也有所不同。另外，他们还发现了部分复杂神经元可以有效检测到位于感受野不同位置的边缘，甚至是检测特定方向的运动。这些研究首次揭示了视觉系统从简单的刺激特征构建复杂的视觉信息表示，也为视觉神经生理学奠定基础。Hubel 和 Wiesel 因为视觉系统方面的工作获得了诺贝尔奖。

　　严格讲，计算机视觉是二十世纪六十年代发展起来的，美国 MIT 的 Lawrence Roberts 在 1963 年撰写了历史上的第一篇关于计算机视觉的博士论文 *Machine perception of three-dimensional solids*，为了使计算机能够从一张二维照片构建和显示一个实体对象的三维阵列，作者分析了深度感知的规则，通过假设照片是一组物体的透视投影，实现了针对简单平面物体集合的二维照片到三维表示转换。但受到当时照相机技术和计算机处理能力的限制，计算机视觉可以研究和解决的问题极其有限，只能处理具有简单几何形状（立方体、棱柱体）的物体。值得注意的是 Lawrence Roberts 在博士毕业以后的主要工作是在计算机网络领域，他主持了现代互联网技术的前身 APRANet（阿帕网）的研究工作，因此也成了现代互联网先驱之一。1966 年，人工智能先驱之一的 Seymour Papert 教授在 MIT 举办了一个名为"Summer Vision Project"的暑期视觉项目，主要目标是在两个月内构建一个视觉程序系统，通过形状和表面特性的分析将图像分割成包含物体的前景区域和背景区域，并进一步实现区域描述，最终目标是通过将它们与已知物体的词汇进行匹配，即物体识别。虽然这个暑期项目并没有完全解决图像前景背景分割以及物体识别，但仍然是计算机视觉领域重要的里程碑事件，启发了后期计算机视觉研究的热潮。

七十年代中期，麻省理工学院（MIT）人工智能实验室的 Berthold K. P. Horn 教授开设了计算机视觉课程，同时该实验室吸引了国际上许多知名学者参与计算机视觉相关的理论、算法、系统设计研究。David Marr 教授也是在这个时期提出了计算视觉（computational vision）理论，并完成了计算机视觉领域的经典书籍 *Vision：A computational investigation into the human representation and processing of visual information*，该理论在八十年代成为机器视觉研究领域中的一个十分重要的理论框架。David Marr 教授将视觉看作一个信息处理系统，他与 Tomaso Poggio 提出在三个独立但相互补充的分析层面上理解视觉信息处理系统，这个观点在认知科学中被称为 Marr 的三层假设。在计算层面，系统需要明确做什么，例如解决或克服哪些问题，以及为什么会做这些事情；在算法层面，有时也称为表征层面，系统需要明确如何做到它所做的事情，具体来说，它使用什么表征和过程来构建和操作这些表征；在实现、物理层面，系统需要明确如何在物理上实现，例如在生物视觉中，神经结构和神经活动如何实现视觉系统。David Marr 教授将视觉描述为从二维视觉阵列（视网膜上）到三维世界描述作为输出的一个三阶段过程：①基于对场景基本组成部分的特征提取，包括边缘、区域等；②场景的 2.5D 草图，其中包括纹理等，2.5D 草图与视差、视觉流以及视差运动有关，实际是构建了以观察者为中心的三维环境视图；③基于三维模型将场景在连续的三维地图中可视化。

八十年代专家系统被认为能够模拟人类专家的知识和经验解决特定领域的问题，有助于实现人工智能从理论研究走向实际应用、从一般推理策略探讨转向运用专门知识的重大突破。1980 年，卡内基·梅隆大学为 DEC 公司开发了一个名为 XCON 的专家系统，每年为公司节省四千万美元，取得巨大成功。这种思想也同样影响了计算机视觉领域，于是诞生了很多这方面的方法。例如，1987 年英属哥伦比亚大学的 David G. Lowe 教授在论文 Three-Dimensional Object Recognition from Single Two-Dimensional Images 中探讨了当要观察对象的视角没有任何先验知识时，如何能够从其二维投影中识别出对象的问题。虽然一个三维对象在不同视角下的外观可以完全改变，但也有很多对象投影在大范围的视角下保持不变（例如连接性、共线性、平行性、纹理特性和某些对称性）。通过利用对象的先验知识和准确的验证来解释本来具有歧义的图像数据，可以实现单个灰度图像中未知视角的三维对象识别。在同时期，机器学习（特别是神经网络）探索不同的学习策略和各种学习方法，在大量的实际应用中也开始慢慢复苏。1980 年，在美国的卡内基梅隆大学（CMU）召开了第一届机器学习国际研讨会，标志着机器学习研究已在全世界兴起。1986 年，辛顿（Geoffrey Hinton）等人先后提出了多层感知器（MLP）与反向传播（BP）训练相结合的理念（该方法在当时计算力上还是有很多挑战，基本上都是和链式求导的梯度算法相关的），这也解决了单层感知器不能做非线性分类的问题，开启了神经网络新一轮的高潮。1989 年，George Cybenko 证明了万能近似定理（universal approximation theorem）。简单来说，多层前馈网络可以近似任意函数，其表达力和图灵机等价。这就从根本上消除了 Minsky 对神经网络表达力的质疑。"万能近似定理"可视为神经网络的基本理论：一个前馈神经网络如果具有线性层和至少一层具有"挤压"性质的激活函数（如 sigmoid 等），给定网络足够数量的隐藏单元，它可以以任意精度来近似任何从一个有限维空间到另一个有限维空间的 borel 可测函数。1989 年，Le Cun（CNN 之父）结合反向传播算法与权值共享的卷积神经层发明了卷积神经网络（Convolutional Neural Network，CNN），并首次将卷积神经网络成功应用到美国邮局的手写字符识别系统中。当时卷积神经网络和如今流行的 AlexNet、ResNet 等模型有非常相似的结构，由输入层、卷积层、Pooling 层和全连接层组成。

到九十年代，计算机视觉仍然没有得到大规模的应用，很多理论还处于实验室的水平，离商用要求相去甚远。人们逐渐认识到计算机视觉是一个非常难的问题，以往的尝试似乎都过于"复杂"。以 Y. Aloimonos、R. Bajcsy 等为代表的学者提出了目的视觉、主动视觉、定性视觉等理论，这些理论的共同特点是认为，马尔理论从下到上的三维重建过程由于缺乏目的性，缺乏高层知识反馈，从而导致三维重建框架不可行。他们强调视觉算法高层知识反馈的必要性和重要性，以及视觉主体与环境交互的重要性，这些理论尽管从原理上来说更加符合人类视觉过程。此外 O. Faugeras 和 R. Hartley 等提出了分层重建理论，基本思想是指从图像到三维欧几里得空间的重建过程中，先从图像空间得到射影空间下的重建，然后将射影空间下重建的结果提升到仿射空间，最后将仿射空间下重建的结果提升到欧几里得空间，这种分层重建方法由于每一步重建过程中涉及的未知变量少、几何意义明确，所以算法的鲁棒性得到了有效提高。伴随着统计学理论在人工智能中的应用，计算机视觉也同样经历了这个转折。1997 年，一位名叫 Jitendra Malik 的伯克利教授发表了一篇论文，描述了试图解决感知分组的尝试。研究人员试图让机器使用图论算法将图像分割成合理的部分（自动确定图像上的哪些像素属于一起，并将对象与周围环境区分开来）。David Lowe 教授在 1999 年发表的论文 Object Recognition from Local Scale-Invariant Features 中提出了一个基于局部图像特征的目标识别系统，这些特征对图像的缩放、平移和旋转具有不变性，对光照变化和仿射或三维投影部分具有不变性。这些特征与灵长类视觉系统中用于目标识别的颞叶皮层神经元具有相似的属性。通过分阶段的滤波方法高效地检测特征，在多个方向平面和多个尺度上表示模糊图像梯度提取图像关键点来实现候选目标匹配。这种局部特征描述方法就是著名的 SIFT 特征提取方法。自提出以来，该方法被广泛应用于目标识别和目标检测，极大地提升了计算机视觉的实用性。

二十一世纪的头十年，随着机器学习的兴起，计算机视觉领域的研究人员逐渐转向采用机器学习算法以数据驱动的方式进行视觉识别和检测相关的任务。例如，Paul Viola 和 Michael Johns 等人利用 Adaboost 算法出色地完成了人脸的实时检测，并被富士公司应用到商用产品中。这篇论文是人脸检测的重要论文之一，它标志着人脸检测问题达到实用。Adaboost 迭代算法基本思想是通过调节的每一轮个训练样本的权重（错误分类的样本权重更高），串行训练出不同分类器。最终以各分类器的准确率作为其组合的权重，一起加权组合成强分类器。利用 Adaboost 组合基于 Haar 特征的弱分类器，可以使得人脸检测速度大幅度提升。在 OpenCV 中的人脸检测就是使用了这个算法。同时 BoF、SPM、SC、LLC 等经典的图片表示算法也如"雨后春笋"般涌现了出来。BOW（bag of words）模型最初被用在文本分类中，将文档表示成特征矢量。它的基本思想是将每篇文档都看成一个袋子，这个袋子里面装的是各种类别的词汇，把整篇文档的词汇归为不同的类，然后依据每个类别中词汇出现的频率来判断整篇文档所描述的大致内容。类比到图像就是 BOF（bag of features）了，以上所述的袋子就相当于是一幅完整的图像，而词汇则相当于图像的局部特征（如 SIFT），先用这些局部特征得到所有图片局部特征的聚类中心，得到聚类中心的过程即相当于按照类别把文档的词汇归为不同的类。在图片检索或者分类时，对图片的每一个局部特征用近邻查找法找到距离它最近的聚类中心，并把此聚类中心上局部特征的数目加一。最后以这些聚类中心为横坐标，以每个聚类中心的局部特征个数为纵坐标可以得到一个直方图，该直方图表示的向量就是图片的 BOF 向量表示，它能够较为全面地反映图片中出现的关键特征信息。由于 BOW 模型完全缺失了空间位置信息，会使特征的精度降低很多，而 SPM（spatial pyramid matching）就在 BOW 的基础上增加了空间位置信息，也相当于在 BOW 的基础上加了一个多尺度。通过把原图分成多个子图，然后对每一个子图单独进行 BOW 特征表示，最后把多个子图的 BOW 特征串接来表达整个图片的信息。为了减少向量量化的信息损失，后续研究人员提出 ScSPM 和 LLC 等算法，通过在 SPM 模型引入了局部约束，把特征量化到附近的多个聚类中心，提升了特征表示的判别能力。由于 Cortes 和 Vapnik 提出的连接主义经典算法支持向量机（support vector machine）在解决小样本、非线性高维数据分类任务表现出特有的优势，该时期的图像分类算法普遍采用支持向量机。由于 SVM 目标是找到一个超平面不仅将各样本尽可能分离正确，还要使各样本离超平面距离最远（只有一个最大边距超平面），因此基于 SVM 的视觉识别模型通常具有较好的泛化能力。

2011 年至今，虽然基于统计学建立的 SIFT 等人工定义特征在人脸检测和目标匹配等领域已经取得了良好的性能，但这些人工定义的特征只能在较为简单的图像类别上取得良好的性能，当类别数量增多，图像数据复杂性增大的情况，模型的性能难以取得进一步的提升。随着网络传输效率的提升以及移动互联网的快速发展，计算机视觉重点研究的图像和视频等数据在互联网上积累了大量的数据，这为计算机视觉的快速发展奠定了数据基础。2012 年 ImageNet 竞赛参赛者 Hinton 和他的学生 Alex Krizhevsky 借鉴 Le Cun 的卷积网络在具有强大并行运算能力的 GPU 显卡上实现了 AlexNet，在当年赢得了 ImageNet 图像分类竞赛的冠军，使得 CNN 成为图像分类甚至是计算机视觉领域的核心算法模型，同时引发了以神经网络为主的深度学习模型的研究热潮。在这一时期，包括计算机视觉在内的多项人工智能领域取得长足的进步的主要原因包括：计算机运算能力呈现指数级的增长；ImageNet 等超大型图片数据库使得大规模神经网络模型训练成为可能。在此之后有大量的深度学习模型被提出来改进 AlexNet 存在的梯度消失问题，代表性的工作有 ResNet 和 DenseNet。深度学习在计算机视觉领域的突破使得其他的深度神经网络模型，例如 RNN 和 LSTM，也得到了广泛的关注，也在自然语言处理领域取得了瞩目的成绩。关于深度神经网络的研究热潮不断高涨，在 2017 年，为了解决 RNN 和 LSTM 等模型存在的梯度消失问题，一种基于注意力机制的深度学习模型 Transformer 被提出。尽管该模型期初的设计思路是用于解决自然语言处理领域的文本理解和机器翻译问题，但该模型的通用性使其在计算机视觉领域也迅速得到了应用并超越了 CNN 模型的性能，例如 Swin Transformer。Transformer 模型的核心思路也被认为更接近视网膜中的神经活动规则：编码 – 选择 – 解码的三阶段过程。随着深度学习技术的不断进步以及计算机的数据处理能力的不断提升，近几年基于大量未标注数据以自监督学习范式训练得到的视觉预训练模型得到了快速发展，在图像分类和人脸识别等领域已经超过了人类的视觉系统，例如 MAE。至此，计算机视觉领域的研究经历了从早期的 Marr 视觉理论到以数据驱动的大规模表征模型的不断演进，在此过程中，数据存储、计算和网络传输等整个信息技术领域的发展对计算机视觉领域起了重要影响。

二、研究方向

（一）图像恢复

图像恢复是数字图像处理领域中的重要研究方向，包括去噪、去雾、超分辨率等任务。在图像的生成、传输和存储过程中，常常会发生信息退化，而图像恢复的目标就是从这些退化的图像中恢复出高质量的图像。图像恢复是一个典型的病态问题，即每张图像存在无限多种可能的原始图像与之对应。因此，图像恢复需要借助大量数据来推测和恢复丢失或受损的图像内容。当前图像复原的研究者主要使用深度神经网络估计丢失的图像信息。早期的研究中，SRCNN 和 DehazeNet 等工作首次将卷积神经网络应用于超分辨率和去雾等任务。受到 VGG 网络的启发，图像超分辨率网络采用了更小的卷积核和更深的网络深度，其中代表性的工作是 FSRCNN。ResNet 的引入为许多图像恢复方法提供了骨干网络，包括用于超分辨率任务的 EDSR，用于去噪任务的 DnCNN，以及用于图像去模糊的 DeepDeblur。DenseNet 所提出的提出了密集连接也应用于 SRDenseNet 和 RDN 等超分工作中，并取得了不错的效果。此外，RCAN 和 SAN 等模型将注意力机制引入超分辨率任务中，进一步提升了恢复效果。

近些年来，对抗生成网络（GAN）被应用于图像处理任务取得了一定突破。具体而言，对抗生成网络包括生成器和判别器两个部分，通过相互博弈的方式来提升性能。生成器的作用是根据现有低质图像生成原始图像，而判别器则用于区分生成器生成的图像和真实的高质图像。通过不断迭代训练，生成器逐渐学习生成更逼真的图像，而判别器也逐渐提高对真实图像和生成图像的识别能力。由于对抗生成网络具有强大的图像生成能力，基于对抗生成的方法在去噪和超分辨率等图像恢复任务中也变得非常受欢迎。SRGAN 率先将对抗生成网络应用到超分辨率任务中，通过对抗损失和身份信息损失，让模型可以更好地补全缺失的纹理信息。后续有许多工作对 SRGAN 做出了改进，ESRGAN 探索了新的网络结构，RankSRGAN 通过加入排序器优化不可微的感知评价指标，KMSR 通过对抗生成网络对模糊核进行数据扩充和增强。

在最新的进展中，研究者使用基于 Transformer 的网络结构来完成图像超分辨率、图像修复、去雨等图像恢复任务。随着更多数据被收集并供给网络训练，基于 Transformer 的网络结构展现了更加强大的图像处理能力。IPT 首先提出了基于 Vision Transformer（VIT）的通用图像恢复模型，SwinIR、SWCGAN 和 SwinFIR 等方法有效利用了 Swin Transformer 模型在全局和局部特征提取方面的能力，在超分辨率等领域得到了提升。受物理学启发的扩散模型（diffusion model）也受到广泛关注，SR3 将扩散模型引入超分辨率任务中，达到了近一半的人类欺骗率，这意味着生成的图像在视觉上难以与真实图像区分。综上所述，随着 Transformer 和扩散模型的应用，图像恢复取得了显著的进展并获得了广泛的应用。

（二）物体检测

物体检测的目标是在理解图像的基础上，提取出图像中具有明确语义的区域，并使用检测框标注其位置。由于大多数图像都包含了不同类型的多个物体，将图像中具有明确语义信息的物体进行定位并标注类别，成为计算机视觉中非常重要的任务。物体检测的发展经历了传统方法时期和深度学习时期两个主要阶段。早期的传统物体检测方法大多采用固定大小的滑动窗口来搜索可能包含目标物体的区域，其检测方法依赖于手动设计的特征，并使用线性或简单非线性模型进行分类。随着深度学习在计算机视觉领域的广泛应用，物体检测方法的性能得到了飞跃性的提升。新的物体检测方法使用高度非线性的深度神经网络对图像进行建模，并基于高层特征判断某个区域是否包含物体以及该物体的类别。此外，深度学习方法将所有的组件集成在一个端到端模型中，提升了模型的可用性。

目前基于深度学习的物体检测方法主要分为两个类别：二阶段方法（Two-stage）和一阶段（One-stage）方法。二阶段方法的首先使用一个候选框网络（Region Proposal Network，RPN）生成可能存在目标物体的候选区域（Proposal Region）。然后使用深度神经网络提取每个候选区域的特征，并对这些特征进行分类和边框校准，最终完成物体检测任务。二阶段方法的发展经历了多个里程碑方法，包括 R-CNN、SPPNet、FastR-CNN 和 MaskR-CNN 等。这些方法能够实现较高精度的物体检测，但其耗时较长，而且涉及两个阶段、多个任务和协同优化过程，比较复杂。为了克服这些问题，一阶段方法应运而生。一阶段方法将物体检测任务建模为一个端到端的过程，直接从图像中预测物体的类别和边框。这种方法通常在特征图上铺设密集的锚点并基于锚点位置提取多尺度特征来实现对不同尺寸和形状的物体的检测。一阶段方法的代表性工作包括 YOL 和 SSD 等。这些方法具有较高的检测速度，并且能够应对大多数检测任务。总的来说，二阶段方法和一阶段方法是当前深度学习物体检测的两个重要方向。二阶段方法在精度上表现优秀，但速度较慢且流程较为烦琐；一阶段方法具有较高的检测速度和简单的流程，适用于实时应用。随着技术的不断进步，这两种方法都在不断演进和改进，为物体检测领域带来了更高的性能和更广泛的应用。

锚框（Anchor）是物体检测的重要机制，其通过显式或隐式的方式创建具有不同尺寸、长宽比的检测框，然后对锚框中的内容进行分类或回归。但是锚框的生成不仅需要大量的计算量，而且超参数的选取还严重依赖先验知识且影响泛化性能。因此，近年来无检测框方法（Anchor-Free）流行开来。CornerNet 是典型的无检测框方法，通过回归检测框的两个对角线角点位置来简化了任务，并取得了不错的性能。YOLOX 引入了解耦头实现了物体检测的分类和回归任务的解耦，提高了检测器的性能。CenterNet 在 CornerNet 的基础上，每个检测框用一个中心点和一对对角点坐标来表示，提高了检测框检测的效率。

（三）图像分类

图像分类是利用图像的颜色特征、纹理特征、形状特征和空间关系特征自动对图像进行分类的技术。它满足了人们在各种应用场景下的多样需求，并广泛应用于医疗保健、农业、监控和跟踪等不同领域。该任务依赖于庞大的数据以及强大的分类模型，以便为用户提供更好的应用，用于索引、检索、组织和与这些数据进行交互。为此，研究人员创建了一个大规模的标注图像数据集 ImageNet，极大地推动了计算机视觉的发展。由于图像分类是计算机视觉的最具代表性的基础任务，因此在后续的算法、模型等创新中被视为主要攻克的难点。

在深度学习出现前，图像分类重点关注底层视觉特征提取，主要包含纹理特征与形状特征两部分。纹理特征反映了物体表面结构的排列方式及像素在周围领域的分布规则。例如，灰度共生矩阵通过纹理区域的距离和方向特性来区分图像中不同的纹理。SVM-KNN 考虑粒度、对比度、粗糙度、方向性、均匀性和线型等六个视觉属性作为纹理特征来识别图像。而形状特征反映了图像中各物体或图形所包围的区域，并突出了轮廓边界特征。例如图像识别可从形状的轮廓和区域特征或两个特征相结合采用 Sobel、Roberts 等算子进行图像的边缘检测与识别。然而，手工特征表达能力有限，还无法对海量类别进行稳定分类。

深度学习的提出极大地推动了图像识别的发展，AlexNet 相比传统 CNN，采用 ReLU 代替了传统的 Tanh 或者 Sigmoid，并提出临近像素归一化来提升网络性能。VGGNet 继承 AlexNet 的特点，同时采用了更小的卷积核堆叠来代替大的卷积核，并且网络更深。GoogLeNet 提出 Inception 结构扩大整个网络的宽度和深度。ResNet 提出残差模块，解决网络深度导致难以收敛的问题。随着更大规模的 ImageNet 数据库和更成熟的网络结构被提出，图像分类的性能屡创新高。

近年来，为了获取更通用的视觉特征，出现了视觉预训练大模型的概念。其目标是在大规模无标签数据集上对深度神经网络模型进行无监督预训练，获取图像的通用表征，并在图像分类、图像分割、目标检测等下游任务上进行微调，从而获得比直接训练更高的性能。代表性的自监督学习方法包括 MoCo、SimCLR、MAE 等。其中，MoCo（Momentum Contrast）是一个自监督学习的系列方法。MoCoV1 提出了一种新的对比损失函数，用于训练图像特征提取器。MoCoV2 在 MoCoV1 的基础上引入了一个记忆池（Memory Bank）机制，用于存储历史特征向量。MoCoV3 在 MoCoV2 的基础上引入了 Transformer 结构，以更好地处理图像序列。SimCLR 使用 batch 内全部样本作为负例，并使用了更多的数据增强。MAE（Masked Autoencoder）遮盖输入图像的随机块并使用深度神经网络重建缺失的像素。其中，Encoder 将输入编码为隐含表示，而 Decoder 则从隐含表示中重建原始图像信号。无论是 MoCo、SimCLR 还是 MAE，它们都旨在利用大规模数据集学习通用的特征表示，并提高模型在下游视觉任务中的性能。

（四）图像分割

图像分割是一类密集预测任务，它要求对输入图像中的每个像素进行预测标签，并根据所需的标签进行分类。根据标签的不同，图像分割可以分为三个子任务：①语义分割，要求为每个像素提供类别标注；②实例分割，仅针对图像中的前景物体（如行人、汽车等），要求在给出类别标注的同时，区分出同类别的不同物体；③全景分割，结合了语义分割和实例分割，对前景物体执行实例分割，对背景物体（如道路、天空）执行语义分割。

尽管这些子任务有相似的目标，但发展出了不同的深度学习方法。首先，语义分割被视为逐像素分类任务，借鉴图像分类任务中的方法，将每个像素视为一个分类对象进行分类。全卷积网络 FCN 通过移除分类网络中的全局池化层，并将全连接层替换为卷积层，在端到端的网络中首次实现了语义分割。随后的研究主要集中在提高特征图的分辨率和增强特征的语义信息。高分辨率可以提高物体边缘分割的准确性，而强大的语义信息有助于提高分类的准确率。U-Net、HRNet 等网络通过融合层次化特征的形式，将不同分辨率的特征融合，获得高分辨率且语义信息较强的特征；PSPNet、OCRNet 则分别引入金字塔池化模块以及注意力模块，将全局信息融入已有特征中，从而增强语义信息。其次，实例分割则更多地被视为目标检测的进阶任务，在检测出目标的基础上提供目标物体的详细轮廓信息。相关的方法也多由目标检测的方法发展而来。例如，MaskR-CNN 首先采用 FasterR-CNN 进行目标检测，再在每个候选区域中引入一个分割网络分割出目标掩码。SOLO 则延续了目标检测中 YOLO 网络的一阶段（One-stage）法思路，直接从图像特征中回归出实例的类别以及掩码。最后，全景分割任务作为最难的分割任务，其网络通常采用双支路设计。例如 PanopticFPN、UPSNet 及 Panoptic-DeepLab 等方法使用两条支路分别实现语义分割与实例分割，再用过将二者的分割结果结合产生全景分割。Mask Former 是图像分割迈向统一的一个里程碑式的工作，它舍弃了语义分割的逐像素分类思想，通过在图像中分割出对象掩码，并对每个目标进行分类的形式完成语义分割，从而将语义分割与实例分割纳入了一个统一的框架下。

无监督大模型在分割任务上也取得了可观的进展。这些大模型首先在大型数据集上对模型进行无监督预训练，以提取图像特征，然后使用一个在特定数据集上额外训练的轻量掩码解码器来完成图像的分割，部分模型直接选择使用简单的线性解码器来验证模型的分割能力，而 Mask Former 以其通用性以及强大的分割能力，是大模型获取高精度分割结果的常用掩码解码器选择。DINO 系列模型采用了一种自蒸馏的训练方式，在分类数据集上获得了优于监督训练的特征表示。BEiT 系列模型则通过引入自然语言处理领域的掩码数据建模（Mask Data Modeling）任务进行自监督预训练。BEiT 的最新版本进一步加入了多模态信息，利用大量的图像 – 文本对数据进行联合训练，在包括图像分割在内的多个视觉相关任务中展现出了强大的性能。SAM 模型引入了提示符（Prompt）机制，利用文本、边界框、坐标点等其他模态的信息作为提示，在一对多的图像 – 掩码对上进行预训练，实现了交互式的图像分割。

（五）三维重建

三维重建是从三维物体在二维平面上的投影信息恢复三维结构的过程，可以看作是相机成像的逆过程。根据输入的形式，三维重建可以分为单目三维重建、多视角三维重建和以深度图为辅助的三维重建等。

由于二维图像的亮度、纹理等同样蕴含着可用于三维重建的有用的信息，因此基于单张图像进行三维重建的单目三维重建时可能的。早期相关研究者借此提出了三维重建的光测度法，其主要思想是利用像素点的亮度变化来恢复三维结构，最经典的算法是于上世纪七十年代提出的 Shape from Shading，它建立了物体表面形状与光源、图像之间的反射图方程，引入了物体表面平滑约束假设，可以通过单幅图像的灰度明暗来计算三维形状，此外也有从纹理恢复形状（Shape from Texture）、从焦点恢复形状（Shape from Focus）等方式，这些方法一般统称为 Shape from X。2005 年前后，Saxena 等将参数学习法应用到单目深度估计中，使用马尔科夫随机场（Markov Random Field，MRF）建模输入图像和深度之间的映射关系。此外，对于人脸、人体重建等特定物体的重建任务，由于这些三维形状蕴含着丰富的先验信息，一些算法借助对先验信息的建模，如 3D Morphable Models 等，仅从单张图像就能恢复出较好的三维表示。多视几何以针孔成像模型为基础，通过建模射影变换下三维点与图像点的对应关系，探索相关的约束理论和重建手段。其中包含若干重要的子任务：匹配不同视角下图像的一致点、相机内参数（如焦距、光轴、像平面的交点等）和外参数（如相机位置、朝向等）估计，以及相机畸变矫正。分层三维重建进一步将射影几何的方法具体化和规范化，它认为从多视角恢复三维信息需要经过射影重建、仿射重建和度量重建三个阶段。分层三维重建的每一步需要确定的未知变量个数相对较少，因此重建过程的鲁棒性相对更高。随着技术的不断发展，人们获取含有三维信息的手段也越来越多样，深度相机的广泛应用促进了深度图为辅助的三维重建算法的发展，深度相机得到的图像包括场景中的点的彩色 RGB 值，以及每个点到相机的距离值（Depth），因此这种图像也被称为 RGB-D 图像，以深度图为辅助的三维重建方法需要解决不同视角或不同时序下 RGB-D 数据之间的对应关系，微软在 2011 年发表的 Kinect Fusion 使用迭代最近点（Iterative closest point，ICP）方式对不同视角下的 RGB-D 数据进行匹配，Kinect Fusion 是最早使用 RGB-D 相机进行实时稠密三维重建的算法，其后续也有许多扩展和改进，如 Kintinuous、Elastic Fusion 等。

近年来，随着三维数据的大幅增加和深度学习算法的不断发展，三维重建方法正朝着数据驱动和隐式建模等方向迅速发展。在单目深度估计领域，深度学习模型和大数据驱动的监督学习方式能够将三维先验信息更好地融入算法流程中，Eigen 等利用两个卷积神经网络来对深度的 Coarse 和 Fine 特征进行估计，输出深度图，Bhat 等将深度估计任务转换为分类任务，利用 Transformer 框架预测深度。3D-R2N2 提出了 3D-LSTM 框架对不同视角图像进行编码，并使用 3D-CNN 解码进行三维重建，输出体素表示，可进行单目或多视角三维重建，Vis Fusion 使用带有位置信息的单目视频作为算法输入，随着视频帧的不断加入，该算法可以不断地对重建出的三维场景进行细化。MVSNet 开创了多视角立体视觉（Multiple View Stereo，MVS）与深度学习相结合的先河，该方法基于 Cost Volume 的双目立体匹配，提出了一种从多视角图像推断深度图的方法，并出现了多项改进工作，如 Cascade、EPP-MVSNet 等。随着图形学渲染方法的发展，特别是可微渲染器的不断涌现和隐式场景表示的提出，神经辐射场 NeRF 被提出。对于特定三维场景，使用带有相机标定的二维图像作为监督信息，训练具有隐式三维表征的深度神经网络使其能够渲染出训练集中视角的图像，并对该场景其他视角下的图像进行插值。该方案等价于使用神经网络参数对三维场景进行隐式建模。最初 NeRF 框架仅能对单一场景进行表示，泛化性差、依赖大量的多视角图像并且渲染速度较慢，针对这些问题，pixelNeRF 使用从图像提取的特征作为 NeRF 的输入，更好地将场景的先验知识融入到框架中，能够使用单张或少量视图建立神经辐射场。MVSNeRF 将 Cost Volume 与 NeRF 框架结合，可以将神经渲染有效地泛化到不同场景中。ENeRF 将 NeRF 扩展到动态场景中，可以相对快速地渲染出足够逼真的自由视点视频。近年来三维重建与大模型、多模态的结合也成为当前研究的热点问题。例如，DINO-v2 预训练大模型就在单目深度估计等任务上表现出有效性，其在深度估计中展现出的良好的泛化性也预示了三维重建与大规模预训练模型相结合的光明前景。

三、相关应用研究

（一）自动驾驶

自动驾驶指的是依赖于人工智能、视觉计算、雷达、定位等组建组成的复杂的自动控制系统，其可使车载电脑在不依赖人类控制或则较少人类控制情况下，安全地操作机动车辆。目前，工业界对汽车的自动驾驶能力，根据强弱可以划分为一级（L1）到五级（L5）五个级别，等级越高越代表着越强的自动驾驶能力、越少依赖人类的干预。比如，一级指的是仍然由人类主要控制驾驶，电脑仅起简单的辅助作用，承担诸如自动泊车、定速巡航等简单任务；五级则指的是完全由电脑进行控制和驾驶。

感知模块在自动驾驶中承担着眼睛的作用，主要负责为下游提供道路信息、交通信号信息和障碍物的位置、速度信息。在当前阶段，感知模块根据技术路线的差异，可以分为纯视觉路线和以激光雷达为代表的多传感器融合路线。纯视觉路线的主要代表公司为特斯拉，该路线的优势是价格便宜；缺点则是缺少深度信息，需要使用深度估计算法，鲁棒性不足。后者的主要代表则是 waymo、百度等公司，其可以依赖于激光雷达、毫米波雷达和摄像头等多个传感器进行感知，再对各个传感器的感知结果融合后传递给下游。多传感器融合路线的主要优点是鲁棒性较好、精度较高，特别是当一个传感器出现硬件失灵或者算法误检时，其他不同模态的传感器可以作为冗余项；而主要缺点则是价格昂贵。上述的两种不同的技术路线都依赖于计算机视觉技术在其中的应用。

近年来，针对自动驾驶中的实际问题的计算机视觉研究越来越多。例如，BEVIPM 中基于路面与世界坐标系的相对高度为 0 和自车坐标系位置的假设，提出从透视图转换到鸟瞰视图（BEV）的图像变换算法，使得可以在 BEV 空间上进行物体的检测；类似的思路也出现 Orthographic Feature Transform 算法中，区别是其是在特征层面进行这种变化，并之后在 BEV 特征空间上进行 3D 物体的检测。

除了 BEV 为代表的 2D、3D 图像转换算法，另一类在感知 2D 图像和 3D 空间中建立联系的思路是依赖于深度估计的算法。最近的代表性工作是 Pseudo-LiDAR，其方法认为传统的深度估计中，仅将估计的深度当成 RGB 以外的另一个通道（即由 RGB 变成 RGB-D）存在缺陷，这种信息表示方法使得卷积神经网络对远方障碍物和部分障碍物的边缘部分的特征提取存在问题。因此 Pseudo-LiDAR 方法提出可以采用和真实 LIDAR 点云数据一样的思路来处理深度估计数据，再使用点云和图像的融合算法来进行 3D 的检测。受到 Pseudo-LiDAR 的启发，一大批扩展方法相继被提出，推动了深度估计算法的进一步发展，比如 Pseudo-LiDAR++、Pseudo-LidarEnd2End 和 RefinedMPL 等算法。

除了上述的鸟瞰视图（BEV）、深度估计等方法，对障碍物检测的 3D 检测的方法还可以考虑先验信息在其中的作用。这是因为常见的交通参与者比如人、汽车等都存在着明确的先验知识信息。例如，人体关节点的相对位置和距离服从人类身体规律；车辆作为刚体各个关节点见的位置是固定的。对此，DeepMANTA 同时检测汽车及其关节点，再利用提取到的关节点和现有的 3D 模型进行匹配，并选取其中最接近的 3D 模型当成其检测结果。3D–RCNN 则和 DeepMANTA 不同，直接从目前已有的 3D 模型出发，通过参数搜索找出其与目标图像最近的模型，其缺点是这种直接的搜索可能面临较大的搜索空间，所以常常降低维度并在低维上进行操作。Monoloco 则针对更加挑战性的行人数据，根据行人不同关节点间的距离来辅助深度估计。

随着计算机视觉领域的持续发展，其在自动驾驶中将扮演着越来越大的作用，同时面对更多的实际业务挑战。相信在不远的未来，可以看见更多自动驾驶在现实生活中的广泛应用。

（二）安防监控

计算机视觉技术在安防监控领域的应用不断发展，为提高监控系统的效率和准确性提供了新的解决方案。本部分简述了计算机视觉在安防监控中的主要应用，并探讨了相关技术和方法。通过对现有研究和实际应用的综合分析，展望了计算机视觉在未来的发展趋势。

随着社会的进步和技术的发展，安防监控在保护人员和财产安全方面发挥着重要作用。传统的安防监控系统往往依赖于人工操作和视频录像回放，效率低下且容易受主观因素影响。然而，计算机视觉技术的迅速发展为安防监控带来了新的解决方案，实现了自动化、智能化和高效率的监控系统。计算机视觉在安防监控领域的关键技术包括视频分析与处理、人脸识别技术和行人重识别技术等。

视频分析与处理是计算机视觉在安防监控中的关键应用之一。通过图像处理和模式识别算法，计算机可以自动分析和理解监控视频中的内容，实现对异常事件和行为的检测和识别。视频分析与处理技术包括实时监测、移动物体检测、目标跟踪和行为分析等。例如，FairMot 算法将特征提取、目标检测和目标跟踪等步骤有机地结合在一起，能够有效应对多目标跟踪中的挑战，如目标交叉、目标遮挡和目标外观变化等。它在准确性和实时性方面都取得了较好的表现，并在多个视觉跟踪竞赛中取得了优异的成绩。这些技术可以帮助监控系统快速发现异常情况，提高反应速度和准确性。人脸识别技术是计算机视觉在安防监控领域的另一个重要应用。通过对监控视频中的人脸进行采集、提取和匹配，可以实现对陌生人和嫌疑人的自动识别。整个人脸识别系统通常由三个关键要素构成：面部检测、面部预处理和面部表示。例如 AdaFace 通过在损失函数中引入对图像质量的衡量来强调不同的困难样本的重要性，有效地提高了人脸识别的准确性。人脸识别技术广泛应用于人员进出控制、公共场所安全监控等领域，提高了安全性和便利性。

行人重识别技术是计算机视觉在安防监控领域中的一项关键技术，旨在解决在多个监控摄像头中准确识别和匹配行人的问题。该技术的目标是通过对行人外貌特征的提取和比较，实现在不同场景、不同摄像头下的行人身份重识别。行人重识别的过程通常包括行人特征提取、特征表示学习和行人匹配检索三部分。例如 LUP 通过在大量行人相关视频数据上进行预训练，学习到了一个鲁棒的行人表征，极大地提高了一系列行人重识别算法的性能。行人重识别技术的应用广泛，包括安防监控、人员管理、智能交通等领域。它可以帮助监控系统快速准确地识别和追踪行人，提高安全性和效率。然而，行人重识别仍面临一些挑战，如光照变化、视角变化、行人遮挡等因素对识别性能的影响。因此，研究人员继续努力改进算法和技术，以提高行人重识别的准确性和鲁棒性。

虽然计算机视觉在安防监控领域取得了显著的进展，但仍面临一些挑战。其中之一是大规模视频数据的处理和分析。随着监控设备的普及和视频数据的增加，如何高效地处理和分析大规模的视频数据成为一个挑战。另一个挑战是隐私和安全性问题，如何在保护个人隐私的前提下，利用计算机视觉技术提供有效的安全监控。

计算机视觉技术在安防监控领域的应用为监控系统带来了许多创新和改进。视频分析与处理、人脸识别技术和行人重识别技术等关键技术已经取得了显著的进展。然而，仍需要解决大规模数据处理和隐私安全等挑战。未来将致力于解决这些挑战，并进一步推动计算机视觉在安防监控领域的应用和发展。

（三）医疗诊断

医疗诊断是医学领域中的一个关键过程，用于确定患者的疾病、病因和病情；通过医疗诊断，医生能够对患者的健康状况进行评估并制订相应的治疗计划。医生在诊断过程中依赖于丰富的临床经验、广泛的专业知识和敏锐的判断能力，这对于正确诊断和治疗患者至关重要。随着人工智能技术的快速发展，一些计算机视觉辅助手段逐渐在医疗诊断中崭露头角，为医生提供了一些更准确和高效的诊断支持。这些新技术通过处理大量的医学数据和图像，利用深度学习算法，能够帮助医生分析和解释复杂的医学信息，提供辅助诊断的意见和建议。

计算机视觉技术在医疗诊断上的典型应用有图像配准、图像增强与重建、病灶检测与分割、图像 3D 重建与可视化等。图像配准是将不同时间或不同模态的医学图像对齐，以便医生可以进行更准确的比较和分析。例如，在腹腔镜手术中，由于充气造成器官和腹壁的形变，需要利用图像配准技术将患者的解剖模型与实时的腹腔镜图像进行配准，为医生提供更多的诊断信息辅助手术进行。图像增强和重建，是利用计算机视觉技术改善图像质量和细节，提供更清晰的视觉信息；医学图像在成像过程中往往会因为传感器或人为因素引入一些噪声，这些噪声可能会影响医生的判断；利用图像增强和重建技术，除了去掉这些成像噪声，还可以对图像的视觉效果进行突出表现，这对于医生进行准确的诊断和评估非常重要。病灶检测是目标检测算法对医学图像中的异常进行分类和识别，例如肿瘤检测、病变分析和结构定位；通过训练模型来识别图像中的异常区域，医生可以更快速地发现病变并做出诊断；而图像分割算法则可以帮助医生定位和分割医学图像中的特定结构或病变。病灶检测与分割技术被广泛应用，例如利用 CT 图像自动检测新冠肺炎，在 CT 扫描中分割肺部结节、在眼底图像中检测和定位视网膜病变等。图像 3D 重建与可视化指通过三维重建算法，获取患者的三维解剖结构模型，从而使得医生能在虚拟环境中进行可视化和操作，这可以帮助医生进行手术规划、模拟和培训。

计算机视觉技术与医生的专业知识相结合，能够提供更准确、快速和个体化的诊断支持，为患者的治疗提供更好的结果，有着巨大的发展潜力。随着各种大模型、跨模态、可交互技术的发展，计算机视觉技术将继续推动医疗诊断的进步，形成智能诊断系统，使得安全可靠的远程医疗成为可能，造福医生与患者。

（四）游戏与娱乐

游戏是一种交互式的娱乐方式，计算机视觉技术可以为游戏提供更为丰富的交互方式。视频动作捕捉技术可以通过摄像头对玩家的动作进行实时捕捉，结合 VR、AR 技术可以为玩家提供更加沉浸的交互体验。计算机视觉中的生成式模型的发展可以大大助力游戏、影视等娱乐内容的生产效率。利用扩散生成模型，如 Stable Diffusion，设计师可以通过提示词获取大量初始设计方案，再进行选取优化，借助 Control Net，可使用草稿生成设计方案。利用神经辐射场模型，可以通过 2D 图像生成 3D 模型，用于游戏和影视建模。利用生成对抗模型，可以对图像进行语义化的编辑，也可对图像和视频的风格进行快速转换。利用计算机视觉技术可以对视频内容进行分析，协助采用用户生产内容模式的视频平台更好地管理视频内容。视频描述技术可以对视频生成语言描述总结，实现对用户的精准推送。视频行为检测技术可以对视频中的行为进行识别，帮助视频内容审核迅速排除具有不良行为的视频。

四、未来研究的挑战

随着深度学习、神经网络和图像处理技术的发展，计算机视觉在未来的发展前景十分强劲。计算机视觉正在广泛应用，从医疗保健到零售再到安全系统，并在未来拥有巨大的前景。然而，该领域也面临着重大挑战，包括道德考虑、数据偏差、对抗性攻击和硬件限制。

参考文献

［1］ Youngseok Kim and Dongsuk Kum. Deep learning based vehicle position and orientation estimation via inverse perspective mapping image. In 2019 IEEE Intelligent Vehicles Symposium（Ⅳ）, pages 317–323. IEEE, 2019.

[2] Thomas Roddick, Alex Kendall, and Roberto Cipolla. Orthographic feature transform for monocular 3d object detection. arXiv preprint arXiv：1811.08188, 2018.

[3] Yan Wang, Wei-Lun Chao, Divyansh Garg, Bharath Hariharan, Mark Campbell, and Kilian Q Weinberger. Pseudo-lidar from visual depth estimation：Bridging the gap in 3d object detection for autonomous driving. In Proceedings of the IEEE/CVF Conference on Computer Vision and Pattern Recognition, pages 8445–8453, 2019.

[4] Yurong You, Yan Wang, Wei-Lun Chao, Divyansh Garg, Geoff Pleiss, Bharath Hariharan, Mark Campbell, and Kilian Q Weinberger. Pseudo-lidar++：Accurate depth for 3d object detection in autonomous driving. arXiv preprint arXiv：1906.06310, 2019.

[5] Xinshuo Weng and Kris Kitani. Monocular 3d object detection with pseudo-lidar point cloud. In Proceedings of the IEEE/CVF International Conference on Computer Vision Workshops, pages 0–0, 2019.

[6] Jean Marie Uwabeza Vianney, Shubhra Aich, and Bingbing Liu. Refinedmpl：Refined monocular pseudolidar for 3d object detection in autonomous driving. arXiv preprint arXiv：1911.09712, 2019.

[7] Florian Chabot, Mohamed Chaouch, Jaonary Rabarisoa, Céline Teuliere, and Thierry Chateau. Deep manta：A coarse-to-fine many-task network for joint 2d and 3d vehicle analysis from monocular image. In Proceedings of the IEEE conference on computer vision and pattern recognition, pages 2040–2049, 2017.

[8] Abhijit Kundu, Yin Li, and James M Rehg. 3d-rcnn：Instance-level 3d object reconstruction via render-and-compare. In Proceedings of the IEEE conference on computer vision and pattern recognition, pages 3559–3568, 2018.

[9] Lorenzo Bertoni, Sven Kreiss, and Alexandre Alahi. Monoloco：Monocular 3d pedestrian localization and uncertainty estimation. In Proceedings of the IEEE/CVF international conference on computer vision, pages 6861–6871, 2019.

[10] Yifu Zhang, Chunyu Wang, Xinggang Wang, Wenjun Zeng, and Wenyu Liu. Fairmot：On the fairness of detection and re-identification in multiple object tracking. International Journal of Computer Vision, 129：3069–3087, 2021.

[11] Minchul Kim, Anil K Jain, and Xiaoming Liu. Adaface：Quality adaptive margin for face recognition. In Proceedings of the IEEE/CVF Conference on Computer Vision and Pattern Recognition, pages 18750–18759, 2022.

[12] Dengpan Fu, Dongdong Chen, Jianmin Bao, Hao Yang, Lu Yuan, Lei Zhang, Houqiang Li, and Dong Chen. Unsupervised pre-training for person re-identification. In Proceedings of the IEEE/CVF conference on computer vision and pattern recognition, pages 14750–14759, 2021.

[13] Andre Esteva, Katherine Chou, Serena Yeung, Nikhil Naik, Ali Madani, Ali Mottaghi, Yun Liu, Eric Topol, Jeff Dean, and Richard Socher. Deep learning-enabled medical computer vision. NPJ digital medicine, 4（1）：5, 2021.

[14] Alexander Buia, Florian Stockhausen, and Ernst Hanisch. Laparoscopic surgery：A qualified systematic review. World journal of methodology, 5（4）：238, 2015.

[15] Praveen Rai, Ballamoole Krishna Kumar, Vijaya Kumar Deekshit, Indrani Karunasagar, and Iddya Karunasagar. Detection technologies and recent developments in the diagnosis of covid-19 infection. Applied microbiology and biotechnology, 105：441–455, 2021.

[16] Botong Wu, Zhen Zhou, Jianwei Wang, and Yizhou Wang. Joint learning for pulmonary nodule segmentation, attributes and malignancy prediction. In 2018 IEEE 15th International Symposium on Biomedical Imaging（ISBI 2018）, pages 1109–1113. IEEE, 2018.

[17] Sehrish Qummar, Fiaz Gul Khan, Sajid Shah, Ahmad Khan, Shahaboddin Shamshirband, Zia Ur Rehman, Iftikhar Ahmed Khan, and Waqas Jadoon. A deep learning ensemble approach for diabetic retinopathy detection. Ieee Access, 7：150530–150539, 2019.

[18] Robin Rombach, Andreas Blattmann, Dominik Lorenz, Patrick Esser, and Björn Ommer. High-resolution image synthesis with latent diffusion models. 2022 ieee. In IEEE/CVF Conference on Computer Vision and Pattern

Recognition（CVPR），pages 10674-10685，2022.

[19] Lvmin Zhang and Maneesh Agrawala. Adding conditional control to text-to-image diffusion models. arXiv preprint arXiv：2302.05543，2023.

[20] Ben Mildenhall, Pratul P. Srinivasan, Matthew Tancik, Jonathan T. Barron, Ravi Ramamoorthi, and Ren Ng. Nerf：Representing scenes as neural radiance fields for view synthesis. In Andrea Vedaldi, Horst Bischof, Thomas Brox, and Jan-Michael Frahm, editors, Europ Conference on Computer Vision（ECCV），pages 405-421, Cham, 2020. Springer International Publishing.

[21] Huan Ling, Karsten Kreis, Daiqing Li, Seung Wook Kim, Antonio Torralba, and Sanja Fidler. EditGAN：High-precision semantic image editing. In Advances in Neural Information Processing Systems（NeurIPS），2021.

[22] Dongdong Chen, Lu Yuan, Jing Liao, Nenghai Yu, and Gang Hua. Stylebank：An explicit representation for neural image style transfer. In 2017 IEEE Conference on Computer Vision and Pattern Recognition, CVPR 2017, Honolulu, HI, USA, July 21-26, 2017, pages 2770-2779. IEEE Computer Society, 2017.

[23] Shaoxiang Chen, Ting Yao, and Yu-Gang Jiang. Deep learning for video captioning：A review. In International Joint Conference on Artificial Intelligence，2019.

[24] Elahe Vahdani and Yingli Tian. Deep learning-based action detection in untrimmed videos：A survey. CoRR, abs/2110.00111，2021.

撰稿人：张兆翔

语音处理的研究现状及发展趋势

一、最新研究进展

（一）听觉场景分析与语音增强

语音增强的目标是提高带噪语音的可懂度和感知质量，旨在降低回声、噪声和混响干扰的同时保持语音不失真，它对语音识别和语音通信等现实应用具有重要价值，是语音信号处理领域的一个重要研究课题。听觉场景分析是语音增强中一个非常经典的方法，它是Bregman 在 1990 年根据人类对声音信号的处理原理和认知心理学而首次提出的概念。人类听觉系统对语音信号的感知能力大大超过目前的信号处理水平，特别是在强噪声干扰下，人类能有选择地"听取"所需的内容，即所谓的"鸡尾酒会效应"。听觉场景分析是解决这一问题的关键技术。目前针对听觉场景分析的研究有两种方法：一种是从人的听觉生理及心理特征出发，研究人在声音识别过程中的规律，即听觉场景分析（auditory scene analysis，ASA）；另一种是利用计算机技术来模仿人类对听觉信号的处理过程，即计算听觉场景分析（computational auditory scene analysis，CASA）。计算听觉场景分析技术以听觉场景分析为机理，试图通过计算机模拟人耳对声音的处理过程来解决语音分离问题，是一种结合人类听觉特性语音增强方法。Weintraub 博士最早提出了计算听觉场景分析系统，实现了两个说话人的语音分离。这个系统基于频谱的周期性及时间连续性线索，利用两个说话人的基音包络对时频（time frequency，TF）单元进行组织，最后利用二值掩蔽从输入的混合语音信号中提取出目标语音信号。接着，英国谢菲尔德大学的 Cooke 提出了利用CASA 进行目标语音和噪声信号分离即语音降噪的技术。该方法主要是利用相邻 TF 单元在瞬时频率或者幅度调制率相似性以及频谱结构的连续特点，从而可以将独立的 TF 单元合并成同步流片段，最后利用基音作为线索对同步流片段进行组织，所以可以实现语音和噪声分离的功能。此后，在 Cooke 语音分离系统的基础上，Brown 在 CASA 系统中引入了共同起止语音点。2004 年，Hu 和 Wang 对不同的频段采用不同的处理方法的技术，具体来说就是针对高频非确定谐波和低频确定性谐波采取不同的处理策略，该系统显著提高了语音分离的性能，特别是高频段的语音分离，进一步推动了 CASA 技术的发展。上述的方法能够实现具有谐波结构的浊音段的分离，很难处理没有明显谐波结构的清音部分，Shao等提出基于起止音的分割和基于模型的组织有效地实现了清音部分的分离。相对于其他的语音增强方法，CASA 对噪声没有任何假设，具有更好的泛化性能。然而，CASA 严重依赖于语音的基音检测，而在噪声环境里，语音基音检测通常是非常困难的，另外，由于缺乏谐波结构，CASA 很难处理语音中的清音成分。

从二十世纪六十年代开始，语音增强开始得到广泛关注。随着电子计算机技术和数字信号处理技术的发展，语音增强的研究在七十年代达到了一个快速发展阶段，并取得了一些阶段性的研究成果。1978 年，Lim 和 Oppenheim 提出了基于维纳滤波的语音增强算法。1979 年，Boll 提出基于最大似然准则的谱减法语音增强算法，该方法使用噪声的平均谱来估计含噪语音段的噪声信号，通过谱减法可以对加性噪声进行抑制。该方法是在平稳噪声环境下或是缓慢变化的噪声环境下且语音信号与噪声互相关系数为零的前提下提出的，虽然背景噪声可以得到有效的抑制，但是它对音乐噪声抑制情况并不理想，主要原因是由于谱减法中噪声信号局部平稳的假设跟实际环境有所差异。八十年代，机器人和模式识别领域的发展推动了语音增强技术的迈进，期间 Maulay 和 Malpss 提出了软判决噪声抑制法，该算法对语音增强技术的发展产生了较为深远的影响。Ephraim 和 Malah 在 1984 年提出了基于最小均方误差估计（minimum mean square error，MMSE）的语音增强算法。这类方法将统计建模的思想应用于语音增强，在一定程度上克服了谱减法的不足。九十年代，语音识别与移动通信技术的不断发展为语音增强的研究提供了更多的需求和动力，相继出现了一些语音增强方法：基于信号子空间的语音增强算法、基于小波变换的语音增强方法、基于离散余弦变换的语音增强方法、基于人耳听基于人耳听觉掩蔽效应的语音增强方法等。这些方法在某些环境下可以改善语音增强算法的性能，但是在非平稳噪声环境下的性能仍然难以达到满意的效果。此外，随着盲源分离技术的发展，将语音信号和背景噪声作为源信号，通过信号分离的方式来达到语音增强目的，这类方法也得到了越来越多国内外学者的关注，基于非负矩阵分解的语音增强方法，至今仍然是语音增强领域的研究热点。但是这类方法通常计算复杂度较高，因此难以在实际的语音通信系统中得到应用。进入二十一世纪，随着语音信号处理技术的不断成熟，又相继提出了许多新的语音增强算法，如 Pailwal 将卡尔曼滤波器的思想应用到语音增强领域、Ephraim 提出了基于隐马尔可夫模型的语音增强算法。基于人工神经网络的方法在语音增强和语音分离中也得到了广泛的应用。基于数据驱动的语音增强方法可以自动学习得到带噪语音和安静语音之间的映射关系，但是这类算法在不同噪声环境下的鲁棒性难以提升。这些方法计算复杂度相对较低，但是难以有效抑制非平稳干扰。基于麦克风阵列的语音增强方法可以有效增强目标方向的语音，但通常受限于麦克风阵列的结构。非负矩阵分解（nonnegative matrix factorization，

NMF）算法是另一类语音增强方法，它通过矩阵分解的方式分离出有效的语音成分，去除干扰信号。这类方法的缺点是计算复杂度相对较高。2013 年以后，随着深度学习的成功，基于深度学习的单通道语音增强方法也越来越流行。汪德亮等人利用深度神经网络去学习时频域的声学特征和目标掩蔽值之间的映射，有效提升了语音增强算法的性能。李锦辉等人提出了另一种基于深度学习的语音增强方法，利用深度神经网络建立噪声信号的幅值谱和干净目标语音的幅值谱之间的映射关系。近几年，循环神经网络、卷积神经网络和对抗网络等网络结构也应用于语音增强中，并且都取得了较好的效果。同时，为了进一步提升语音增强的性能，近年出现了基于端到端的语音增强方法，其直接利用时域的波形点作为特征来进行语音增强。这类方法可以很好地解决以前方法中增强后幅值谱和相位谱不匹配的问题。基于深度学习的语音增强方法可以有效抑制复杂场景下噪声、混响、人声等干扰。

（二）语音识别

语音识别是指利用计算机，自动地将人类的语音转换为其对应的语言符号的过程。语音识别是人类和计算机利用语音进行交互的基础性技术，也作为人工智能的代表性技术出现在众多科幻作品中。早在 20 世纪 50 年代初期，研究工作者便开始尝试研究自动语音识别技术，迄今为止已有六十多年的历史。五十年代，学者们侧重于研究声学语音学在自动语音识别系统中的应用。贝尔实验室的 Davis 等于 1952 年成功研制出了世界上第一个能识别十个英文数字的识别系统 Audry。1956 年，美国无线电公司（radio corporation of America，RCA）实验室的 Olson 和 Belar 独立研发出能识别十个音节的识别系统。英国研究人员 Fry 于 1959 年开发了音素识别系统，该系统可识别四个元音和九个辅音。同年，麻省理工学院（MIT）的林肯（Lincoln）实验室开发了能识别十个元音的系统。上述系统均只适用于特定说话人的孤立语音，采用模板匹配的方法在模拟电子器件上实现。由于当时理论水平和计算能力不够成熟，导致自动语音识别系统并未获得明显的成功。六十年代，三项重要研究成果的出现推动了自动语音识别技术的发展。第一，RCA 实验室的 Martin 等解决了语音事件中时间尺度的非均匀性问题。Martin 等提出的时间归一化方法能可靠地检测出语音的开始和结束，有效地降低识别结果的可变性。第二，苏联学者 Vintsyuk 提出了基于动态时间规划（dynamic programming，DP）的动态时间规整（dynamic time warping，DTW）技术，并将该技术应用于语音识别系统中。这种算法有效地解决了特定说话人孤立词识别中语速不均和不等长匹配问题，对于中小词汇量的孤立词识别问题亦能取得较好的效果。第三，卡内基梅隆大学（carnegie mellon university，CMU）的 Reddy 开展了一项开创性的工作，提出将基于音素的动态跟踪方法应用于连续语音识别系统中。七十年代，自动语音识别研究取得了若干项具有里程碑式意义的成果。第一个里程碑式的成果是孤立词识别系统已达到可实用的程度，来自俄罗斯、日本和美国的学者做出了杰出的贡献。俄罗斯的 Velichko 和 Zagoruyko 在语音识别技术中运用了模式识别的思想，日本的 Sakoe 和 Chiba 所做研究则展示了如何将 DP 技术成功应用于语音识别系统，美国的 Itakura 亦在语音识别系统中有效地运用线性预测编码（linear predictive coding，LPC）技术。第二个里程碑式的成果是国际商业机器公司（IBM）在大词汇量的语音识别任务中获得巨大成功。最后一个里程碑式的成果是美国电话电报公司（AT&T）贝尔（Bell）实验室开始尝试研制说话人无关的语音识别系统。八十年代，基于统计建模的语音识别技术已逐渐取代了基于模板匹配的方法，最具代表性的统计建模技术是隐马尔科夫模型（hidden Markov model，HMM）。八十年代早期，只有 IBM、美国国防部研究所等为数不多的几个研究机构掌握 HMM 的原理。直至八十年代中期，有关 HMM 理论的书籍出版后，该技术才广泛应用于世界各地的语音识别系统中。到了八十年代末期，已有学者尝试研究基于神经网络的声学建模技术。在美国国防部高级研究计划署的赞助下，大词汇量的连续语音识别荣获佳绩，很多机构研发出了各自的语音识别系统，例如，CMU 的 SPHINX 系统和 BBN 科技公司的 BYBLOS 系统。九十年代，语音识别技术发展较为缓慢，这一时期几乎全是基于 HMM 的方法，但是基于 HMM 的自适应技术成绩斐然。针对由说话人差异导致识别性能下降这一问题，Gauvain 等和 Leggettter 等分别提出了最大后验（maximum aposterior，MAP）和最大似然线性回归（maximum likelihood linear regression，MLLR）说话人自适应算法。此外，大量研究机构和科技公司开源了语音识别工具的代码，其中最具代表性的是英国剑桥大学的隐马尔可夫工具包（Hidden Markov Toolkit，HTK）。二十世纪初期，基于高斯混合模型（Gaussian mixture model，GMM）和 HMM 的声学建模框架以及区分性训练技术推动了语音识别技术的蓬勃发展。Welling 等提出了在 GMM–HMM 框架下的说话人自适应训练技术。另外，Povey 等提出了子空间高斯混合模型（subspace Gaussian mixture model，SGMM）模型，SGMM 与 GMM 相比，其结构更紧凑。在区分性训练方面，Juang 教授等提出了最小分类误差准则（minimum classification error，MCE），Povey 等提出了最小音素错误（minimum phone error，MPE）和增强的最大互信息准则（boosted maximum mutual information，BMMI）等。在解码方面，比较经典的研究成果是 Mohri 等将加权有限状态转换机（weighted finite state transducer，WFST）用于构建语音识别系统的搜索空间。2010 年之后，随着深度学习的兴起，自动语音识别技术取得重大突破。2011 年，微软的俞栋等将深度神经网络（deep neural network，DNN）成功应用于语音识别任务中，在公共数据集（switch board，SWBD）上的词错误率（word error rate，WER）相对下降了 30%。近年来，随着各种深度神经网络模型的提出以及语音识别开源工具 Kaldi 的发布，促使语音识别系统在公共数据集上的 WER 不断降低。联结主义时序分类（connectionist temporal classification，CTC）被提出用于端到端声学模型，该模型摒弃了隐马尔可夫模型，直接对声学特征进行建模，不仅克服了高斯混合模型 – 隐马尔科夫模型生成强制对齐信息带来的误差，而且简化了声学模型的训练步骤。在语言模型方面，早期的语言模型采用基于马尔可夫假设的 N 元语法语言模型；近年来，基于循环神经网络的语言模型将上下文信息编码为隐变量，理论上可以记忆无限长的上下文信息，精度相比 N 元语法大大提升。近几年，一系列完全采用深度神经网络的端到端语音识别系统被很多学者关注。相比于非端到端系统，端到端系统语音语言联合建模，体积更小，便于应用在终端，并且还可以大大简化训练流程。端到端语音识别模型主要可以概括为两类：基于注意力机制的编码器解码器模型（attention base dencoder-decoder models，LAS）和循环神经网络转换器（recurrent neural network transducers，RNN-Transducers）。2015 年，LAS 被提出声学特征编码为隐变量，然后利用条件化的语言模型逐字地生成标注序列。2018 年学者提出 RNN-Transducers 利用多层感知机融合声学预测和语言预测，训练时极大化所有可能的对齐情况，这种模型的优点是可以实时解码。但是这种端到端模型不能进行流式解码，2019 年，基于自注意力机制的编码器解码器模型（self-attention transducers，SA-Transducers）被提出用于解决这个问题。此外，端到端模型需要大量语音－文本成对数据训练模型才能实用，但语音数据标注成本较高，因此基于额外语言模型进行重打分的融合方法、基于合成数据的方法，以及迁移学习的方法被提出，用以从大规模纯文本数据中的知识提升模型效果。近年来基于自监督学习的预训练语音识别证明是一种较为有效的方法，比较与基于 Wav2Vec。

（三）语音合成

语音合成又称为文语转换（text-to-speech，TTS），指从文本信息到语音信号的转化过程，其主要目标为让机器会更加拟人地说话。语音合成技术起源于十八世纪，发展至今已有两百多年，按时间顺序，语音合成的发展大致经历了机械式、电子式以及计算机的语音合成等三个阶段。机械式语音合成器的研究起源于欧洲，最早的语音机器是由 Von Kempelen 于 1780 年制造的。它完全是机械式的，通过风箱向簧片送气来模拟声带的振动。声道是用一段软的橡胶管模拟的谐振器，其形状由操作员的手来控制。在此之后的许多年中，很多人致力于这种机械式语音合成器的改进和完善。二十世纪三十年代，Paget 的合成器已能说出像 "Hello London，are you there" 之类的简单的话，只是，所有这些机械式合成器合成的语音都和人说的自然语音相差甚远。二十世纪初叶，无线电技术的进步使得采用电子的方法生成声音成为可能。HomerDudley 与他的同事 Bell 电话公司的工程师 Ricsz 和 Watking，于 1937 年研制了 VODER，使语音合成技术从机械模拟步入了电子模拟的新时代。但电子式语音合成器时代，合成声音音质还是不理想，随着通信技术的发展，人们对发音机理的认识逐渐完善，这也为基于计算机的语音合成奠定了基础。G. Fant 在 1960 年所著 *Acoustic Theory of Speech Production* 一书中，系统地阐述了言语产生的声学理论，从而使语音合成技术的发展迈出了关键的一大步，随之而来的是大批的基于该理论之上的串联或并联共振峰合成器的诞生。Klatt 于 1987 年总结了这一时期的语音合成技术发展过程。Klatt 从合成器的早期发展、按规则合成方案、实验室文语转换系统和商用文语转换系统四个层面上，沿着发音参数合成、共振峰合成和波形编码合成三条线索描述了英语语音合成技术的发展过程。其中典型的合成器有 Coker（1967）、Olive（1977）、Klatt（1980）、Holmes（1983）等。值得一提的是 Holmes 的串联共振峰合成器和 Klat 的串、并联共振峰合成器。只要精心调整合成参数，这两种成器都能合成出非常自然的语音。后来，许多语音合成系统都是基于这两个模型的。从八十年代末，语音合成技术又有了很大的发展，特别是基音同步叠加方法的提出，使基于时域波形拼接方法合成的语音自然度大大提高。基于 PSOLA 技术的汉语、法语、德语、英语、日语等语种的文语转换系统已研制成功，并公开发表。TD（Time Domain）PSOLA 算法只作用于时域波形，而 LP（Linear Prediction）–PSOLA 及 FD（Frequency Domain）PSOLA 是与 LPC 编码技术相结合的产物，使语音合成的质量又提高了一步。进入九十年代后，计算机的迅猛发展为基于大语料库的波形拼接语音合成系统提供了大量的技术保障。并成为语音合成的主流方法。随着二十世纪计算机技术的迅猛发展和计算机硬件设备的不断提高，语音合成技术进入了计算机语音合成时代，其分别经历了线性预测编码器技术，串、并联混合型的共振峰合成器，基于时域波形修改的基音同步叠加算法等算法，这些算法使波形拼接语音合成技术迎来了一次发展高峰。二十世纪末，统计参数语音合成（statistical parametric speech synthesis，SPSS）逐渐成了新的主流，其典型代表是基于隐马尔科夫模型（hidden markov model，HMM）的语音合成，其相应的合成系统为基于 HMM 的语音合成系统（HMM based Speech synthesis System，HTS）。HTS 可以在不需人工干预的情况下，高效自动的搭建合成系统，由于统计的缘故，对发音人和发音风格的依赖较小，合成语音的语音风格和音色容易人为控制，并且合成系统的规模没有波形拼接的那么大。2006 年以来，基于神经网络的建模方法在机器学习的各个运用领域都表现出优于传统模型的能力。自 2013 年开始，在统计参数语音合成领域，深度学习也取得了迅速发展，在系统中的韵律模型、声学模型、参数生成、声码器建模等方面均取得显著提升，正逐渐取代基于 HMM 的参数语音合成成为主流的建模方法。在传统 HTS 合成框架的基础上，将深度置信网络（deep belief network，DBN）作为语音参数后增强模型应用到语音合成中。利用 DBN 强有力的学习能力，在语音合成的后端实现在谱参数上的一个更加精细的调整，使得合成音质有了不少的改善。HeigaZen 提出了基于 DNN 的统计参数合成方法，其核心思想是直接通过深层神经网络来预测声学参数，避免了基于 HMM 的语音合成方法中由于决策树聚类导致的模型精度降低，从而提高了合成语音的音质。从 2014 年开始，长短时记忆模型（long and short times memory，LSTM）在语音技术中的使用掀起了新的热点。Frank K. Soong 等人进一步将双向 LSTM 神经网络应用到语音合成中，大大提高了合成语音的音质。近年来，一些学者致力于端到端的语音合成模型的建模，并取得了性能上的巨大提升。2016 年，谷歌 DeepMind 研究团队提出了基于深度学习的 WaveNet 语音生成模型。该模型可以直接对原始语音数据进行建模，避免了声码器对语音进行参数化时导致的音质损失，在语音合成和语音生成任务中效果非常好。然而由于该模型是样本级自回归采样的本质（sample–level autoregressive nature），速度较慢。

同时，它还需要对来自现有语音合成文本分析前端的语言特征进行调节，因此不是端到端的。另一个最近开发的神经模型是百度提出的 Deep Voice 和支持多说话人的 Deep Voice 2，它通过相应的神经网络代替传统参数语音合成流程中的每一个组件。但其中的每个组件都是独立训练出来的，因此也不是端到端的。2017 年 1 月，Bengio 等人提出了一种端到端的用于语音合成的模型 Char2Wav，其有两个组成部分：一个读取器（reader）和一个神经声码器（nerual vocoder）。读取器用于构建文本（音素）到声码器声学特征之间的映射；神经声码器则根据声码器声学特征生成原始的声波样本。本质上讲，Char2Wav 是真正的意义上的端到端的语音合成系统。2017 年 3 月，谷歌科学家王雨轩等人提出了一种新的端到端语音合成系统 Tacotron，该模型可接收字符的输入，输出相应的原始频谱图，然后将其提供给 Griffin-Lim 重建算法直接生成语音。在美式英语测试里的平均主观意见评分达到了 3.82 分。此外，由于 Tacotron 是在帧（frame）层面上生成语音，所以它比样本级自回归（sample-level autoregressive）方式快得多。谷歌科学家王雨轩等人还进一步将 Tacotron 和 WaveNet 进行结合，在某些数据集上能够达到媲美人类说话的水平。不仅如此，端到端语音合成方法还取得了性能上的大幅度提升，甚至在某些数据集上达到了媲美真实声音的水平。此外，以端到端模型为基础，以全局嵌入风格嵌入向量为核心，针对低资源的多风格个性化语音合成也成了研究热点，仅采用数十分钟甚至几分钟的目标语料即可达到较高相似度的合成水平。在语音生成方面，为了缓解传统语音生成系统流程烦琐的问题，一些学者们提出了 Tacotron、Deep Voice 3、Fastspeech、GlowTTS 等声学模型端到端模型，从很大程度上简化了文本分析模块，同时提高了声学特征的预测精度。还有一些学者在神经声码器方面做了大量有益的尝试，WaveNet、SampleRNN、WaveRNN 和 LPCNet 等自回归声码器，基于流模型（FLOW）、生成对抗网络、变分自编码器和扩散模型（Diffusion）的声码器等，极大地提升了语音生成的音质和效率。声学模型与声码器分开建模的不足是存在优化目标不一致的问题，近期一些研究工作尝试将声学模型和声码器联合优化，研发完成端到端语音生成系统，如 ClariNet、FastSpeech2s、VITS，由于这类模型的稳定性不足、效率不高，产业级应用较少。

二、国内外研究进展比较

语音识别是模式识别学科的重要研究课题。一系列针对序列问题的建模技术在语音识别的研究中诞生或发展，如隐马尔可夫模型、深度神经网络、联结主义时序分类、编码器 – 解码器模型等。在产业应用方面，语音识别是人机语音交互的第一关，是让机器听懂人声音的"耳朵"，可以广泛地应用在人机对话、智能语音助手、智能家居系统、输入法、机器人等产品中。语音识别还可以应用在会议速记、字幕生成、语音翻译等应用中。语音识别技术与信息技术的发展和大众需求的变化有极其密切的关系。很多语音识别方法在很早之前就已经被提出，但是受限于计算资源、数据量、训练方法和模型结构等问题，当时并没有获得很高的关注度。随着计算机技术的发展以及关短板的补齐，这些方法再次闪光，并实现了性能的极大提升。另外作为一种具有广泛需求的任务，语音识别的发展呈现出很大的需求导向，例如中英混合语音任务、多语言语音识别任务和流式语音识别任务等，人们的需求催生着技术一代代地进行革新。虽然端到端语音识别模型，极大地提升了语音识别模型的准确率，但是其在针对细分的场景下语音识别任务仍有巨大的提升空间。其中一项就是流式语音识别任务，目前语音识别的需求中针对流式语音识别的需求占据很大一部分，包括手机输入法、手机助手、智能家居交互、智能客服、会议视频软件实时字幕、客服机器人等，这些场景要求语音识别系统能够做到连续地高准确率、低延迟识别。然而现有的端到端语音识别方法很难同时满足以上这些需求来完美地适配于流式语音识别建模任务。

语音合成是一种将文本序列转换为语音序列的生成问题，属于模式识别学科的重要研究课题。一系列针对序列生成问题的建模技术在语音合成的研究中得到迅速发展。在产业应用方面，让机器说话的语音合成技术已经广泛应用于语音交互、智能家居、智能客服、阅读、教育、娱乐、可穿戴设备，涉及军事、国防、政府、金融等不同领域，其应用产品在人们日常生活中随处可见。由于目前主流的语音合成系统仍然以分离式的声学模型和声码器为主，这是因为分离式的声学模型和声码器可控性和可追溯性更强，而完全端到端语音合成模型目前因为存在稳定性、运行效率等问题，在工业生成中使用的尚不多。因此本文研究仍然以分离式的声学模型和声码器为主。与之前基于拼接合成的和基于隐马尔可夫模型的语音合成系统相比，基于深度学习的语音合成的在语音音质和自然度方面能够达到更高的水平，在特定场景下，甚至是媲美人类声音的语音。同时，基于深度学习的语音合成系统在降低人类预处理和特征开发的要求方面也有所优势。传统模型往往需要人类进行大量的预处理和特征开发工作，而基于深度学习的语音合成系统则能够在一定程度上自动进行这些工作。最后，基于深度学习的语音合成系统也在简化模型架构方面具有优势。传统模型往往需要多个模块才能完成语音合成的任务，而基于深度学习的语音合成系统则可以直接从文本或字符、音素序列生成波形，简化了模型架构。总的来看，基于深度学习的语音合成系统在比较传统模型时具有很多优势。

三、发展趋势及展望

（一）复杂场景下的语音识别

现实日常生活中面临的语言场景往往较为复杂，如跨信道、高噪声等复杂声学场景对语音识别系统性能产生了很大影响，是语音识别系统迈向真实环境应用场景的一道难题。而多语言带来了系统的复杂性以及数据的稀疏性，如何构建多语言语音识别的一致框架成为一个难题。口音、口语，以及小语种低资源条件则面临语言资源少，难以训练出泛化性好的模型的问题。所以，复杂语言环境语音识别比一般情况下的语音识别更为困难。因此，如何有效复杂场景下的语音识别问题具有很高的挑战性和研究价值。在真实场景中，麦克风接收到的语音信号可能同时包含多个说话人的声音以及噪声、混响和回声等各种干扰，人类的听觉系统可以很容易地选择想要关注的内容，但是对于计算机系统来说就显得十分困难，这就是所谓的鸡尾酒会问题。目前，语音识别的挑战主要在于强干扰、低音质等复杂声学场景，以及多语言、重口音的口语语音识别。

（二）深度语音生成与鉴别

近年来，随着算力、数据和算法的飞速发展，GPT-3、GPT-4 和 ChatGPT 等生成式大模型已成为打造人工智能基础设施的利器之一，但是人工智能技术具有"双重性"，在造福人类的同时，也不可避免地带来了安全风险。不良用途的深度合成技术给国家安全、社会稳定、财产安全乃至个人名誉均带来巨大危害，各国政府、科研机构和企业高度重视伪造语音带来的风险，积极部署虚假语音生成和鉴别的研究项目。美国国防部高级研究计划局 DARPA 和重要互联网公司谷歌、微软和脸书等机构累计投入超过十二亿美元研发虚假音视频鉴别技术。我国公安部、网信办、科技部和工信部等部门也为虚假音视频检测技术设立了专项。然而，对深度语音生成技术的监管和治理呈现永恒攻防博弈局面。因此，研究深度语音生成与鉴别对抗技术，具有举足轻重的战略地位，对维护国家安全、社会稳定和财产安全具有重要的应用价值与现实意义。

参考文献

［1］ Hirose K, Tao J. Speech Prosody in Speech Synthesis: Modeling and generation of prosody for high quality and flexible speech synthesis ［J］. Prosody Phonology & Phonetics, 2015.

［2］ H. Zen, K. Tokuda, and A. Black, "Statistical parametric speech synthesis," Speech Communication, vol. 51, no. 11, pp. 1039–1064, Nov. 2009.

［3］ Hunt and A. W. Black, "Unit selection in a concatenative speech synthesis system using a large speech database," in Proceedings ICASSP 1996.IEEE, 1996, pp. 373–376.

［4］ Y. Wang, R. Skerry-Ryan, D. Stanton, et al, "Tacotron: Towards End-to-End Speech Synthesis," in Proceedings INTERSPEECH. ISCA, 2017, 4006–4010.

［5］ J Shen, R Pang, R J Weiss, et al, "Natural TTS Synthesis by Conditioning WaveNet on Mel Spectrogram Predictions," in Proceedings ICASSP . IEEE, 2018, pp. 373–376.

［6］ H. Zen, A. Senior, and M. Schuster, "Statistical parametric speech synthesis using deep neural networks," in Proceedings ICASSP. IEEE, 2013, pp. 7962–7966.

［7］ H. Zen and H. Sak, "Unidirectional long short-term memory recurrent neural network with recurrent output layer for low-latency speech synthesis," in Proceedings ICASSP. IEEE, 2015, pp. 4470–4474.

［8］ Y. Fan, Y. Qian, F. Xie, and F. K. Soong, "Tts synthesis with bidirectional lstm based recurrent neural networks," in Proceedings INTERSPEECH. ISCA, 2014, pp. 1964–1968.

［9］ Y. Qian, Y. Fan, W. Hu, and F. K. Soong, "On the training aspects of deep neural network（dnn）for parametric tts synthesis," in Proceedings ICASSP. IEEE, 2014, pp. 3829–3833.

［10］ Jean-Marc Valin, Jan Skoglund. "LPCNET: Improving Neural Speech Synthesis through Linear Prediction," in Proceedings ICASSP. IEEE, 2019：4384–4289.

［11］ Rabiner, L, A Tutorial on Hidden Markov Models and Selected Applications on Speech Recognition. Proceedings of the IEEE 77（2）, 257–286（1989）.

［12］ Deng L, Kenny P, Lennig M, et al. Phonemic hidden Markov models with continuous mixture output densities for large vocabulary word recognition［J］. IEEE Transactions on Signal Processing, 1991, 39（7）：1677–1681.

［13］ Mazin Gilbert J F. Speech and Language Processing［J］. 2009.

［14］ Trentin E, Gori M . A survey of hybrid ANN/HMM models for automatic speech recognition［J］. Neurocomputing, 2001, 37（1–4）：91–126.

［15］ Schmidhuber, J. Deep Learning in Neural Networks：An Overview. Neural Networks, 2015, 61, 85–117.

［16］ Graves A, Santiago Fernández, Gomez F . Connectionist temporal classification：Labelling unsegmented sequence data with recurrent neural networks［C］// International Conference on Machine Learning. ACM, 2006.

［17］ Mohri M, Pereira F, Riley M. Weighted finite-state transducers in speech recognition［J］. Computer Speech and Language, 2002, 16（1）：69–88.

［18］ 俞栋, 邓力. 解析深度学习：语音识别实践［M］. 电子工业出版社, 2016.

［19］ Mikolov T, Karafiát M, Burget L, et al. Recurrent neural network based language model［C］// Eleventh annual conference of the international speech communication association. 2010.

［20］ Graves, A.（2012）. Sequence transduction with recurrent neural networks.arXiv preprint arXiv：1211.3711.

［21］ Chan, W., Jaitly, N., Le, Q., & Vinyals, O. Listen, attend and spell：A neural network for large vocabulary conversational speech recognition. In2016 IEEE International Conference on Acoustics, Speech and Signal Processing（ICASSP）, 4960–4964.

［22］ He, Y., Sainath, T. N., Prabhavalkar, R., McGraw, I., Alvarez, R., Zhao, D., … & Liang, Q. Streaming end-to-end speech recognition for mobile devices. In2019 IEEE International Conference on Acoustics, Speech and Signal Processing（ICASSP）, 6381–6385.

［23］ Kim, S., Hori, T., & Watanabe, S. Joint CTC-attention based end-to-end speech recognition using multi-task learning. In2017 IEEE international conference on acoustics, speech and signal processing（ICASSP）, 4835–4839.

［24］ Tian, Z., Yi, J., Tao, J., Bai, Y., Wen, Z. Self-Attention Transducers for End-to-End Speech Recognition. Proc. Interspeech 2019, 4395–4399.

［25］ Sriram A, Jun H, Satheesh S, et al. Cold Fusion：Training Seq2Seq Models Together with Language Models［J］. Proc. Interspeech 2018, 2018：387–391.

［26］ Li B, Sainath T N, Pang R, et al. Semi-supervised training for end-to-end models via weak distillation［C］// ICASSP 2019–2019 IEEE International Conference on Acoustics, Speech and Signal Processing（ICASSP）. IEEE, 2019：2837–2841.

［27］ Baskar M K, Watanabe S, Astudillo R, et al. Semi-Supervised Sequence-to-Sequence ASR Using Unpaired Speech and Text［J］. Proc. Interspeech 2019, 2019：3790–3794.

［28］ Ye Bai, Jiangyan Yi, Jianhua Tao, Zhengkun Tian, Zhengqi Wen. Learn Spelling from Teachers：Transferring Knowledge from Language Models to Sequence-to-Sequence Speech Recognition. INTERSPEECH 2019：3795–3799.

撰稿人：陶建华

大模型时代信息检索的研究现状及发展趋势

一、研究进展

过去的三十年，信息检索技术在工业界和学术界高速发展。早期的信息检索研究主要集中在网络搜索上，这是一种常规的日常应用旨在帮助用户找到相关信息。近年来，随着新形式的互联网产品和检索场景的出现，信息检索领域的研究变得更加多样化，并扩展到了搜索以外的领域。例如，推荐系统已经与网络搜索并列成为 2018 年到 2022 年顶级信息检索旗舰学术会议 SIGIR 的研究热点。此外，还出现了一些充满活力的研究领域，例如对话系统、用户建模和知识提取等。信息检索的核心价值也已经从仅仅挖掘和搜索相关文档转变为如何更好地满足用户的需求。

近年来，大模型已经展示了在各种下游任务中的巨大的潜力，尤其是由于它们在多模态数据处理、知识推理和组合概括方面的出色能力。大模型相关技术为推进信息检索领域提供了新的机会，例如改进对用户需求的理解，识别文档之间的复杂模式，并增强信息检索系统的解释能力。此外，信息检索技术有望通过解决大模型的局限性来提升其性能，如改进个性化、及时性，并通过信息检索技术的可追溯性来提高信息可靠性。人类、信息检索和大模型之间相互增强性能的综合框架的探索具有巨大的潜力。

鉴于信息检索领域的研究蓬勃发展以及大模型所带来的新机遇，应当重新思考信息检索的核心目标价值，讨论大模型和信息检索如何相互推进，提出融合人类、大模型和信息检索的构想，并讨论开放性挑战和未来方向。

二、新时代信息检索的核心价值

为了探讨大型模型对信息检索研究的影响，我们提出以下问题：①信息检索对其他领域的基本贡献是什么；②经过几十年的发展之后，信息检索的边界和拓展是什么。通过分析和探讨这两个问题，可以促进对信息检索核心价值的理解，更好地拥抱大模型新时代。

（一）信息检索的科学内涵

信息检索的核心是从一系列信息资源中检索与信息需求相关的资源，其中用户、语料库和排名是信息检索的基本概念，接下来将从这些角度分析信息检索的科学内涵。

1. 用户视角

用户是信息检索（IR）框架的核心部分。信息检索系统中的信息检索过程类似于人类认知系统的信息访问过程。给定用户查询，信息检索系统找到匹配的项目并返回一份根据某些标准排名的结果列表，以满足用户的需求，而人类认知系统则检索一些相关信息，以满足人类实时决策和进一步行动的要求。因此，用户理解是信息检索中的一个基本问题。信息检索中关于用户理解的研究主要集中在两个方面，分别是用户意图理解和用户行为建模。用户意图理解是搜索引擎背后的核心科学学科。谷歌和必应等搜索引擎在最近几十年里已经从关键词语义匹配发展到用户意图优化。理解用户意图是创造更好用户体验的第一步。用户意图理解已在各种信息检索应用场景中广泛研究，例如网络搜索、电子商务网站中的产品搜索、社区问答等。用户行为建模是全面理解和模拟用户在与信息检索系统交互时的行为。信息检索社区已经研究了包括用户交互行为、用户顺序行为、用户移动行为和社交行为在内的多样化和多维度的用户行为。用户行为建模有助于在信息检索应用中引入个性化。

信息检索中的用户理解技术和算法为其他研究领域提供了支持，例如在自然语言处理中，用户意图理解是进一步在面向任务的对话系统中采取行动的初步步骤，用户个人画像和个性化也被用于开发基于角色的对话系统。在社会计算中，用户和群组建模是设计个性化激励机制、促进参与的重要步骤。

2. 排名视角

排名是信息检索研究的核心部分，其专注于项目之间的顺序关系。这些项目可以是多种格式，例如文本文档、图像和视频。信息检索中的排名问题是根据某些标准（通常与相关性相关）对与特定查询匹配的项目集进行排名。IR 问题可以被转化为排名问题。

多种技术可以被用来构建排名模型，从传统的排名模型到机器学习方法。传统的排名模型包括向量空间模型和概率模型（例如 BM25）。机器学习方法包括最早的学习排序模型（例如 Rankboost 和 LambdaMart）以及最近的神经排名模型，例如深度结构语义模型（DSSM）和 DeepRank。排名模型在许多信息检索应用中得到广泛应用，如即时检索、推荐系统和社区问答等。

此外，排名模型在许多其他研究领域也被广泛应用。例如，利用 ChatGPT 收集比较样本，并在与用户意图对齐时利用排名标签训练奖励模型。在计算生物学中，学习排序算法被用于对蛋白质结构预测中的候选三维结构进行排序。

3. 语料库视角

从语料库的角度来看，信息检索的内涵在于从大量的多模态信息语料库中高效地进行有效搜索。信息检索系统用于分析大规模的文本语料库或多模态信息源，通常旨在识别和研究信息使用的模式。在这个视角下，信息检索涉及使用专门的软件工具在语料库中搜索关键词、短语或其他信息特征，然后检索相关特征的实例以进行进一步分析。这个过程涉及如何有效地表示语料库、如何进行高效的搜索以及如何返回可信的结果。总体而言，信息检索在使研究人员能够高效地搜索和分析大量信息数据方面起着关键作用。

（二）信息检索的边界与扩展

虽然信息检索的发展受到了互联网和移动技术的积极影响，但也遇到了一些限制与挑战。其中，常见的误解是将信息检索等同于仅为用户在网络空间中对一组对象进行排序。因此有必要从输入、处理、输出以及其运行环境等各个角度分析信息检索的边界与扩展。

1. 排序与生成

传统信息检索系统的核心可以抽象为在某种信息需求（如搜索引擎中的查询和推荐系统中的历史交互）上对一组给定内容条件进行排名。大规模生成模型的进步，如 GPT 和 Diffusion Models，扩展了内容空间，通过生成使得超越现有内容集成为可能。整合生成渠道用于信息搜索在 IR 系统中开辟了新的范式，例如生成式搜索和推荐。然而，这种扩展给基础设施、算法、评估等方面构建信息检索系统提出了挑战。例如，这种扩展需要基础设施以大规模容纳生成模型，并以高效的方式动态分发生成的内容，特别是对于短视频等多媒体内容。此外，需要在将生成模型与 IR 任务对齐、汇总排序和生成结果，以及联合优化排名和生成模型方面进行算法创新。此外，评估技术还必须扩展以适应无限内容，并强调新的视角，如忠实度检查。

2. 面向人或机器

传统上，信息检索系统被设计成帮助人类用户访问各种信息资源。然而，随着人工智能模型，尤其是大模型的普及，信息检索系统的用户群体有可能扩展到包括智能机器。这导致了一个被称为信息检索增强方法或检索增强机器学习（retrieval-enhanced machine learning，REML）的研究领域在计算机视觉、自然语言处理和机器学习等各个领域中不断涌现。从概念上看，IR 系统可以被看作是一个用于外部数据、信息或知识的存储和访问系统，能够作为一种通用的支持技术为人类或机器提供支持。然而，从人类场景到机器场景的转变在整个信息检索系统的过程中提出了许多研究挑战，包括索引、表示、检索、排序和反馈等方面。此外，还有许多研究问题需要解决，包括与人工智能模型结合使用的 IR 技术的学习、评估和部署等方面。尽管存在这些挑战，但可以期待 IR 在未来成为人工智能范式中无处不在的组成部分，为整个社会提供有价值的支持。

3. 搜索与决策

传统的信息检索系统长期以来一直帮助人们寻找有趣的信息。为了扩展 IR，系统还应支持复杂、可解释且长期的信息寻求，以帮助用户做出合理的决策建议。为了实现这个目标，检索系统应该意识到信息需求所处的用户背景。对于复杂的决策任务，期望系统能够逐步辅助完成任务。系统还应提供透明的检索过程和可解释的结果，以提供合理的决策支持。此外，了解人们如何做出决策也很重要。与信息检索之外的社区合作可能是在决策理解领域取得进展的必要条件。这些社区可能包括人机交互、行为经济学、心理学、认知科学，以及临床社区等特定的应用 / 领域社区。最后，将 IR 与大型模型结合起来，提供人工智能生成（AI-generated actions，AIGA）也是信息检索扩展的一个新兴课题。

4. 超越网络空间

信息检索系统传统上关注的是网络空间内的数字内容。然而，人机交互、无人车辆和机器人技术的进步使我们能够设想在物理世界中检索内容。例如，扩展的信息检索系统可以探索物理世界中的信息，如周围的风速和噪声来源。进一步的扩展可能包括搜索和交付物理物品。这些扩展建立在前述的排名生成混合、人机混合和搜索决策混合基础上。此外，将出现围绕交互界面、系统架构和反馈机制的新概念。为了实现这些目标，我们可以开拓更多的跨领域研究方向，将信息检索与元宇宙和具身人工智能等其他领域的各种新技术相结合。因此，随着信息检索行业的价值大幅增长，将会涌现出许多关于开发、运营、维护和监管此类信息检索系统的研究机会。

三、信息检索中的大模型

（一）大型模型对信息检索技术组成的改变

在过去几十年中，现有的信息检索技术已经引起了人们的关注，主要涉及索引、用户建模、匹配、排名、用户交互。通过在大规模文本语料库上进行预训练，并通过对齐微调来遵循人类指令，大型模型展示了它们在语言理解、生成、交互和推理方面的优越能力。近年来，大型模型已经提供了前沿的技术，从各个角度显著改变了信息检索技术组成的方式。

（二）索引

大型模型的出现为生成式检索提供了基础，这是一种索引组件发生了巨大变化的新的检索范式。传统检索依赖于倒排索引，该索引存储了每个词项在一组文档中的位置映射。最近，稠密检索得到了广泛研究，比如基于标准 MIPS 索引和最近邻搜索的方法。鉴于 Transformers 在作为联想记忆库或搜索索引上的能力，Tay 等人（2022 年）提出了一种称为可微搜索索引（DSI）的新型架构，其将索引存储在模型参数中。DSI 不是为每个文档显式构建关键词或向量索引，而是使用大模型直接学习查询到相关文档 ID 的映射。它使得模型的内部记忆可以充当索引，从而极大地简化了整个检索过程。尽管当前的 DSI 方法存在一些限制，如内存容量和 DSI 的时间敏感更新，但它提供了一种成功利用大型模型进行信息检索索引的方法。受到 DSI 的工作启发，我们认为大模型正在改变索引的范式的一些趋势。

一是从静态索引到动态索引。传统的索引系统是静态的，意味着它们不能适应语料库的变化。另一方面，基于大模型的索引系统可以是动态的，因为语料库的所有信息都编码在大模型的参数中，并且增量更新索引成为模型更新的一个特殊情况。

二是从基于关键词到基于语义的索引。传统的索引系统是基于关键词的，意味着它们根据文档中包含的关键词进行索引。另一方面，基于大模型的索引系统可以是语义的。由于大模型具有强大的上下文建模能力，基于大模型的索引系统能够以更细致的方式找到与查询相关的文档。

三是从单模态到多模态索引。传统的索引系统是单模态的，意味着它们沿着单一模态（通常是文本）对文档进行索引。另一方面，基于大模型的索引系统可以是多模态的。多模态大模型的发展将使索引系统能够以统一的方式索引多模态信息，如图像、文本和音频。

（三）用户建模

信息检索系统中的用户建模旨在准确地表示用户及其信息需求，通过了解用户的特征、偏好和行为，例如交互式查询细化或个性化搜索，以及推荐中的用户画像。大型模型在语义理解、知识推理和泛化能力方面具有出色的表现，对信息检索中的用户建模具有重要影响和潜在的范式变革。例如，大型模型将推动会话式信息检索的进步并使其更加普遍。与此同时，生成式搜索和推荐将模糊搜索和推荐之间的界限。下面我们概述一些大型模型可能带来的用户建模方面的潜在变化。

一是改进的自然语言理解。具有更复杂自然语言处理能力的大模型可以使信息检索系统更好地理解用户查询背后的意图。这可以实现对查询的更准确和细致的分析，并产生更相关的搜索结果。

二是改进对用户行为的理解。大型模型可以在更精细的层面上分析用户行为，提供更全面的用户偏好和行为理解。通过分析用户的数据，如点击流数据、搜索历史、购买历史和社交媒体活动，这些模型可以识别用户行为和偏好之间的模式和关系，从而建立更准确和全面的用户模型。

三是更复杂的个性化。大型模型可以构建更全面的用户模型，包括更广泛的用户特征和偏好。例如，GPT4 可以分析用户的社交媒体活动、在线行为和其他数据来源，以更完整地了解他们的兴趣和需求。此外，它可以与物联网设备集成，包括用户的当前物理环境（如位置、时间）和情感状态。这可以基于用户的环境和周围情况，如物理环境和情感状态，提供更个性化的推荐。

四是增加对话接口的使用。大型模型可以实现更自然和直观的用户交互，生成更准确和上下文感知的回复。它们可以用于开发具有情感分析和情感响应生成等功能的更复杂的对话接口，从而实现更个性化和引人入胜的用户体验。

五是采用混合模型。利用大型模型的先进自然语言理解和泛化能力，结合基于规则或协同过滤模型等其他模型，可以创建混合模型。这可以充分利用不同建模方法的优势，实现更有效的个性化和更准确的搜索和推荐结果。例如，已经有相关的工作尝试在推荐系统中利用大模型，如 Baoetal 和 Gaoetal 的研究。

总体而言，类似 GPT-4 这样的大型模型的发展在不久的将来可能会对信息检索中的用户建模产生重大影响。虽然很难准确预测这些变化的具体性质，但明显的是，大模型将在改进搜索和推荐系统的准确性和效果方面发挥日益重要的作用。然而，将大型模型用于信息检索中的用户建模也带来了挑战，例如数据隐私问题、数据和模型中的潜在偏见，以及对大量训练数据的需求。需要解决这些挑战，以确保充分发挥大模型在信息检索中的用户建模方面的优势，同时最大限度地减少潜在的负面影响。

（四）匹配、排序

大模型（例如 ChatGPT、GPT-4 和 LLaMa）展现出了令人瞩目的能力，能够理解和排序复杂内容，包括单模态和多模态数据。我们关注两个主题：①如果生成模型已经能够提供准确的答案，是否还需要排序；②在排序方面有哪些未来的研究方向，还有哪些问题需要解决。

虽然生成语言模型可以对用户查询提供连贯的答案，但用户仍然需要知道哪个文档、图像或网页与他们的查询最相关，并且他们可以手动验证模型生成的答案。检索系统的排序结果可以提高大模型的可解释性，并帮助它找到最相关的支持信息以生成更准确的答案。检索系统通常作为大模型的插件，提供知识获取的能力。

在未来的研究中，大模型在排序方面提供了许多有趣的探索方向。在生成范式中，我们应该优先考虑排序，并改进结果的排序，以确保良好的用户体验和高满意度。这也是信息检索中排序的更重要目标。在对搜索结果进行排序时，我们应该关注返回结果的完整性。模型不仅仅应该根据相关性返回一个排序列表，而是应该返回更加综合和与用户真实需求相关的信息。

就排名评估方法而言，现有方法是为返回文档列表形式而设计的，这在生成式范式下已不再适用。在排名领域，有着令人期待的未来研究方向。例如，一种可能的新研究方向是利用大模型作为人类模拟器，来衡量现有排名方法的用户满意度和体验。

（五）评估

大型模型在信息检索领域引起了广泛关注，因为它可以通过整合外部知识显著提高性能。为了验证基于这些大型模型的信息检索方法的有效性，必须开发适当的评估指标和数据集。传统的信息检索评估指标，如精确度和召回率、均衡倒数排名（MRR）、均值平均精度（MAP）、归一化折扣累积增益（nDCG），仍然在评估新模型的性能中起着关键作用。然而，随着大型模型在信息检索中的广泛应用，评估这些基于大型模型的信息检索模型就需要新的评估策略。评估这些基于大型模型的信息检索模型的性能需要考虑许多新特征。①鲁棒性。这些模型通常对训练数据和测试数据之间的分布差异敏感。②可解释性。它们主要依赖于密集的文档表示，缺乏解释性，这与以前的稀疏信息检索模型（如 BM25）具有明确的词项匹配不同。③效率。它们通常需要额外的训练或微调，并且存储也是一个严重的瓶颈。④可靠性。像 ChatGPT 这样的大型模型可以直接从模型本身检索知识并为用户生成结果。然而，它们容易受到对抗性输入的影响，一些细微的字符变化会对其可靠性产生负面影响。

（六）交互

用户和搜索引擎之间的交互涉及请求、返回搜索结果和选择相关内容的过程，直接影响检索的质量。大型模型的出现改变了这个过程，主要表现在以下几个方面。

1. 更新交互范式

早期的交互是基于手动检索，比如专家系统。这个过程需要大量的人力和时间来手动分类和索引。随着深度学习技术的发展，交互范式已经转变为基于关键词的检索，比如搜索引擎。它可以快速检索大量文档并对其进行排序。由于关键词难以反映用户的真实意图，结果可能会有一些噪声。大型模型的出现支持自然语言交互检索，提供更全面的检索结果，准确匹配用户的查询意图，并更符合人类自然交流的方式进行响应，有助于用户更好地理解和解决问题。

2. 改进交互过程

与以前的过程相比，大型模型可以与用户合作完成检索。用户具有思考、推理、感知和创造的能力，而大型模型具有内部知识推理能力和调用外部知识检索能力。用户和大型模型可以相互感知和启发。用户提供的查询越详细，大型模型就能更好地理解用户的意图。同时，用户可以提供动态反馈信号，促使大型模型持续纠正搜索答案。当大型模型的内部知识不足时，还可以调用外部搜索引擎为用户返回更满意的答案。

大模型的出现也带来的新的挑战。①解释性不足。用户很难理解模型如何产生答案并判断答案的正确性和可靠性。②高计算复杂度和资源消耗。提高效率和可扩展性，探索更智能和个性化的检索方法也是值得探索的，这可以为用户提供更好的体验。

四、支撑大模型的信息检索技术

（一）大模型的局限与缺陷

类 ChatGPT 的生成式大模型往往存在一些常见缺陷。首先，它的生成过程有时会产生幻觉，即生成具有错误或荒谬的答案。其次，此类大模型往往是通过固定的语料库进行训练的，因此无法回答与训练日期之后出现的新知识相关的问题。大模型中存储的知识将不可避免地是不完整的、过时的或不正确的。再有，已有生成式大模型无法回答有关个人或商家隐私的问题，这种问题的答案需要从私人数据源中获得，这些数据源在大模型的训练期间是不可访问的。

目前，利用 IR 模型的检索能力是解决这些问题最重要和最有潜力的方法之一。通过使用检索，我们可以从外部知识库中访问相关知识，并在生成过程中使用它们，从而减轻大语言模型潜在生成幻觉的问题。检索模型能够访问更新的信息，然后使大语言模型以新鲜而不是过时的信息作出回应。检索还可以与大语言模型一起在许多数据敏感的场景中使用，尤其是在类似于内部数据不能用于训练语言模型、需要高度准确的事实，或者检索信息池可能随时间变化的应用场景。

（二）基于检索的预训练语言模型

目前关于将检索模块整合到预训练语言模型中的研究还很有限。其中一些相关工作比如 Atlas 对编码器 – 解码器 T5 进行额外的检索模块预训练，并在少量训练示例上展示了其在知识密集型任务中的能力；REALM 通过将从基于文本的知识数据库中提取信息的神经知识检索器纳入仅使用编码器的语言模型训练中，增强了编码器语言模型的训练效果；RETRO 使用了一个分块交叉注意力模块来聚合来自包含数万亿标记的检索池的检索文本，构建了一个检索增强的解码器语言模型。

最近，在针对基于自回归语言模型 RETRO 的一项研究中，试图回答基于检索预训练的大型自回归语言模型是否真正获得了相关的能力。结果表明，检索预训练增强的语言模型 RETRO 在需要更高事实准确性的文本生成任务和知识密集型任务上优于普通 GPT 模型。此外，在开放域问答任务中，RETRO 在很大程度上优于只在微调阶段中纳入检索功能的 GPT。需要注意的是，使用检索会带来额外计算开销，需要和语言模型性能之间进行权衡。为此，提出了一种灵活的实现方案，可以指定在下一次检索之前根据当前检索结果生成的词项数量。

除了将检索模块纳入预训练语言模型之外，探索检索过程如何增强语言模型的预训练也是目前热门的方向。一般来说，检索获得的信息可以作为输入上下文中的特别信息。尽管大模型在推理阶段往往很难获得这种特别信息，但在训练阶段是可用的。通过在训练期间同时获得检索到的信息和对应处理后输出的答案（或后续词项），可以预先训练（或简单微调）大语言模型以提高它们在知识密集型任务上的性能。

（三）基于搜索适配器的大语言模型微调

基于检索预训练或微调整个大型语言模型（LLM）将增强 LLM 的检索能力，但预训练具有数百亿参数的大模型的成本也是巨大的。比如对于一个 175B 模型，我们往往需要高达 460 万美元和 355 个 GPU 年进行预训练。另一方面，LLMs 通常作为下游任务的基础，更新整个模型的参数应该特别谨慎和尽量避免。因此，一种流行的替代方法是以参数高效和成本高效的方式使用搜索适配器微调 LLMs。适配器是 LLMs 的即插即用模块，仅具有少量参数，而它们的加入允许 LLMs 在不影响原始参数的情况下获得特定任务需要的功能，性能与更新整个模型相当或更好。

已有关于带有适配器的 LLMs 的研究可以大致分为两类：基于词项的方法和基于层的方法。前者旨在将与任务相关的锚定词项插入输入序列以进行微调。例如，Prompttuning 在输入序列中添加了几个额外的特定任务可调标记；后者旨在向模型中插入附加层，并仅微调这些层中的参数。例如，Huetal. 提出了 LoRA，它在 transformer 的自注意力之前添加了一个可训练的低秩密集层。带有适配器的 LLMs 已经在某些下游任务上证明是有效的，例如机器阅读理解。

然而，为真正通过搜索适配器赋予 LLMs 检索能力，以下研究问题仍需探讨。①哪些适配器最适合用于搜索，哪些神经网络架构最适合用于搜索适配器。②如何微调搜索适配器，哪些微调技术可以在不影响 LLMs 固有能力的情况下最大限度地促进其检索能力。③为什么搜索适配器有效，我们如何知道搜索适配器的能力边界，并如何避免潜在的失败。

使用搜索适配器对 LLM 进行微调可以在各个方面提供好处。一方面，它为硬件资源有限的研究人员提供了新的机会，科学研究的进展离不开全球研究人员的参与；另一方面，搜索适配器的低成本使得它可以广泛应用，尤其是在数据隐私是首要考虑因素的应用环境下。小型或中型机构可以拥有配备自己检索系统的 LLMs，而不会暴露原始数据。

（四）用检索技术增强黑盒大语言模型

对于大多数情况来说，从头训练一个新的 LLM 往往是昂贵且不切实际的。在许多场景中，LLM 只能通过远程 API 进行访问，使用者难以或无法对这些模型进行微调。最常见的利用 LLM 的方法是将其视为黑盒，并使用包含来自外部数据源获得的信息和定制化的提示符来从 LLM 中获取所需的输出。

这一研究方向目前已有了部分有趣的进展。Shuster 等提出了一个模块化系统 SeeKeR，它在语言生成过程中使用互联网搜索作为一个模块来搜索和选择知识。Komeili 等和 Lazaridou 等也提出了一些类似的方案，利用互联网搜索引擎（如谷歌搜索）的结果来辅助大模型生成回复。Heetal 提出了一种后处理方法，名为"重新思考与检索（RR）"，以解决同样的问题。RR 使用思维链（COT）提示生成多个推理路径，然后根据这些路径中的各个步骤检索对应的外部证据。在三个复杂的推理任务和不同的数据集上进行的实验表明，RR 在没有额外的预训练或微调的情况下优于所有的基线模型。Rametal 提出了一种上下文检索增强语言建模（RALM）方法，它简单地使用现成的通用检索器检索文档，并将检索结果附加到语言模型的输入中。Peng 等提出了一个名为 LLM-Augmenter 的系统，它使用一组即插即用的模块来增强给定的黑盒 LLM。给定一个查询，LLM-Augmenter 首先从外部数据源中检索对应信息，然后生成一个包含检索到的对应信息的提示符，用于 ChatGPT。他们在信息查找对话和开放域维基问答两个任务上的实验表明，这种方法可以显著减少 LLM 的幻觉问题。

最近，OpenAI 正式发布了检索插件，该插件可以在个人或组织数据库中进行语义检索。使用此插件，用户可以从外部来源检索相关文档片段，例如个人电子邮件或内部组织文件。

在用检索增强 LLM 的模型框架中有多个关键组件值得在进一步研究。①检索器的设计。直观地说，更好的检索器可以返回更高质量的结果，从而有助于大语言模型生成更好的输出。这个方向上有多个研究问题值得思考，例如，在寻找依据文档时，我们应该使用密集检索器还是稀疏检索器？我们应当索引哪种信息、文档或段落？②上下文建模。如何生成明确的关键字查询或表示向量以描述当前的信息需求，并为大模型的语言生成检索有用的结果？类似 ChatGPT 的 LLM 通常针对对话进行优化，因此如何从多轮聊天历史记录中推导出搜索意图是一个挑战。③依据文档的选择。除了纯粹的文本相关性外，在为 LLM 选择输入文档时还应考虑多样性，信息量和新鲜度。④提示机制。如何生成有助于改善给定依据文档的生成质量的优秀提示符仍然是一个挑战。

五、大模型与信息检索：新边界与新框架

（一）大模型时代的信息检索技术范式

传统的信息检索模型旨在通过多轮用户交互来满足人类的信息需求。信息检索模型不直接保存知识，而是通过在数据库中快速、准确地寻找外部信息和知识以高效满足人类的信息需求。

　　随着大型模型的出现，信息检索技术的范式也发生了变化：与传统范式相比，考虑大模型的信息检索范式主要包含三个重要的模块，即大模型、检索模型和用户。

　　大模型可以直接提供有价值的内部知识和信息，以满足人类的信息需求。大模型的推理能力使新范式下的信息检索更容易为用户提供高质量的响应。

　　检索模型可以搜索外部知识，为大型模型和人类提供准确且及时的相关信息。在简单信息需求下，系统可以直接用大模型跟用户对话，不需要通过搜索来满足用户；但在处理困难和具有挑战性的问题时，信息检索模型更为重要，它将作为指导大模型输出结果的主要依据。

　　用户不仅是系统的使用者，更是大模型和检索模型的导师。通过与人交互，系统学习人类的价值观和行为特征，并进一步更好地服务用户。

（二）三大模块的重要性

　　虽然三个模块（大模型、检索模型、用户）构成的技术范式非常直观，但它们是否一定是新时代的信息检索核心仍值得讨论。这里我们从反向思考，通过讨论去除特定模块后信息检索系统面临的问题来反推出每个模块对于信息检索新范式的价值。

1. 没有大模型参与的范式

　　正如之前所提到的，新时代的信息检索范式往往是由大型模型的出现所驱动的。因此，如果没有大模型，新范式与传统范式别无二致，将面临诸多挑战。

　　一是依赖于互联网。由于信息检索模型本身不维护知识/信息，因此它们依赖于互联网来获取外部知识，这往往限制了信息检索系统实际使用的场景。

　　二是缺乏推理能力。在当前的信息检索模型中，系统只为人类提供现有的知识/信息以满足他们的信息需求，而无法帮助人类理解收集到的信息。大模型的推理能力是为用户提供更加友好、有价值的结果所必需的。

2. 没有人类参与的范式

　　没有人类的信息需求和反馈，大型模型和检索模型都将无法为用户提供个性化的信息服务，从而面临如下问题：

　　一是无差异化的信息服务。大模型和检索模型分别以生成和辨别的方式生成结果信息返回给用户。如果放弃对用户的研究，模型生成的内容将难以个性化，可能导致最终输出与用户的真实意图不符。

　　二是无社会价值观的不可控系统。没有人类的反馈，大模型将无法考虑用户的个性和价值观，从而导致信息系统提供的信息服务可能产生与社会价值观不相符的输出结果。

3. 没有信息检索模型参与的模式

　　大模型产生之初，不少人对大模型本身是否可以替代检索模型进行了激烈的讨论。目前公认的是，即使在大型模型时代，检索模型仍是必不可少的，因为它弥补了生成式大型模型的缺点，即缺乏事实一致性。没有信息检索模型，大型模型将面临以下挑战。

一是缺乏事实一致性。生成式大型模型的训练数据语料库和其基于概率的文本生成机理常常导致虚假信息的生成。相比之下，检索模型可以通过关键词匹配存储并提供更多的事实信息，补充生成式大模型的局限性。

二是缺乏长期记忆。人类信息获取系统可以类比为一个充满知识的大脑系统。大模型中的生成检索类似于智能大脑的短期记忆，可以进行信息的实时生成和获取，根据当前的语言环境进行及时反馈。然而，传统的检索模型更像是智能大脑的长期记忆，检索和匹配现有的事实文档。没有检索模型，大型模型就像一个没有海马体（将短期记忆转化为长期记忆的关键组成部分）的大脑，会生成缺乏事实一致性的不可靠结果。

（三）总结

基于大型模型的对话式信息检索范式，如 OpenAI 的 ChatGPT 和 Microsoft 的 NewBing，正在成为一种可能取代传统的信息检索系统的新模式。但就目前而言，在大型模型的时代，人类的信息需求和反馈，以及传统的信息检索模型，仍然是构建更可信信息服务系统所必需的。

六、挑战与讨论

本章将从科学领域的信息检索、信息检索应用，以及学术界、工业界和政府在大模型和信息检索时代的所扮演的角色几个维度探讨信息检索研究所面临的全新挑战。

（一）科学领域的信息检索

几个世纪以来，科学方法的原则基本上保持不变。然而，近年来，人工智能和机器学习的发展对科学发现的基本方式产生了巨大影响。现代信息检索技术也为彻底改变科学发现方式提供了可能性，极大地加速现代科学领域发展的速度。目前，信息检索已经广泛并彻底改变了的多个科学学科，并解决了以前无法解决或由于成本高昂而难以解决问题，如蛋白质序列相似性测量、自动化药物 / 疫苗发现、个性化药物推荐等。

1. 蛋白质序列相似度测量

在生物信息学中，如何测量蛋白质序列之间的相似性是一个基本的研究问题。通过结合信息检索技术，研究人员开发了许多工具用于比较包括蛋白质的氨基酸序列或 DNA 和 RNA 序列的核苷酸等在内的生物序列信息。典型例子比如基本局部比对搜索工具（BLAST）等。这些工具在包括预测蛋白质的三维结构和蛋白质序列注释等工作中已有广泛的应用。

以预测蛋白质的三维结构为例，著名的 AlphaFold 在具有挑战性的第十四次蛋白质结构预测关键评估（CASP14）中展现了令人惊讶的高精度。它利用 HHBlits 在现有数据库中查找与模式匹配的序列，其过程非常类似于文本检索，即给定一个查询（表示为文本序列），系统从文档集合中检索与查询相关的文档（也表示为文本序列）。近期，由清华大学主导开发的 AIR-Fold 模型也通过利用最新的神经式检索模型查找蛋白质序列，在连续自动模型评估（CAMEO）中取得了第一名的优秀成绩。

蛋白质和文本本质上都是序列。所以，从这个角度来看，测量蛋白质序列相似性和检索文本文档具有类似的目标和面临类似的挑战。预计信息检索技术，特别是神经式检索模型技术，未来将在生物学中得到更加广泛的应用。

2. 自动化药物与疫苗设计

药物和疫苗的发现可以被视为一个多维问题，需要同时优化化合物的各种特性，以生成和提出多种药物候选。不难看出，药物、疫苗发现方法同样和信息检索模型面临相似的挑战。自动化药物 / 疫苗发现的一个关键步骤是匹配受体和配体。虽然受体和配体有很多形式，但每个受体 – 配体对都是一个紧密的集合。受体只能识别一个或几个特定的配体，而配体只能与一个或几个目标受体结合相互作用。这个问题类似于信息检索中的语义关键字匹配，即每个查询关键字只能匹配几个语义相似的单词在文档中。因此，信息检索技术未来在药物与疫苗设计的过程中也将扮演重要角色。

3. 个性化药物推荐

基于个性化标志物的药物推荐可以帮助实现个性化和精准的医疗服务。这个过程类似于信息推荐：通过考虑患者的不同特征和情况，如诊断、药物、手术、康复等上下文信息，将药物（项目）和患者（用户）进行精确匹配。同时，在诸多已被淘汰或未通过临床试验的药物中，一些药物的失败并不是因为它们各个方面均存在缺陷，而是它们可能只对某些特定疾病甚至特定患者有效。因此，一个潜在有价值的研究方向是以个性化的方式"重新使用"这些药物，而这恰恰需要构建一个精准的"检索系统"，能够从大型药物数据库或文献中检索这些药物并精确地推荐给患者。

（二）信息检索的下游应用

信息检索作为一种有效的数据组织和检索技术，具有广泛的应用场景，如互联网搜索和推荐、企业搜索和情报分析、政务和教育搜索、桌面搜索和移动搜索等。目前，信息检索已经渗透到我们日常生活的各个方面，而随着大模型（LLM）的发展，这些应用也迎来了新的机遇。

1. 互联网搜索与推荐

早期的网络搜索主要基于目录方式，这些目录是手动构建和维护的，成本高效率低。随着数据量的增加和检索技术的发展，到二十世纪九十年代末，逐渐形成了真正的搜索引擎。搜索引擎通常包括多个模块，如网页发现、爬取、索引、检索和排名。给定用户查询，它可以快速从大量网页中检索相关文档，并向用户返回排名列表。它可以帮助用户大大提高信息获取的效率。然而，我们也可以注意到搜索结果的质量严重依赖于用户查询关键词，并且用户需要自行过滤和提炼这些搜索结果中的知识，以满足他们的信息需求。

随着大规模模型（LLM）的发展，以 ChatGPT 为代表的大模型展示了强大的内容生成和知识整合能力。微软的新 Bing 配备了 GPT 技术，可以接受自然语言用户查询，并回复直接答案。这种对话和生成式搜索体验也吸引了广泛的关注，受到了行业和学术界的广泛响应。这种新的搜索体验的价值可以总结如下：①更自然的用户交互，大大降低了用户的学习曲线；②更直接的信息满足，大大节省了用户整合结果列表和知识的时间；③更广泛的知识覆盖范围，大大增强了引擎的泛化能力。

此外，随着 GPT-4 的推出，对话式搜索已经拓展到了多模态领域，如图像 / 视频搜索和生成。同时，通过结合各种插件（如不同的工具或服务），对话式搜索在内容理解、知识整合和行动执行方面展示了前所未有的能力。它已经吸引了越来越多的学术界和工业界研究人员的关注，甚至推动了行业的智能转型。

作为一种基于用户隐含信息需求的信息检索方式，推荐系统也正在受到大模型的影响。生成式推荐已经成了一个新的重要研究方向，即使用机器学习模型生成符合用户需求的内容。

尽管有效，生成式搜索和推荐也面临着重大挑战。例如，当处理大型语料库时，LLMs 对离线和在线预测的效率造成了巨大压力；验证和确保结果的真实性非常困难；结果很难解释；此外还有数据稀疏性和其他问题等等。所有这些挑战都要求我们不断探索和创新，以提高搜索和推荐的效果和用户体验。

2. 企业搜索

在企业内部，通常包含来自不同来源如文件系统、数据库、内部网络等的大量不同类型的数据（如 Word 文档、PDF、Excel 电子表格、电子邮件等）。根据它们的结构水平，这些数据可以主要分类为结构化和非结构化数据。企业员工或用户通常需要在日常工作中从这些数据或互联网中搜索所需信息。过去，传统的数据库搜索方法被用于企业搜索，但这种方法无法涵盖所有数据格式，并且系统构建成本高、检索效率低。因此，改善企业数据搜索性能直接影响企业的整体工作效率和价值创造。近年来，企业已经开始尝试基于 Elasticsearch、Solr 构建自己的企业搜索服务，或者使用云平台搜索服务来高效地索引和检索企业内的文档。

企业搜索的一个关键应用场景是 CRM 系统。企业 CRM 系统是管理企业与客户之间互动和关系的软件平台。它们可以收集和分析客户数据，例如个人信息、购买历史、偏好、反馈等。信息检索可以帮助 CRM 系统实现以下功能。①客户搜索：信息检索可以使客户快速找到他们想要的产品或服务，或解决他们在 CRM 系统中遇到的问题。例如，客户可以通过输入关键词或语音查询，在 CRM 系统中搜索相关产品，比较选项，查看产品详情和评论等。信息检索还可以使客户在 CRM 系统中搜索常见问题和答案，或联系客服人员寻求帮助。②客户推荐：信息检索可以使 CRM 系统根据客户的数据和需求向客户推荐适合的产品或服务，或提供个性化建议和折扣。例如，CRM 系统可以分析客户的购买历史和偏好，在客户浏览产品时推荐相关产品或组合包，或在客户结账时提供优惠券或积分。③客户分析：信息检索可以使 CRM 系统从大量的客户数据中提取有价值的信息，例如客户行为模式、需求变化、满意度评估等。这些信息可以帮助企业了解客户的需求和偏好，评估客户的忠诚度和价值，预测未来的行为和需求，制定更有效的销售和营销策略，并提高客户转化和保留率。

3. 企业商业智能

商业智能（BI）是一种全面的解决方案，可以有效地整合、处理和展示来自各种来源的数据，为业务决策提供报告和见解。它有助于企业做出明智的商业决策。信息检索在 BI 中起着重要作用。它允许企业从不同的来源（如历史、现在、第三方、半结构化和非结构化数据）收集、整合、分析和可视化数据。信息检索可以帮助企业发现数据中的模式、趋势和见解，支持战略规划，优化流程，提高效率和竞争力。信息检索还可以帮助 BI 系统实现自然语言查询功能，允许用户使用自然语言查询数据库。NL2SQL 是将自然语言查询转换为数据库系统的 SQL 查询的任务。NL2SQL 可以帮助需要更熟悉 SQL 的用户使用简单语言从数据库中检索数据。NL2SQL 是一个具有挑战性的问题，需要理解自然语言语义、数据库模式和 SQL 语法。NL2SQL 可以使用各种方法实现，例如基于规则的系统、机器学习模型或神经网络。NL2SQL 是一个活跃的研究领域，有几个现有的解决方案和数据集，例如 AI2SQL、OpenAICodex、谷歌的 CloudNaturalLanguageAPI、SQLizer、WikiSQL 和 Spider、CSpider。

4. 桌面搜索与移动搜索

与互联网搜索不同，桌面搜索指的是在个人电脑文件中搜索数据信息。这些信息通常包括本地文件（如文本、视频、音频）、电子邮件存档、网络浏览日志等。桌面搜索可以是独立的软件，也可以是与操作系统集成的搜索服务，使用户可以轻松地在不同的计算机应用程序之间访问信息。移动搜索指的是从智能手机等移动设备中进行搜索。除了在互联网上搜索信息外，它还可以搜索本地文件、联系人、短信、电子邮件、图片以及个人移动设备上的第三方应用程序中的数据。

在桌面搜索中，由于计算资源相对充足，本地计算能力可以更加广泛地使用。然而，在移动搜索中，必须考虑本地计算的成本，如能耗、存储和计算，因为这些都是有限的。此外，高效的移动信息检索通常依赖于云计算和存储能力。随着个人多模态数据（如图像）的快速增长，多模态搜索正在成为桌面和移动搜索的重要发展方向。例如，传统的图像检索可以通过 OCR 识别和图像标签来实现。近年来，随着预训练语义表示模型的发展，图像的语义表示能力已经足够准确，通过自然语言搜索图像可以实现良好的多模态语义搜索结果。

5. 政务处理与教育搜索

政务搜索是另一个重要的信息检索应用场景。它主要用于政府机构内部的信息检索和公众查询政务信息。信息主要包括政策法规、文件、会议纪要、政策解读、政府工作报告、公共服务等。在这种情况下，准确的搜索服务可以极大地提高政府机构的工作效率和公众查询的满意度。然而，由于政府信息通常包含专业术语和政治敏感词汇，因此需要搜索引擎具有非常强的语义理解和分析能力。同时，对于权威控制和数据加密技术也提出了更高的要求，因为政府信息通常是受保护的。

法律检索场景主要应用于法律机构内部的信息检索，如律师事务所、法院和检察院，以及公众查询法律信息。这些信息或文件主要包括案件材料、法律文件和法律规定、公共法律咨询和法律服务。它通常包含大量的法律术语和法律规定，具有高度的复杂性和精确表达，因此对搜索引擎的语义理解和分析能力提出了巨大的挑战。

教育检索是信息检索的另一个重要应用场景，适用于学校、教育机构和学生。这个搜索场景中的内部信息包括教材、学术论文、教育政策、教育咨询和教育服务。准确有效的信息检索可以满足教育机构和学生的信息需求，有助于提高教育和教学效果，但教育搜索页面也面临着教育信息和服务的多样性和时效性等问题。

（三）大模型与信息检索：学界、业界与政府的角色

在新兴的 IR 社区领域中，涉及三个主要实体：学术界、工业界和政府。为了促进 IR 社区的长期可持续发展，必须重新考虑每个实体的角色。

学术界：如今人工智能的成功在很大程度上依赖于丰富的资源，包括数据、计算能力、工程师等。学术界可用资源与目前人工智能研究所需资源之间的差距每年都在增加。为了应对这一挑战，学术界必须与工业界合作，获得必要的支持，并专注于解决工业界无法轻易解决的复杂和重要问题。

工业界：由于追求利润，工业界往往更加注重财务收益而非学术成果。为了获得更大的市场份额，公司努力开发轻量级模型，以在满足大规模用户对体验的期望和服务相关成本之间取得平衡。此外，确保人工智能系统与人类意图、偏好和道德原则相一致，实现社会利益最大化，也是工业界面临的一个巨大的挑战。近来，工业界人工智能公司也认识到与学术界合作的必要性，包括为学术使用开源模型、分享具有挑战性的研究计划以吸引学术界、招募博士实习生解决关键的工业相关问题等。

政府：政府的角色在当前人工智能环境中变得越来越重要。政府应该在推动学术界和工业界的创新方面发挥领导作用。这意味着对政府机构提出更高的要求，以建立适当的监管政策，如监管政策应当适度，在不阻碍人工智能技术进步的同时保障人工智能应用的安全。考虑到人工智能技术的演变速度和其复杂的黑匣子结构，这对政府来说是具有挑战性的。此外，政府应积极培育良好的人工智能生态系统，例如鼓励多方利益相关者合作，为

高质量数据集作出贡献，并倡导云计算基础设施的发展。

通过重新评估学术界、工业界和政府的角色，我们可以建立一个支持信息检索社区可持续增长的合作环境。

参考文献

［1］ Eugene Agichtein, Eric Brill, and Susan Dumais. Improving web search ranking by incorporating user behavior information. In Proceedings of the 29th Annual International ACM SIGIR Conference on Research and Development in Information Retrieval, SIGIR'06, page 19–26, New York, NY, USA, 2006. Association for Computing Machinery.

［2］ SM Zabed Ahmed, Cliff McKnight, and Charles Oppenheim. A study of users' performance and satisfaction with the web of science ir interface. Journal of Information Science, 30（5）:459–468, 2004.

［3］ Qingyao Ai, Yongfeng Zhang, Keping Bi, Xu Chen, and W. Bruce Croft. Learning a hierarchical embedding model for personalized product search. In Proceedings of the 40th International ACM SIGIR Conference on Research and Development in Information Retrieval, pages 645–654. ACM, 2017.

［4］ Andrea Alfieri, Ralf Wolter, and Seyyed Hadi Hashemi. Intent disambiguation for task-oriented dialogue systems. CIKM 22, page 5079–5080, New York, NY, USA, 2022. Association for Computing Machinery.

［5］ Liliana Ardissono, Cristina Gena, Pietro Torasso, Fabio Bellifemine, Angelo Difino, and Barbara Negro. User modeling and recommendation techniques for personalized electronic program guides. In Liliana Ardissono, Alfred Kobsa, and Mark T. Maybury, editors, Personalized Digital Television: Targeting Programs to individual Viewers, volume 6 of Human-Computer Interaction Series, pages 3–26. Kluwer / Springer, 2004.

［6］ Keqin Bao, Jizhi Zhang, Yang Zhang, Wenjie Wang, Fuli Feng, and Xiangnan He. Tallrec: An effective and efficient tuning framework to align large language model with recommendation. CoRR, abs/2305.00447, 2023.

［7］ Sebastian Borgeaud, Arthur Mensch, Jordan Hoffmann, Trevor Cai, Eliza Rutherford, Katie Millican, George Bm Van Den Driessche, Jean-Baptiste Lespiau, Bogdan Damoc, Aidan Clark, et al. Improving language models by retrieving from trillions of tokens. In International conference on machine learning, pages 2206–2240. PMLR, 2022.

［8］ Tom Brown, Benjamin Mann, Nick Ryder, Melanie Subbiah, Jared D Kaplan, Prafulla Dhariwal, Arvind Neelakantan, Pranav Shyam, Girish Sastry, Amanda Askell, et al. Language models are few-shot learners. In NeurIPS, pages 1877–1901. Curran Associates, Inc., 2020.

［9］ Sebastien Bubeck, Varun Chandrasekaran, Ronen Eldan, Johannes Gehrke, Eric Horvitz, Ece Kamar, Peter Lee, Yin Tat Lee, Yuanzhi Li, Scott Lundberg, et al. Sparks of artificial general intelligence: Early experiments with gpt-4. arXiv preprint arXiv: 2303.12712, 2023.

［10］ Christopher J. C. Burges. From ranknet to lambdarank to lambdamart: An overview. 2010.

［11］ Long Chen, Dell Zhang, and Levene Mark. Understanding user intent in community question answering. In Proceedings of the 21st International Conference on World Wide Web, WWW'12 Companion, page 823–828, New York, NY, USA, 2012. Association for Computing Machinery.

［12］ GG Chowdhury. The internet and information retrieval research: A brief review. Journal of Documentation, 1999.

［13］ Nick Craswell. Mean reciprocal rank. Encyclopedia of Database Systems, 2009.

［14］ Simon Dennis, Peter Bruza, and Robert McArthur. Web searching: A process-oriented experimental study of three interactive search paradigms. J. Assoc. Inf. Sci. Technol., 53（2）: 120–133, 2002.

［15］ Kevin Duh and Katrin Kirchhoff. Learning to rank with partially-labeled data. In Proceedings of the 31st Annual International ACM SIGIR Conference on Research and Development in Information Retrieval, SIGIR'08, page 251-258, New York, NY, USA, 2008. Association for Computing Machinery.

［16］ Guglielmo Faggioli, Marco Ferrante, Nicola Ferro, Raffaele Perego, and Nicola Tonellotto. Hierarchical dependence-aware evaluation measures for conversational search. In Proceedings of the 44th International ACM SIGIR Conference on Research and Development in Information Retrieval, pages 1935-1939, 2021.

［17］ Yoav Freund, Raj Iyer, Robert E. Schapire, and Yoram Singer. An efficient boosting algorithm for combining preferences. J. Mach. Learn. Res., 4（null）: 933-969, dec 2003.

［18］ Yasuhiro Fujiwara, Makoto Nakatsuji, Hiroaki Shiokawa, Takeshi Mishima, and Makoto Onizuka. Efficient ad-hoc search for personalized pagerank. In Proceedings of the 2013 ACM SIGMOD International Conference on Management of Data, SIGMOD'13, page 445-456, New York, NY, USA, 2013. Association for Computing Machinery. ISBN 9781450320375.

［19］ Yunfan Gao, Tao Sheng, Youlin Xiang, Yun Xiong, Haofen Wang, and Jiawei Zhang. Chatrec: Towards interactive and explainable llms-augmented recommender system. CoRR, abs/2303.14524, 2023.

［20］ Jiafeng Guo, Yixing Fan, Qingyao Ai, and W. Bruce Croft. A deep relevance matching model for ad-hoc retrieval. In Proceedings of the 25th ACM International on Conference on Information and Knowledge Management, CIKM'16, page 55-64, New York, NY, USA, 2016. Association for Computing Machinery.

［21］ Jiafeng Guo, Yixing Fan, Liang Pang, Liu Yang, Qingyao Ai, Hamed Zamani, Chen Wu, W. Bruce Croft, and Xueqi Cheng. A deep look into neural ranking models for information retrieval. Information Processing & Management, 57（6）: 102067, 2020.

［22］ Yangyang Guo, Zhiyong Cheng, Liqiang Nie, Yinglong Wang, Jun Ma, and Mohan S. Kankanhalli. Attentive long short-term preference modeling for personalized product search. ACM Trans. Inf. Syst., 37（2）: 19: 1-19: 27, 2019.

［23］ Kelvin Guu, Kenton Lee, Zora Tung, Panupong Pasupat, and Ming-wei Chang. Realm: Retrievalaugmented language model pre. ICML, 2020.

［24］ Hangfeng He, Hongming Zhang, and Dan Roth. Rethinking with retrieval: Faithful large language model inference. arXiv preprint arXiv: 2301.00303, 2022a.

［25］ Junxian He, Chunting Zhou, Xuezhe Ma, Taylor Berg-Kirkpatrick, and Graham Neubig. Towards a unified view of parameter-efficient transfer learning. In International Conference on Learning Representations, 2022b.

［26］ William R. Hersh, Chris Buckley, T. J. Leone, and David H. Hickam. OHSUMED: an interactive retrieval evaluation and new large test collection for research. In Proceedings of the 17th Annual International ACM-SIGIR Conference on Research and Development in Information Retrieval, pages 192-201. ACM/Springer, 1994.

［27］ Neil Houlsby, Andrei Giurgiu, Stanislaw Jastrzebski, Bruna Morrone, Quentin De Laroussilhe, Andrea Gesmundo, Mona Attariyan, and Sylvain Gelly. Parameter-efficient transfer learning for nlp. In International Conference on Machine Learning, pages 2790-2799, 2019.

［28］ Edward J Hu, Yelong Shen, Phillip Wallis, Zeyuan Allen-Zhu, Yuanzhi Li, Shean Wang, Lu Wang, and Weizhu Chen. Lora: Low-rank adaptation of large language models. arXiv preprint arXiv: 2106.09685, 2021.

［29］ Zhiqiang Hu, Yihuai Lan, Lei Wang, Wanyu Xu, Ee-Peng Lim, Roy Ka-Wei Lee, Lidong Bing, and Soujanya Poria. Llm-adapters: An adapter family for parameter-efficient fine-tuning of large language models. arXiv preprint arXiv: 2304.01933, 2023.

［30］ Po-Sen Huang, Xiaodong He, Jianfeng Gao, Li Deng, Alex Acero, and Larry Heck. Learning deep structured semantic models for web search using clickthrough data. CIKM'13, page 2333-2338, New York, NY, USA, 2013. Association for Computing Machinery.

［31］ Gautier Izacard, Patrick Lewis, Maria Lomeli, Lucas Hosseini, Fabio Petroni, Timo Schick, Jane Dwivedi-Yu, Armand Joulin, Sebastian Riedel, and Edouard Grave. Atlas: Few-shot learning with retrieval augmented language models. arXiv preprint arXiv, 2208, 2022.

［32］ Bernard J. Jansen, Danielle L. Booth, and Amanda Spink. Determining the user intent of web search engine queries. In Proceedings of the 16th International Conference on World Wide Web, WWW'07, page 1149-1150, New York, NY, USA, 2007. Association for Computing Machinery.

［33］ Kalervo Järvelin and Jaana Kekäläinen. Cumulated gain-based evaluation of ir techniques. ACM Transactions on Information Systems（TOIS）, 20（4）: 422-446, 2002.

［34］ Yongyu Jiang, Peng Zhang, Hui Gao, and Dawei Song. A quantum interference inspired neural matching model for ad-hoc retrieval. In Proceedings of the 43rd International ACM SIGIR

［35］ Conference on Research and Development in Information Retrieval, SIGIR'20, 19-28.

［36］ New York, NY, USA, 2020. Association for Computing Machinery.

［37］ Long Jin, Yang Chen, Tianyi Wang, Pan Hui, and Athanasios V. Vasilakos. Understanding user behavior in online social networks: a survey. IEEE Communications Magazine, 51（9）: 144-150, 2013. doi: 10.1109/MCOM.2013.6588663.

［38］ Robert Ivor John and Gabrielle J. Mooney. Fuzzy user modeling for information retrieval on the world wide web. Knowl. Inf. Syst., 3（1）: 81-95, 2001.

［39］ Alexandros Karatzoglou, Linas Baltrunas, and Yue Shi. Learning to rank for recommender systems. In Proceedings of the 7th ACM Conference on Recommender Systems, RecSys'13, page 493-494, New York, NY, USA, 2013. Association for Computing Machinery.

［40］ Vladimir Karpukhin, Barlas Öguz, Sewon Min, Patrick Lewis, Ledell Wu, Sergey Edunov, Danqi Chen, and Wen-tau Yih. Dense passage retrieval for open-domain question answering. arXiv preprint arXiv: 2004.04906, 2020.

［41］ Mei Kobayashi and Koichi Takeda. Information retrieval on the web. ACM Comput. Surv., 32（2）: 144-173, jun 2000a.

［42］ Mei Kobayashi and Koichi Takeda. Information retrieval on the web. ACM computing surveys（CSUR）, 32（2）: 144-173, 2000b.

［43］ Mojtaba Komeili, Kurt Shuster, and Jason Weston. Internet-augmented dialogue generation, 2021.

［44］ Angeliki Lazaridou, Elena Gribovskaya, Wojciech Stokowiec, and Nikolai Grigorev. Internet-augmented language models through few-shot prompting for open-domain question answering, 2022.

［45］ Nayeon Lee, Wei Ping, Peng Xu, Mostofa Patwary, Pascale N Fung, Mohammad Shoeybi, and Bryan Catanzaro. Factuality enhanced language models for open-ended text generation. Advances in Neural Information Processing Systems, 35: 34586-34599, 2022.

［46］ Brian Lester, Rami Al-Rfou, and Noah Constant. The power of scale for parameter-efficient prompt tuning. In Proceedings of the 2021 Conference on Empirical Methods in Natural Language Processing, pages 3045-3059, 2021.

［47］ Jiwei Li, Michel Galley, Chris Brockett, Georgios P. Spithourakis, Jianfeng Gao, and William B. Dolan. A persona-based neural conversation model. In Proceedings of the 54th Annual Meeting of the Association for Computational Linguistics, ACL 2016, August 7-12, 2016, Berlin, Germany, Volume 1: Long Papers. The Association for Computer Linguistics, 2016.

［48］ Shuokai Li, Ruobing Xie, Yongchun Zhu, Xiang Ao, Fuzhen Zhuang, and Qing He. User-centric conversational recommendation with multi-aspect user modeling. In Proceedings of the 45th International ACM SIGIR Conference on Research and Development in Information Retrieval, pages 223-233, 2022.

［49］ Xiang Lisa Li and Percy Liang. Prefix-tuning: Optimizing continuous prompts for generation. In Proceedings of the

59th Annual Meeting of the Association for Computational Linguistics and the 11th International Joint Conference on Natural Language Processing（Volume 1：Long Papers）, pages 4582–4597, 2021.

［50］ Xiao Liu, Yanan Zheng, Zhengxiao Du, Ming Ding, Yujie Qian, Zhilin Yang, and Jie Tang. Gpt understands, too. arXiv preprint arXiv: 2103.10385, 2021.

［51］ Xiao Liu, Kaixuan Ji, Yicheng Fu, Weng Tam, Zhengxiao Du, Zhilin Yang, and Jie Tang. Ptuning: Prompt tuning can be comparable to fine–tuning across scales and tasks. In Proceedings of the 60th Annual Meeting of the Association for Computational Linguistics（Volume 2：Short Papers）, pages 61–68, 2022.

［52］ Yiheng Liu, Tianle Han, Siyuan Ma, Jiayue Zhang, Yuanyuan Yang, Jiaming Tian, Hao He, Antong Li, Mengshen He, Zhengliang Liu, et al. Summary of chatgpt/gpt–4 research and perspective towards the future of large language models. arXiv preprint arXiv： 2304.01852, 2023.

［53］ Michael Llordes, Debasis Ganguly, Sumit Bhatia, and Chirag Agarwal. Explain like I am BM25：interpreting a dense model's ranked–list with a sparse approximation. CoRR, abs/2304.12631, 2023.

［54］ E. Manavoglu, D. Pavlov, and C.L. Giles. Probabilistic user behavior models. In Third IEEE International Conference on Data Mining, pages 203–210, 2003.

［55］ Christopher D. Manning, Prabhakar Raghavan, and Hinrich Schütze. Introduction to Information Retrieval. Cambridge University Press, Cambridge, UK, 2008.

［56］ M Manoj and Jacob Elizabeth. Information retrieval on internet using meta–search engines：A review. 2008.

［57］ Bhaskar Mitra and Nick Craswell. Neural models for information retrieval. CoRR, abs/1705.01509, 2017.

［58］ Reiichiro Nakano, Jacob Hilton, Suchir Balaji, Jeff Wu, Long Ouyang, Christina Kim, Christopher Hesse, Shantanu Jain, Vineet Kosaraju, William Saunders, et al. Webgpt: Browser–assisted question–answering with human feedback. arXiv preprint arXiv: 2112.09332, 2021.

［59］ Long Ouyang, Jeff Wu, Xu Jiang, Diogo Almeida, Carroll L. Wainwright, Pamela Mishkin, Chong Zhang, Sandhini Agarwal, Katarina Slama, Alex Ray, John Schulman, Jacob Hilton, Fraser Kelton, Luke E. Miller, Maddie Simens, Amanda Askell, Peter Welinder, Paul Francis Christiano, Jan Leike, and Ryan J. Lowe. Training language models to follow instructions with human feedback. In NeurIPS, 2022a.

［60］ Long Ouyang, Jeffrey Wu, Xu Jiang, Diogo Almeida, Carroll Wainwright, Pamela Mishkin, Chong Zhang, Sandhini Agarwal, Katarina Slama, Alex Ray, John Schulman, Jacob Hilton, Fraser Kelton, Luke Miller, Maddie Simens, Amanda Askell, Peter Welinder, Paul F Christiano, Jan Leike, and Ryan Lowe. Training language models to follow instructions with human feedback. In Advances in Neural Information Processing Systems, volume 35, pages 27730–27744, 2022b.

［61］ Liang Pang, Yanyan Lan, Jiafeng Guo, Jun Xu, Jingfang Xu, and Xueqi Cheng. Deeprank：A new deep architecture for relevance ranking in information retrieval. In Proceedings of the 2017 ACM on Conference on Information and Knowledge Management, CIKM'17, page 257–266, New York, NY, USA, 2017. Association for Computing Machinery. ISBN 9781450349185.

［62］ Baolin Peng, Michel Galley, Pengcheng He, Hao Cheng, Yujia Xie, Yu Hu, Qiuyuan Huang, Lars Liden, Zhou Yu, Weizhu Chen, and Jianfeng Gao. Check your facts and try again：Improving large language models with external knowledge and automated feedback, 2023.

［63］ Fabio Petroni, Tim Rocktäschel, Sebastian Riedel, Patrick Lewis, Anton Bakhtin, Yuxiang Wu, and Alexander Miller. Language models as knowledge bases? In Proceedings of the 2019 Conference on Empirical Methods in Natural Language Processing and the 9th International Joint Conference on Natural Language Processing（EMNLP–IJCNLP）, pages 2463–2473, 2019.

［64］ Jonas Pfeiffer, Aishwarya Kamath, Andreas Rücklé, Kyunghyun Cho, and Iryna Gurevych. AdapterFusion：Non-destructive task composition for transfer learning. In Proceedings of the 16th Conference of the European Chapter of the Association for Computational Linguistics：Main Volume，pages 487–503，2021.

［65］ Qi Pi，Weijie Bian，Guorui Zhou，Xiaoqiang Zhu，and Kun Gai. Practice on long sequential user behavior modeling for click–through rate prediction. In Proceedings of the 25th ACM SIGKDD International Conference on Knowledge Discovery & Data Mining，KDD '19，page 2671–2679，New York，NY，USA，2019. Association for Computing Machinery.

［66］ Ori Ram，Yoav Levine，Itay Dalmedigos，Dor Muhlgay，Amnon Shashua，Kevin Leyton–Brown，and Yoav Shoham. In–context retrieval–augmented language models，2023.

［67］ Stephen Robertson and Hugo Zaragoza. The probabilistic relevance framework：Bm25 and beyond. 3（4）：333–389，apr 2009.

［68］ Robin Rombach，Andreas Blattmann，Dominik Lorenz，Patrick Esser，and Björn Ommer. High–resolution image synthesis with latent diffusion models. In CVPR，pages 10684–10695. IEEE，2022.

［69］ Keshav Santhanam，Jon Saad–Falcon，Martin Franz，Omar Khattab，Avirup Sil，Radu Florian，Md. Arafat Sultan，Salim Roukos，Matei Zaharia，and Christopher Potts. Moving beyond downstream task accuracy for information retrieval benchmarking. CoRR，abs/2212.01340，2022.

［70］ Timo Schick，Jane Dwivedi–Yu，Roberto Dessì，Roberta Raileanu，Maria Lomeli，Luke Zettlemoyer，Nicola Cancedda，and Thomas Scialom. Toolformer：Language models can teach themselves to use tools. arXiv preprint arXiv：2302.04761，2023.

［71］ Xinyue Shen，Zeyuan Chen，Michael Backes，and Yang Zhang. In chatgpt we trust? measuring and characterizing the reliability of chatgpt. arXiv preprint arXiv：2304.08979，2023.

［72］ Kurt Shuster，Mojtaba Komeili，Leonard Adolphs，Stephen Roller，Arthur Szlam，and Jason Weston. Language models that seek for knowledge：Modular search & generation for dialogue and prompt completion，2022.

［73］ Ning Su，Jiyin He，Yiqun Liu，Min Zhang，and Shaoping Ma. User intent，behaviour，and perceived satisfaction in product search. WSDM'18，page 547–555，New York，NY，USA，2018.

［74］ Association for Computing Machinery. ISBN 9781450355810.

［75］ Weiwei Sun，Lingyong Yan，Xinyu Ma，Pengjie Ren，Dawei Yin，and Zhaochun Ren. Is chatgpt good at search? investigating large language models as re–ranking agent. arXiv preprint arXiv：2304.09542，2023.

［76］ Yu Sun，Xiaolong Wang，Zhuang Liu，John Miller，Alexei Efros，and Moritz Hardt. Test–time training with self–supervision for generalization under distribution shifts. In International conference on machine learning，pages 9229–9248. PMLR，2020.

［77］ Yi Tay，Vinh Tran，Mostafa Dehghani，Jianmo Ni，Dara Bahri，Harsh Mehta，Zhen Qin，Kai Hui，Zhe Zhao，Jai Gupta，et al. Transformer memory as a differentiable search index. Advances in Neural Information Processing Systems，35：21831–21843，2022.

［78］ Mohamed Trabelsi，Zhiyu Chen，Brian D. Davison，and Jeff Heflin. Neural ranking models for document retrieval. Inf. Retr.，24（6）：400–444，dec 2021.

［79］ Sául Vargas and Pablo Castells. Rank and relevance in novelty and diversity metrics for recommender systems. In Proceedings of the Fifth ACM Conference on Recommender Systems，RecSys'11，page 109–116，New York，NY，USA，2011. Association for Computing Machinery.

［80］ Julita Vassileva. Motivating participation in social computing applications：a user modeling perspective. User Model. User Adapt. Interact.，22（1–2）：177–201，2012.

［81］ Boxin Wang，Wei Ping，Peng Xu，Lawrence McAfee，Zihan Liu，Mohammad Shoeybi，Yi Dong，Oleksii Kuchaiev，Bo Li，Chaowei Xiao，et al. Shall we pretrain autoregressive language models with retrieval? a comprehensive study. arXiv preprint arXiv：2304.06762，2023a.

［82］ Wenjie Wang，Xinyu Lin，Fuli Feng，Xiangnan He，and Tat–Seng Chua. Generative recommendation：Towards next-generation recommender paradigm. arXiv preprint arXiv: 2304.03516, 2023b.

[83]　Ryen W White. Tasks, copilots, and the future of search. 2023.

[84]　Chen Xu, Quan Li, Junfeng Ge, Jinyang Gao, Xiaoyong Yang, Changhua Pei, Fei Sun, Jian Wu, Hanxiao Sun, and Wenwu Ou. Privileged features distillation at taobao recommendations. In Proceedings of the 26th ACM SIGKDD International Conference on Knowledge Discovery & Data Mining, pages 2590–2598, 2020.

[85]　Liu Yang, Minghui Qiu, Swapna Gottipati, Feida Zhu, Jing Jiang, Huiping Sun, and Zhong Chen. Cqarank: Jointly model topics and expertise in community question answering. In Proceedings of the 22nd ACM International Conference on Information & Knowledge Management, CIKM'13, page 99–108, New York, NY, USA, 2013. Association for Computing Machinery. ISBN 9781450322638.

[86]　Fajie Yuan, Xiangnan He, Alexandros Karatzoglou, and Liguang Zhang. Parameter-efficient transfer from sequential behaviors for user modeling and recommendation. SIGIR'20, page 1469–1478, New York, NY, USA, 2020. Association for Computing Machinery. ISBN 9781450380164.

[87]　Jing Yuan, Yu Zheng, and Xing Xie. Discovering regions of different functions in a city using human mobility and pois. KDD'12, page 186–194, New York, NY, USA, 2012. Association for Computing Machinery. ISBN 9781450314626.

[88]　Jingtao Zhan, Xiaohui Xie, Jiaxin Mao, Yiqun Liu, Jiafeng Guo, Min Zhang, and Shaoping Ma. Evaluating interpolation and extrapolation performance of neural retrieval models. In Proceedings of the 31st ACM International Conference on Information & Knowledge Management, pages 2486–2496, 2022.

[89]　Kai Zhang, Wei Wu, Haocheng Wu, Zhoujun Li, and Ming Zhou. Question retrieval with high quality answers in community question answering. In Proceedings of the 23rd ACM International Conference on Conference on Information and Knowledge Management, CIKM'14, page 371–380, New York, NY, USA, 2014. Association for Computing Machinery.

[90]　Qingru Zhang, Minshuo Chen, Alexander Bukharin, Pengcheng He, Yu Cheng, Weizhu Chen, and Tuo Zhao. Adaptive budget allocation for parameter-efficient fine-tuning. arXiv preprint arXiv: 2303.10512, 2023.

[91]　Yongfeng Zhang, Xu Chen, Qingyao Ai, Liu Yang, and W. Bruce Croft. Towards conversational search and recommendation: System ask, user respond. In Proceedings of the 27th ACM International Conference on Information and Knowledge Management, pages 177–186. ACM, 2018.

[92]　Yu Zheng, Xing Xie, and Wei-Ying Ma. Geolife: A collaborative social networking service among user, location and trajectory. IEEE Data (base) Engineering Bulletin, June 2010.

[93]　Peixiang Zhong, Chen Zhang, Hao Wang, Yong Liu, and Chunyan Miao. Towards persona-based empathetic conversational models. In Bonnie Webber, Trevor Cohn, Yulan He, and Yang Liu, editors, Proceedings of the 2020 Conference on Empirical Methods in Natural Language Processing, EMNLP 2020, Online, November 16–20, 2020, pages 6556–6566. Association for Computational Linguistics, 2020.

[94]　Mu Zhu. Recall, precision and average precision. University of Waterloo, 2004.

撰稿人：刘奕群

多智能体系统的研究现状及发展趋势

一、研究进展

多智能体系统初创于 20 世纪 70 年代，过去五十多年的发展，可大致分为前深度学习时代和深度学习时代。前深度学习时代的多智能体系统研究主要采用传统的优化算法，而在深度学习时代人们利用深度神经网络的强大表示能力来解决更大规模和更复杂的问题。在绝大多数情况下，多智能体系统和分布式人工智能是等价概念。

（一）前深度学习时代

继 1956 年约翰·麦卡锡（John McCarthy）在著名的达特茅斯研讨会上提出人工智能（artificial intelligence）这一概念后，智能体（intelligent agent）领域便开始兴起。智能体这一概念在早期的人工智能文献中就已经出现，例如阿兰·图灵（Alan Turing）提出用来判断一台机器是否具备人类的智能的图灵测试。在这个测试中，测试者通过一些监视设备向被测试的实体（也就是我们现在所说的智能体）提问。如果测试者不能区分被测试对象是计算机程序还是人，那么根据图灵的观点，被测试的对象就被认为是智能的。尽管智能体的概念很早就出现，将多个智能体作为一个功能上的整体（即能够独立行动的自主集成系统）加以研究的思路在上世纪七十年代之前都发展甚微。这期间，一些研究着眼于构建一个完整的智能体或多智能体系统，其中比较有影响的有 Hearsay–II 语音理解系统、STRIPS 规划系统、Actor 模型等。1978 年 12 月，DARPA 分布式传感器网络研讨会作为最早致力于多智能体系统问题的研讨会在卡耐基梅隆大学（CMU）举办。1980 年 6 月 9 日至 11 日，分布式人工智能这个新领域的首次研讨会在麻省理工学院举办。欧洲和亚洲的分布式人工智能研讨会也随着研究队伍的壮大而逐步开展。在 1980 年这次会议上，研究人员开始谈论分布式问题求解、多智能体规划、组织控制、合同网、协商、分布式传感器网络、功能精确的协作分布式系统、大规模行为者模型，以及智能体规范逻辑框架等重要的多智能体系统研究问题。在此之后，集成智能体构建和多智能体系统研究的各个分支领域都有较大的发展。分布式人工智能领域自诞生之际起就海纳百川，包罗各个学科，直到今天依然是跨学科交叉的沃土。然而，恰如其名，分布式人工智能和人工智能领域之间始终维系着最强的纽带。

随着八十年代后期 *Distributed Artificial Intelligence* 和 *Readings in Distributed Artificial Intelligence* 的出版，重要的文献有了集中的去处，分布式人工智能领域开始联合并显著地扩张。在这段成长的时期，建立在博弈论和经济学概念上的自私智能体交互的研究逐步兴盛起来。随着协作型和自私型智能体研究的交融，分布式人工智能逐渐演变并最终采用了一个更广阔、更包罗的新名字多智能体系统。

九十年代初期，得益于同期互联网的迅猛扩张，多智能体系统研究快速发展。此时互联网已从一个学术圈外鲜为人知的事物演变成全球商业和休闲不可或缺的日常工具。如果说计算的未来在于分布式的、联网的系统，人们亟须新的计算模型去挖掘这些分布式系统的潜能，那么互联网的爆炸式增长或许就是最好的说明。毫无疑问，互联网将成为多智能体技术的主要试验场之一。基于和用于互联网的智能体的出现催生了新的相关软件技术。人们提出了面向智能体的编程范式（Agent-oriented programming，AOP），将软件的构建集中在软件智能体的概念上。相比面向对象的编程以对象（通过变量参数提供方法）为核心的理念，AOP 以外部指定的智能体（带有接口和消息传递功能）为核心。很快，一批移动智能体框架以 Java 包的形式被开发和发布。

九十年代中期，工业界对智能体系统的兴趣集中在标准化这一焦点上。一些研究人员开始认为智能体技术可能会因为公认的国际标准的缺失而难以得到广泛的认可。九十年代初开发的两种颇具影响力的智能体通信语言 KQML 和 KIF 就一直没有被正式地标准化。因此，FIPA 运动在 1995 年开始了标准化多智能体的工作，它的核心是一套用于智能体协作的语言。九十年代后期，随着互联网的继续发力，电子商务应运而生，.com 公司席卷全球。很快，人们意识到电子商务代表着一个自然且利益丰厚的多智能体系统应用领域，这其中的基本想法是智能体驱动着电子商务中从产品搜寻到实际的商谈的各个环节。到世纪之交，以智能体为媒介的电子商务或许已经成为智能体技术的最大单一应用场合，为智能体系统在谈判和拍卖领域的发展提供了商业和科学上的巨大推动力。2000 年以后，以促进和鼓励高质量的交易智能体研究为目的的交易智能体竞赛（Trading Agent Competition）得以推出并吸引了很多研究人员的参与。到九十年代后期，研究人员开始在不断拓宽的现实领域寻求多智能体系统的新发展。机器人世界杯（RoboCup）应运而生。RoboCup 的目标很清晰，即在五十年之内训练一支机器人足球队战胜世界杯水准的人类球队。其基本理论在于一支出色的球队需要一系列的技能，比如利用有限的带宽进行实时动态的协作。RoboCup 的热度在世纪之交暴涨，定期举办的 RoboCup 锦标赛吸引了来自世界各地的数百支参赛队伍。2000 年，RoboCup 推出了一项新的活动 RoboCup 营救。这项活动以发生在九十年代中期的日本神户大地震为背景，以建立一支能够通过相互协作完成搜救任务的机器人队伍为目标。

高水平的学术会议对于一个领域的发展至关重要。1995 年，第一届 ICMAS 大会（International Conference on Multi-Agent Systems）在美国旧金山举办。紧接着，ATAL 研讨会（International Workshop on Agent Theories，Architectures，and Languages）和 AA 会议（International Conference on Autonomous Agents）相继举办。国际智能体及多智能体系统协会（International Foundation for Autonomous Agents and Multiagent Systems，IFAAMAS）以促进人工智能、智能体与多智能体系统领域的科技发展为宗旨成立。为了提供一个统一、高质量并广受国际关注的智能体和多智能体系统理论和实践研究论坛，IFAAMAS 在 2002 年将上述三个会议合并为智能体及多智能体系统国际会议（International Joint Conference on Autonomous Agents and Multi-Agent Systems，AAMAS），一般在每年的 5 月举行。自那以后，AAMAS 会议成了多智能体系统领域的顶级会议，发表了许多具有开创性意义的文章，极大地促进了这一领域的发展。

（二）深度学习时代

深度学习自 2006 年提出之后，为学术界和工业界带来了巨大的变革，从计算机视觉领域出发，进而影响到了强化学习和自然语言处理，并在近几年越来越多地用于多智能体系统领域。深度学习用于多智能体系统引起广泛关注的是 2016 年来自 DeepMind 的科学家开发的用于求解围棋策略的 AlphaGo，它是第一个击败人类职业围棋选手、第一个击败围棋世界冠军的人工智能算法。基于 AlphaGo，DeepMind 后续开发了 AlphaGoZero、AlphaZero 和 Muzero，极大地推进了该方面的研究。AlphaGo 中采用的算法可以用来很好地求解完全信息博弈下的策略，但不适用于非完全信息博弈。2017 年阿尔伯塔大学开发了 DeepStack 系统，它被用来解决二人无限下注的德州扑克问题，并最终史无前例地击败了职业的扑克玩家。在此之后，人们的目光转移到了斗地主和麻将上面，借助深度学习和强化学习的强大能力，依然取得了击败人类职业玩家的良好效果。

深度学习在分布式约束问题（DCOP）和组合优化问题的求解问题上也得到了应用。深度学习的优势在于其借助深度神经网络强大的表示能力可以对大规模的复杂问题进行表示，这也是分布式约束问题和组合优化常常需要的。因而在 2014 年，研究者将深度学习用到了分支定界的算法当中，取得了不错的效果。2015 年来自 Google 的研究者提出了 Pointer Network（Ptr-Net），这是一类专为解组合优化问题提出的神经网络，作者成功地将其应用在了旅行商问题（TSP）上面。基于 Pointer Netwok 的相关的后续工作包括将强化学习和 Pointer Network 结合解决对于标签的依赖，利用注意力模型和强化学习解决车辆路径规划问题，以及使用自然语言处理中的 Transformer 模型提升算法效果。另一方面，由于图神经网络（graph neural network，GNN）研究的兴起，研究者也开始将其用于解决组合优化问题。早期的尝试包括利用 Structure2Vec GNN 结构结合强化学习算法解决旅行商问题，以及最大割和最小顶点覆盖问题。后续工作包括利用监督学习和 GNN 解决决策版本的旅行商问题，含有更多约束的问题如带有时间窗口的旅行商问题。这类方法也被应用于解决布尔可满足性（SAT）问题，依然取得了不错的效果。

不仅在博弈和分布式优化问题上，研究者也把深度学习的技术应用到了多智能体系统的其他领域。近几年发展尤为迅速的是多智能体强化学习（MARL）领域。于 2017 年提出的 MADDPG 算法提出了"集中式训练，分布式执行"的训练模式，很好地在简单问题上解决了不同智能体之间在没有通信的情况下的合作问题。2018 年，牛津大学提出了 QMIX 算法，并且开源了 Star Craft Ⅱ Multi-Agent Challenge（SMAC）环境作为测试 MARL 算法效果的通用环境。SMAC 是一组基于暴雪公司开发的星际争霸（StarCraft）游戏精心设计的智能体之间合作的任务，它可用来测试算法在不同合作模式下的训练效果。自那之后基于 SMAC 的工作出现了很多，受到研究者关注的有 QTRAN，QPLEX 和 Weighted QMIX。虽然 SMAC 是一组理想的测试环境，但是任务本身难度较小，具有一定的局限性，因而 DeepMind 的研究者基于完全版本的星际争霸来训练智能体，最终他们训练的智能体达到了 Grandmaster 水准。几乎与此同时，OpenAI 的研究者利用深度学习训练了打 Dota2 游戏的多智能体系统也击败了人类职业玩家。这些研究被认为是多智能体强化学习在复杂决策问题上可以超过人类的典型例子。

中国学者为多智能体系统的发展也贡献了自己的力量。2019 年，第一届分布式人工智能国际会议（International Conference on Distributed Artificial Intelligence，DAI）在北京召开。DAI 的主要目标是将相关领域（例如通用人工智能、多智能体系统、分布式学习、计算博弈论）的研究人员和从业者聚集在一起，为促进分布式人工智能的理论和实践发展提供一个高水平的国际研究论坛。自创办以来，该会议得到了中外许多研究者的关注和参与，其发表的文章也获得了研究者的引用，激发了许多后续的研究，形成了一定的影响力。

二、主要研究领域

多智能体系统目前有五个代表性的研究领域。

（一）算法博弈论

算法博弈论是博弈论和算法设计的交叉领域。算法博弈论问题中算法的输入通常分布在许多参与者上，这些参与者对输出有不同的个人偏好。在这种情况下，这些智能体参与者可能因为个人利益而隐瞒真实的信息。除了经典算法设计理论要求的多项式运算时间及较高近似度外，算法设计者还需要考虑智能体动机的约束。

当前算法博弈论的研究者主要关注在完全信息博弈和非完全信息博弈中的 Nash 均衡

的求解。Nash 均衡是指当所有人执行其 Nash 均衡策略是，没有人能够通过单方面改变自己的策略增加自己的收益。在每个参与者的动作都是有限的情况下，混合策略的 Nash 均衡存在于任意博弈中。虽然 Nash 均衡在算法博弈论中应用广泛，但是其求解是非常困难的，对于二人及以上的非零和博弈，其计算难度是 PPAD–complete。幸运的是，对于二人零和博弈，其 Nash 均衡可以在多项式时间内求解。目前研究者关注的二人有限下注和无限下注的德州扑克都是属于二人零和博弈。小型的博弈可以通过求解线性规划来得到，但对于大规模博弈其线性规划表示很难求解。因而对于求解大规模二人零和博弈最广泛应用的算法是反事实遗憾最小化算法（CFR）和 Fictitious（Self）–Play。其中，CFR 被成功地用于求解二人德州扑克，并决定性地打败了人类职业选手。在多人零和或者非零和博弈中，研究者利用类似的方法取得了一些实验结果，但依然缺乏相应的理论支撑。多人博弈目前还是一个开放的问题。

进入深度学习时代以来，上述提到的反事实遗憾最小化算法（CFR）和 Fictitious（Self）–Play 也提出了其相应的深度学习版本，也即 DeepCFR 和 Neural Fictitious Self–Play（NFSP），这类算法成功地应用于大规模的博弈问题的求解，取得了很好的结果。另一方面，基于经典的 Double Oracle 算法，DeepMind 的研究者提出了 Policy Space Response Oracle（PSRO）算法以及其拓展变体，并将一些现有算法统一起来。基于深度学习的算法具有强大的表示能力，但是其训练相对更为耗时，所以更适用于博弈的表示学习方法是一个值得探索的方向。

（二）分布式问题求解

作为多智能体系统的一个子领域，分布式问题求解着眼于让多个智能体共同解决一个问题。这些智能体通常都是合作性的。在众多分布式问题求解模型中，分布式约束推理（Distributed Constraint–Reasoning，DCR）模型，如分布式约束满足问题（Distributed Constraint–Satisfaction Problem，DCSP）和分布式约束优化问题（Distributed Constraint–Optimization Problem，DCOP）的使用和研究较为广泛。DCR 模型历史较长，在各种分布式问题上都有应用，包括无线电信道分配和分布式传感器网络。自九十年代中期以来，DCSP 和 DCOP 算法设计（包括完全的和非完全的）获得了学术界的广泛关注。根据搜索策略（最佳优先搜索或深度优先分支定界搜索）、智能体间同步类型（同步或异步）、智能体间通讯方式（约束图邻居间点对点传播方式或广播方式）以及主要通信拓扑结构（链式或树形）的不同，可以对学术界提出的众多 DCR 算法进行归类。例如，ADOPT 采用的是最佳优先搜索、异步同步、点对点的通信和树形通信拓扑结构。近来，研究人员在多个方面延伸了 DCR 模型和算法，从而更精确地建模和求解现实问题。隐私保护是使用 DCR 建模诸如分布式会议安排这类问题的一个动机。例如当两名用户没有安排同一个会议的需求时，他们应当无权知悉对方对于会议时间的偏好。不幸的是，隐私泄露常常难以避免。

为此，研究人员引入一些指标去衡量 DCR 的隐私泄露程度，并设计新的 DCR 算法来更好地保护隐私。DCR 模型也被扩展为动态 DCR 模型，如动态 DCSP 和动态 DCOP。一个典型的动态 DCR 问题由一连串（静态的）DCR 问题组成，问题与问题之间有一定的变化。其他相关的扩展还包括：智能体以截止时间决定价值的连续时间模型、智能体对所处环境认知不完全的模型。研究人员还将 DCOP 扩展为多目标 DCOP 及资源受限的 DCOP。

由于其出色的表征能力，近年来深度学习被广泛应用于求解大规模约束规划、推理问题，涌现出一大批优秀算法。2018 年来自南加州大学的研究者成功地将卷积神经网络（Convolutional Neural Network，CNN）应用于表征约束满足问题，并据此提出用于预测可满足性的 CSP-CNN 模型。在布尔满足问题上，加州大学伯克利分校结合图神经网络通过强化学习得到分支启发信息（Branching Heuristics），极大地提升了现有算法的求解效率。深度桶消除（Deep Bucket Elimination，DBE）算法则是利用深度神经网络来表示高维效用表，解决了约束推理中指数级的内存消耗问题。

类似的想法也应用于求解其他 DCOP 问题。然而，大多数基于深度学习的算法很难提供理论上的质量保障，使得其在大量例如船舶导航、灾难救援等关键场景下无法应用。因此，如何更好地将深度学习和符号推理相结合，以开发具有理论保障的约束推理算法是未来亟待解决的问题。

（三）多智能体规划

不确定性是多智能体系统研究面临的最大挑战之一。即便在单智能体系统中，行动的输出也会存在不确定性（如行动失败的概率）。此外，在许多问题中，环境的状态也会因噪声或传感器能力所限而带有不确定性。在多智能体系统中，这些问题更加突出。一个智能体只能通过自己的传感器来观测环境状态，因此智能体预知其他智能体动向的能力十分有限，合作也会因此变得复杂。如果这些不确定性不能得到很好的处理，各种糟糕的情况都有可能出现。理论上，智能体通过相互交流和同步它们的信念协调行动。然而，由于带宽的限制，智能体往往不可能将必要的信息广播至其他所有智能体。此外，在许多实际场景中，通信是不可靠的，这就不可避免地给对其他智能体行动的感知带来了不确定性。近年来，大量的研究集中于寻求以规范的方式处理多智能体系统不确定性的方法，建立了各种模型和求解方法。分散型马尔科夫决策过程（Decentralized Markov decision process，Dec-MDP）和分散型部分可观测马尔科夫决策过程（Decentralized partially observable Markov decision process，Dec-POMDP）是不确定性情形下多智能体规划建模最为常用的两种模型。不幸的是，求解 Dec-POMDP（即计算最佳规划）通常是很难的（NEXP-complete），即便是计算绝对误差界内的解也是 NEXP-complete 的问题。特别地，联合策略的数量随智能体数量和观察次数呈指数增长，随问题规模呈双重指数增长。尽管这些复杂性预示对所有问题都行之有效的方法很难找到，开发更好的 Dec-POMDP 优化求解方法仍然是一项至关重要且广受关注的问题。

一些相关研究也试图将深度学习尤其是深度强化学习应用到多智能体规划问题中。在多智能体路径寻找（Multi-Agent Path-Finding，MAPF）中，研究者将传统启发式算法和深度强化学习结合起来获得了比传统方法更好的结果，以及提出了基于深度网络的对于多种算法的选择算法来综合不同算法的优势以达到最好的求解效果。在更贴近真实场景的多智能体运动规划（Multi-Agent Motion Planning）中，研究者利用深度强化学习和基于力的（Force-based）规划算法来提高到达目标的准确率和减少到达目标的时间。相对来讲，基于深度学习的多智能体规划算法的研究还相对较少，仍未能完全发觉深度学习的潜力。

（四）多智能体学习

多智能体学习（Multi-agent Learning，MAL）将机器学习技术引入多智能体系统领域，研究如何设计算法去创建动态环境下的自适应智能体。MAL 领域被广泛研究的技术是强化学习（Reinforcement Learning）。单智能体的强化学习通常在马尔科夫决策过程（Markov Decision Processes，MDP）的框架内就能被较好地描述。一些独立的强化学习算法（如Q-learning）在智能体所处环境满足马氏性且智能体能够尝试足够多行动的前提下会收敛至最优的策略。尽管 MDP 为单智能体学习提供了可靠的数学框架，对多智能体学习却并非如此。在多个自适应智能体相互作用的情况下，一个智能体的收益通常依赖于其他个体的行动，学习环境已经不再是静态的了。此时每个智能体面临一个目标不断变化的问题——单个智能体需要学习的内容依赖于其他智能体学到的内容，并随之改变。因此，有必要对原有的 MDP 框架作相应的扩展，这其中有马尔科夫博弈和联合行动学习机等。在这些扩展中，学习发生在不同智能体的状态集和行动集的积空间上。因而当智能体、状态或行动的数量太大时，这些扩展面临积空间过大的问题。此外，共享的联合行动空间也未必可用。比如在信息不完全的情况下，智能体未必能观察到其他智能体的行动。如何处理复杂的现实问题，如何高效地处理大量的状态、大量的智能体以及连续的策略空间已经成为目前 MAL 研究的首要问题。

随着深度强化学习的兴起，上述问题的解决迎来了新的转机，多智能体强化学习（Multi-Agent Reinforcement Learning，MARL）乘势兴起。多智能体强化学习中，每个智能体都采用强化学习对自己的策略进行训练，其中智能体的策略利用深度网络来表示。为解决在同时训练的过程中每个智能体的外部环境都不是静态的问题，以及多智能体之间的收益分配问题，集中训练、分布式执行的训练范式被提出，并成为后续工作中的一个基本训练范式。该训练范式的核心思路是在执行过程中每个智能体只能根据自己的观察做出决策，但在训练过程中对于每个决策的评价可以通过一个使用全局信息的模块来进行，这种全局模块可以是一个 Critic 网络，一个反事实遗憾值，或者一个专门用来做收益分配的

Mix 网络。这样的设计在基于粒子的环境和基于 StarCraftII 的一组合作任务上都取得了很好的效果。

在当下的研究趋势中，研究者正在把 MARL 应用到更为复杂和更大规模的多智能体学习任务上，诸如地面和空中交通管控、分布式监测、电子市场、机器人营救和机器人足球赛、智能电网等一系列实际应用场合。

（五）分布式机器学习

随着大数据时代的来临，各大平台每天产生的数据高达拍的量级。这样量级的数据在单机上存储和应用都是极度困难的，因而将数据部署到多台、多类型的机器上进行并行计算是非常必要的解决方式，这带来了分布式机器学习的兴起。分布式机器学习的目标是将具有庞大数据和计算量的任务分布式地部署到多台机器上，以提高数据计算的速度和可扩展性，减少任务的耗时。随着数据量和计算量的不断攀升，以及对于数据处理的速度和计算准确性的严格要求，分布式机器学习需要从软件和硬件的两条道路分别进行提升。

分布式机器学习平台能够从软件层面极大地为研究者带来便利。Apache Spark 是一个开源集群运算框架，最初是由 UC Berkeley AMPLab 所开发。Spark 框架是基于数据流的模型，其在处理大规模、高维度的大数据时，巨大的参数规模使得模型训练异常耗时。为解决该困难，研究人员提出了参数服务器模型，如 Petuum 框架。在后续的长期开发和应用中，研究和工程人员深感两类模型各有其利弊，应该扬长弃短，搭配使用。Google Brain 团队于 2015 年推出了 TensorFlow，其综合使用了两类模型，将计算任务抽象成有向图，可以更方便地进行分布式训练，一跃成为当时机器学习研究者使用的首选框架。晚些时候的 2017 年，Facebook 的科学家推出了 PyTorch，是 Python 开源科学计算库 NumPy 的替代者，支持 GPU 且具有更高级的性能，为深度学习研究平台提供了最高的灵活性和最快的速度。PyTorch 和 TensorFlow 类似，都是将网络模型的符号表达式抽象成计算图，而不同的是 PyTorch 的计算图在运行时动态构建，而 TensorFlow 是事先经过编译的，也即静态图。PyTorch 因其简洁易用深得研究者的喜欢，而 TensorFlow 在工业界则更受欢迎。一些小众的框架如 MXNet 在特殊领域获得应用。

软件和硬件相互搭配，才能够发挥分布式机器学习的最大潜力。其中大部分研究者使用的是英伟达（Nvidia）公司的图形处理器（Graphics Processing Unit，GPU），利用其在进行图像计算中的优越性来加速机器学习算法的训练速率。除了通用的处理器，Google 在 2016 年 5 月公布了其张量处理单元（Tensor Processing Unit，TPU），它是 Google 专门为 TensorFlow 开发的专用集成电路芯片（Application-Specific Integrated Circuit，ASIC）。随着自然语言处理和计算机视觉的研究对于计算量的要求越来越高，TPU 已经成了处理该类任务的首选项。Google 在其云平台上开放了 TPU 租用服务，让更多的研究者可以利用 TPU 训练模型。

随着分布式机器学习的发展，数据孤岛和数据隐私问题获得了更多的关注。数据孤岛是指由于商业公司的数据大多具有极大的潜在价值，并且涉及用户的隐私问题，数据很难在商业公司之间，甚至商业公司的部门之间进行共享，因而数据大多以孤岛的形式出现。在这种情况下，联邦学习应运而生。联邦学习作为分布式的机器学习范式，可以有效解决数据孤岛问题，让参与方在不共享数据的基础上联合建模，能从技术上打破数据孤岛，实现 AI 协作。联邦学习最早于 2016 年提出，原本用于解决安卓手机终端用户在本地更新模型的问题。在这篇文章中，Google 的研究者提出了 Federated Averaging（FedAvg）算法，其基本想法是对所有本地模型的梯度进行平均来对模型进行更新，这样既避免了本地用户之间的数据共享，还可以利用其梯度信息进行联合建模。在此基础上，联邦学习拓展到了更多的场景，如适用于数据集共享相同特征空间但样本不同的情况下的横向联邦学习，适用于两个数据集共享相同的样本 ID 空间但特征空间不同的情况下纵向联邦学习和适用于两个数据集不仅在样本上而且在特征空间上都不同的情况下的联邦迁移学习。2018 年 12 月，IEEE 标准协会批准了关于联邦学习架构和应用规范的标准立项。

三、相关研究应用

（一）足球

RoboCup 设立于 1997 年，经过二十余年的发展，现在已经成长为包括足球联赛（Soccer）、救援联赛（Rescue）、居家联赛（@home）、青少年联赛（Junior）和工业联赛（Industrial）的大型国际性竞赛，参赛队伍也达到了三四百支。其中足球联赛历史最为悠久，可细分为仿真组（包括 2D 和 3D）、小型组、中型组、标准平台组和类人组。

其中参与团队采用的技术也由开始的基于规则，状态机和规划算法，变得以深度学习和深度强化学习为主，这一趋势体现了近二十年科研趋势的发展，也产出了许多高水平的研究成果。在近十年的 RoboCup 中，来自中国高校的代表队表现非常亮眼，来自中国科学技术大学的陈小平教授的团队获得多项比赛的冠军。

2020 年，Google 公司与英超曼城俱乐部在数据科学社区和数据科学竞赛平台 Kaggle 上举办了首届 Google 足球竞赛，这次竞赛基于 Google Research Football 强化学习环境，采取十一对十一的赛制，参赛团队需要控制其中一个智能体与十个内置智能体组成球队。经过多轮角逐，最终腾讯 AILab 研发的绝悟 WeKick 版本成为冠军球队。另一方面，来自 DeepMind 的科学家与利物浦足球俱乐部合作，对人工智能帮助球员和教练分析对战数据进行了探索。举例来讲，他们分析了过去几年的点球数据，发现球员在踢向自己最强的一侧更容易得分。他们还在一个可以仿真球员关节动作且决策间隔精确到毫秒的足球环境中训练了 AI 模型，发现 AI 可以自发地形成一个队伍进行合作来取得胜利。

（二）安全博弈

保护关键公共基础设施和目标是各国安全机构面对的一项极具挑战性的任务。有限的安全资源使得安全机构不可能在任何时候都提供全面的安全保护。此外，安全部门的对手可以通过观察来发现安全机构的保护策略的固定模式和弱点，并据此来选择最优的攻击策略。一种降低对手观察侦查能力的方式是随机调度安全部门的保护行为，如警察巡逻、行李检测、车辆检查以及其他安全程序。然而，安全部门在进行有效的随机安全策略调度时面临许多困难，特别是有限的安全资源不能无处不在或者每时每刻提供安全保护。安全领域资源分配的关键问题是如何找出有限的安全资源最优配置方案，以获取最佳的安全保护方案。

博弈论提供了一个恰当的数学模型来研究有限的安全资源的部署，以最大限度地提高资源分配的有效性。尽管安全博弈模型是基于二十世纪三十年代的 Stackelberg 博弈模型，但它是一个相对年轻的领域，是 2006 年 Vincent Conitzer 和 Tuomas Sandholm 的经典论文发表后迅速发展起来的。安全博弈论初期研究的主要参与者包括南加利福尼亚大学 Milind Tambe 教授领导的 TEAMCORE 研究小组，现在越来越多的学者参与到这项研究中，近 100 篇论文发表于人工智能领域的顶级会议 AAMAS、AAAI 和 IJCAI。过去十年，博弈论在安全领域的资源分配及调度方面的理论——安全博弈论逐渐建立并且在若干领域（如机场检查站的设置及巡逻调度、空中警察调度、海岸警卫队的巡逻、机场安保、市运输系统安全）得到成功应用。最新兴起并得到关注的是绿色安全博弈（Green Security Game），其包括对野生动物、鱼类以及森林的保护。

虽然安全博弈论已经成功应用在一些领域，但依然面临很多挑战，包括提高现有的安全博弈算法的可扩展性，提高安全资源分配策略的鲁棒性，对恐怖分子的行为建模、协同优化、多目标优化等。

（三）扑克和麻将

扑克和麻将是世界流行的娱乐活动，不同的扑克和麻将游戏具有不同的牌数和不同的胜负判定规则。扑克和麻将游戏可以被非完全信息序贯博弈来建模，而研究者关心的是如何计算这类游戏的均衡策略，特别是大规模的游戏。举例来讲，对于二人有限下注的德州扑克，可能出现的不同牌面状态是 10^4。因而扑克和麻将的求解对于应用和研究领域都是一个非常具有挑战性的问题。

相关的研究和应用最早在德州扑克上面出现。德州扑克可以写成一个非常宽但是相对较浅的博弈树，来自卡耐基梅隆大学的 Tuomas Sandholm 教授团队经过十余年的研究最终在 2017 年开发出了第一个在二人无限下注的德州扑克上打败人类职业玩家但没有使用深度学习的算法 Libratus，其中最主要应用的技术是先根据博弈的特殊性质进行抽象然后应用 CFR 算法进行训练。在此之后,他们将相同的算法应用在多人无限下注的德州扑克上面,也即 Pluribus,依然取得了很好的结果。在此之后,研究者将目光转移到了更复杂的扑克游戏上,如斗地主这类决策轮数更多,牌数更多的游戏上面。由于博弈树变得更宽而且更深,而 Libratus 和 Pluribus 的基础算法 CFR 假设每一次的搜索都能够到结束节点,这在斗地主上面是不容易满足的。最新的研究成果 DeltaDou 和 DouZero 都是基于强化学习算法,它只需要向下搜索一步或几步就可以进行更新,具有更强的适用性。其中 DouZero 打败了之前的所有 344 个 AI 智能体,成了当前最强的算法。

麻将相比于德州扑克和斗地主是更为复杂和困难的游戏,其难点主要来自三个方面:①麻将具有更多的玩家和更多的牌,因而麻将的牌面状态的数量更多,可以达到惊人的 10^{121} 数量级;②麻将的计分规则更复杂,因而决策需要考虑的因素更多也更复杂;③麻将中每个玩家可以选择的动作更多,包括碰、杠和吃。研究者解决麻将的努力也没有停止过,与研究领域整体发展相呼应,研究者提出了基于抽象算法、蒙特卡洛搜索、对手建模和深度学习尤其是强化学习的 AI 算法。其中取得了最好效果的是微软亚洲研究院的 Suphx 系统,其分别训练了丢牌模型、立直模型、吃牌模型、碰牌模型以及杠牌模型来处理麻将中的复杂决策情况。另外,Suphx 还有一个基于规则的赢牌模型决定在可以赢牌的时候要不要赢牌。Suphx 已在天凤平台房和其他玩家对战了五千多场,达到了目前的最高段位十段,超过了平台上另外两个知名 AI 算法 Bakuuch 和 NAGA 的水平以及顶级人类选手的平均水平。

(四)视频游戏

视频游戏是现代社会人们的广泛的娱乐方式。一直广受欢迎的游戏有即时战略(Real Time Strategy,RTS)游戏星际争霸和魔兽世界,近几年最流行的是多人在线战术竞技(Multiplayer online battle arena,MOBA)游戏,如 Dota、王者荣耀和英雄联盟。

视频游戏提供了理想的研究环境,它们具有和现实问题相似的复杂性,可以很好地测试算法在复杂环境中寻找到好的决策策略的能力。

2019 年 1 月,DeepMind 的研究者推出的 AlphaStar,在一对一的对战中打败了人类职业选手,并最终在天梯榜上达到了 Grandmaster 层级,超过了 99.8% 的人类选手,相关研究发表在《自然》杂志。

MOBA 在单个玩家的决策上要简单,但更关注不同玩家之间的合作,另外由于 MOBA 游戏一般拥有多个玩家,如何训练 AI 算法支撑不同的战队组合并打赢对手,是一个非常具有挑战性的问题。2019 年 OpenAI 的研究者提出 OpenAI Five,可以在五对五的 Dota2 对战中打败人类玩家。但是其一大缺点是只支持十七个英雄,而 Dota2 中共有 117 个英雄,这极大地降低了问题的难度以及可玩性。2020 年腾讯的研究人员腾讯公司的研究者开发的"绝悟"在王者荣耀游戏中达到职业电竞选手水平。这些研究不仅在学术界产生影响,还可以直接应用在游戏中的人机对打模式,为游戏公司带来经济效益。

四、未来研究挑战

（一）超大规模多智能体系统

我们的世界包含着许多超大规模的分布式系统，比如一个城市的所有红绿灯系统，协调一个城市的所有车辆来避免交通堵塞。这些超大规模的分布式系统普遍且重要，而如今人们对此的解决方案大多还是经验性的。因为未来的研究人们会更多地关注超大规模的分布式系统。大规模分布式系统为多智能体系统带来的一大挑战就是其可能出现的状态和可能采取的决策都随着系统规模呈指数性增长，如何找到最优或者有效的策略是极度困难的。为了解决这个挑战，研究者提出的方法大致可以分为如下三个方向。①对大规模系统进行抽象和近似，如将平均场理论应用于分布式系统，但平均场理论所处理的场景是非原子性的，也即其忽略了每个个体的差异性而只关注大量个体构成的分布，而多智能体系统的智能体是原子性的，需要指定不同个体的行为，这两个领域的方法在理论和应用上都有不同，需要研究者更多的研究。②利用离线训练来降低训练所需的时间，离线数据能够在训练中使得模型具有相应的领域知识，而避免从随机初始化的状态开始训练所带来的大量训练数据和实践的需要，但是离线数据的质量是很重要的，如果质量不够好，反而会发生负向迁移，对于离线训练模型的在线泛化和安全性也是研究的一大热点。③将大规模系统分为小规模系统并利用通信进行分布式训练，这类训练范式随着分布式训练和联邦学习的发展获得了长足的进步，但是联邦学习依然不是绝对安全的，因而隐私和安全问题和在超大规模情况下如何进行有效的协调依然是当下和未来的研究热点。

（二）多智能体系统的鲁棒性和安全性

利用算法来指导现实世界中的决策能够带来效率和表现的提升，但同时也带来了一些担忧，尤其是以深度学习和深度神经网络为基础的算法，其对于现实世界中可能存在的扰动、不确定性甚至蓄意的攻击都可能带来可怕的后果。许多研究表明，深度学习模型对扰动是不够鲁棒的，所以当下研究的一大热点是提升算法的鲁棒性和安全性，让它们能够在不确定性甚至对抗性的决策环境中都能够做出相对较好的决策。因此研究者主要采用如下方法。①对抗训练，针对深度学习模型的脆弱性，研究者提出了对抗训练来提升模型的鲁棒性，其假定有对抗者来采取对于决策者最差的行为对环境和问题进行扰动，然后决策者需要求解最大化最小收益的策略，近来相关进展包括如何将深度学习模型拓展到训练时没有见过的攻击手段，以及如何应对多重攻击手段的综合攻击。②安全决策，不同于模型的鲁棒性，安全性是深度学习模型应用于现实世界另外需要考虑的问题，其要求不仅需要计算决策策略，还需要根据专业知识对策略的风险性进行评估，并且在应用过程中对其所带来的风险性进行感知和控制，因为基于数据训练的深度学习模型对于一些不常出现的场景很难提供合理的处理决策，如百年一遇的暴雨或者洪水，这都需要人工介入来提升模型的安全性。

（三）多智能体系统决策的可解释性

基于深度学习的多智能体系统方法虽然在许多问题上带来了令人兴奋的进展，但是对于深度学习的"黑箱"性质对于研究者提出了增加模型可解释性的要求。可解释性是指算法在得到决策的同时，也应当解释为什么做这种决策，这在算法应用在现实世界中，尤其是有人合作参与或者监督的场景下至关重要。为解决算法决策的可解释性问题，研究者在模型中引入了因果推断模型和表征学习模型来对决策所依据的表征进行表示，让人们能够理解算法做出的决策。相关的解决思路如下。①因果推断，这是图灵奖得主 Yoshua Bengio 在最近的研究中推动的对于可解释性的技术思路，其主要想法是将传统的因果关系表述引入深度学习模型，并将其表述成为人类可以理解的因果关系模型。②分层目标，对于序贯的多步决策，如何能够理解在每一步智能体做出决策的目标是很重要的，分层目标能够给出智能体在达成一个大的目标的过程中每个阶段执行的小目标，这可以极大地增加人类对于智能体决策的理解。

（四）传统和深度学习的方法结合

将深度学习方法应用于多智能体系统是当前研究的一大趋势，并且取得了一定的成果。但需要注意到的是，深度学习方法有其弊端，主要体现在：①需要大量的数据，而在机器人领域中，数据量一般是比较小的；②大量的算力，这在一些边缘设备（edge devices）（如手机）是无法满足的；③缺乏理论保证如解的最优性，这使得一些对精度要求较高的领域是无法使用的。与此相反，传统方法可以在一定程度上缓解这些弊端。因而未来的一个重要的研究方向是将传统和深度学习的方法相结合，取二者的优势而避免二者的弊端，这将会更大地提升多智能体系统的可应用性。近来获得最多关注的是来自 Google 的科学家利用深度学习模型学习求解混合整数规划，其利用离线数据训练的深度模型来选择分支定界方法中分支的变量，这在经典方法中是通过复杂的计算来决定的，这样可以降低算法的运行时间。虽然其分支方法是深度模型决定的，但在每一次的求解中，该算法依然利用的是传统方法，这可以保证解的最优性。

这样的传统和深度学习结合的方法取得了两方面的平衡，相信该领域在未来的时间内能够取得更快速的进展。

（五）基础模型应用于多智能体系统领域

基础模型（foundation models）是对一系列自然语言处理和计算机视觉模型的统称，它们的特点大多是：参数量巨大，如 GPT-3 的参数量达到了 1750 亿；无监督方式训练，如 GPT-3 使用 next-tokenprediction，MaskedAuto-Encoder（MAE）使用图像恢复任务；具有良好的下游任务的泛化效果，如 GPT-3 和 MAE 在下游任务上都体现了良好的泛化效果。基础模型架构大多依赖于 2017 年谷歌研究科学家提出的 Transformer 模型，该模型最早应用于自然语言处理任务中，具有良好的可拓展性和并行计算的便利性。随着基于 Transformer 的 BERT 和 GPT-3 的推出，获得了研究者的广泛关注，并且在 2020 年由谷歌研究科学家提出的 Vision Transformer（ViT）而拓展到视觉任务上面。因 Transformer 在不同模态任务和跨模态任务上的良好表现，"基础模型"的名字应运而生。值得一提的是，ChatGPT 在 2022 年 11 月份由 OpenAI 推出，一经推出便成了最火爆的自然语言处理的应用，并启发了无数相关应用。Transformer 的成功也激发了人们将其应用于决策任务的热情，GATO 模型因此而提出。GATO 模型具有十二亿个参数，在不改变模型参数的情况下就能够处理自然语言，计算机视觉以及强化学习的不同的任务。基础模型的成功也启发了多智能体系统领域的研究者。在最近的研究中，来自 META 的研究者利用自然语言模型和规划技术成功地解决了名为《外交》（Diplomacy）的桌游游戏，相应的研究发表在《科学》上面。《外交》游戏一般具有七名参与者，参与者需要具备强大的谈判和规划能力才能够取胜。这样的结合体现了基础模型在多智能体领域的潜力。基础模型应用于多智能体之间的通信能够帮助研究者研究如谈判、协议、组织架构等相关问题。

虽然现在将基础模型应用于多智能体系统领域的工作还相对较少，但是这是未来一大趋势。具体来讲，基础模型将在如下几个领域对多智能体系统带来变革。基础模型作为多智能体系统中的智能体。基础模型由于其通用能力，是可以作为多智能体系统中的智能体的，他们可以以智能体的观察为输入，输出智能体所需采取的动作。这样的做法在一个名为 AutoGPT 的开源项目中得到验证。这样的一个通用的具有相当智能并且具有语言能力的智能体将会深刻地改变多智能体系统领域的研究方式，研究者不必一定需要自己训练智能体，而是可以通过构造多智能体之间不同的交互方式来观察其中涌现出来的社会现象。我们已经在最近的工作中看到了这样的研究。基础模型用于人类人工智能协作（Human AI Coordination）。智能体与人类进行合作具有广泛的应用场景，如人机协作进行搜救以及游戏中的陪练。但是如果想让智能体和人类进行良好的合作，智能体需要能够理解人类给出的命令。这种情况下，基础模型对于自然语言的优秀的处理能力能够支持智能体更好地与人类进行协作。基础模型对于未来的多智能体系统领域的影响是深刻且广泛的，也呼吁感兴趣的读者能够在自身所在的领域进行拓展和研究，加快该领域的发展。

参考文献

［1］Abadi, M., Barham, P., Chen, J., Chen, Z., Davis, A., Dean, J., Devin, M., Ghemawat, S., Irving, G., Isard,

M., et al.: TensorFlow: A system for large-scale machine learning. In: 12th USENIX symposium on operating systems design and implementation（OSDI 16）, pp. 265–283（2016）

［2］ Allgeuer, P., Behnke, S.: Hierarchical and state-based architectures for robot behavior planning and control. arXiv preprint arXiv: 1809.11067（2018）

［3］ An, B.: Game theoretic analysis of security and sustainability. In: Proceedings of the Twenty-Sixth International Joint Conference on Artificial Intelligence（IJCAI）, pp. 5111–5115（2017）

［4］ Asada, M., Stone, P., Kitano, H., Drogoul, A., Duhaut, D., Veloso, M., Asamas, H., Suzuki, S.: The RoboCup physical agent challenge: Goals and protocols for phase I. In: Robot Soccer World Cup, pp. 42–61. Springer（1997）

［5］ Asada, M., Stone, P., Veloso, M., Lee, D., Nardi, D.: RoboCup: A treasure trove of rich diversity for research issues and interdisciplinary connections. IEEE Robotics & Automation Magazine 26（3）, 99–102（2019）.

［6］ Bello, I., Pham, H., Le, Q.V., Norouzi, M., Bengio, S.: Neural combinatorial optimization with reinforcement learning. In: ICLR（2017）

［7］ Berner, C., Brockman, G., Chan, B., Cheung, V., Dębiak, P., Dennison, C., Farhi, D., Fischer, Q., Hashme, S., Hesse, C., et al.: Dota 2 with large scale deep reinforcement learning. arXiv preprint arXiv: 1912.06680（2019）

［8］ Bernstein, D.S., Givan, R., Immerman, N., Zilberstein, S.: The complexity of decentralized control of Markov decision processes. Mathematics of Operations Research 27（4）, 819–840（2002）

［9］ Bommasani, R., Hudson, D.A., Adeli, E., Altman, R., Arora, S., von Arx, S., Bernstein, M.S., Bohg, J., Bosselut, A., Brunskill, E., et al.: On the opportunities and risks of foundation models. arXiv preprint arXiv: 2108.07258（2021）

［10］ Bond, A.H., Gasser, L.: Readings in Distributed Artificial Intelligence. Morgan Kaufmann（1988）

［11］ Brown, N., Lerer, A., Gross, S., Sandholm, T.: Deep counterfactual regret minimization. In: ICML, pp. 793–802（2019）

［12］ Brown, N., Sandholm, T.: Superhuman AI for heads-up no-limit poker: Libratus beats top professionals. Science 359（6374）, 418–424（2018）

［13］ Brown, N., Sandholm, T.: Superhuman AI for multiplayer poker. Science 365（6456）, 885–890（2019）

［14］ Brown, T.B., Mann, B., Ryder, N., Subbiah, M., Kaplan, J., Dhariwal, P., Neelakantan, A., Shyam, P., Sastry, G., Askell, A., et al.: Language models are few-shot learners. In: NeurIPS, pp.1877–1901（2020）

［15］ Cameron, C., Chen, R., Hartford, J., Leyton-Brown, K.: Predicting propositional satisfiability via end-to-end learning. In: AAAI, pp. 3324–3331（2020）

［16］ Cappart, Q., Chételat, D., Khalil, E., Lodi, A., Morris, C., Veličković, P.: Combinatorial optimization and reasoning with graph neural networks. arXiv preprint arXiv: 2102.09544（2021）

［17］ Cappart, Q., Goutierre, E., Bergman, D., Rousseau, L.M.: Improving optimization bounds using machine learning: Decision diagrams meet deep reinforcement learning. In: AAAI, pp. 1443–1451（2019）

［18］ Claus, C., Boutilier, C.: The dynamics of reinforcement learning in cooperative multiagent systems. In: AAAI, pp. 746–752（1998）

［19］ Conitzer, V., Sandholm, T.: Computing the optimal strategy to commit to. In: EC, pp. 82–90（2006）

［20］ Dafoe, A., Bachrach, Y., Hadfield, G., Horvitz, E., Larson, K., Graepel, T.: Cooperative AI: Machines must learn to find common ground. Nature 593（7857）, 33–36（2021）

［21］ Dai, H., Khalil, E.B., Zhang, Y., Dilkina, B., Song, L.: Learning combinatorial optimization algorithms over graphs. In: NeurIPS, pp. 6351–6361（2017）

［22］ Daskalakis, C., Goldberg, P.W., Papadimitriou, C.H.: The complexity of computing a Nash equilibrium. SIAM Journal on Computing 39（1）, 195–259（2009）

［23］ Deng, Y., Yu, R., Wang, X., An, B.: Neural regret-matching for distributed constraint optimization problems. In:

IJCAI, pp. 146–153（2021）

［24］ Dosovitskiy, A., Beyer, L., Kolesnikov, A., Weissenborn, D., Zhai, X., Unterthiner, T., Dehghani, M., Minderer, M., Heigold, G., Gelly, S., Uszkoreit, J., Houlsby, N.: An image is worth 16×16 words: Transformers for image recognition at scale. In: ICLR（2021）

［25］ （FAIR）, M.F.A.R.D.T., Bakhtin, A., Brown, N., Dinan, E., Farina, G., Flaherty, C., Fried, D., Goff, A., Gray, J., Hu, H., et al.: Human-level play in the game of diplomacy by combining language models with strategic reasoning. Science 378（6624）, 1067–1074（2022）

［26］ Fang, F., Nguyen, T.H.: Green security games: Apply game theory to addressing green security challenges. ACM SIGecom Exchanges 15（1）, 78–83（2016）

［27］ Fennell, R., Lesser, V.: Parallelism in ai problem solving: A case study of hearsay 2. Tech. rep., CARNEGIE-MELLON UNIV PITTSBURGH PA DEPT OF COMPUTER SCIENCE（1975）

［28］ Fikes, R.E., Nilsson, N.J.: STRIPS: A new approach to the application of theorem proving to problem solving. Artificial intelligence 2（3–4）, 189–208（1971）

［29］ Fioretto, F., Yeoh, W., Pontelli, E.: Amultiagentsystemapproachtoschedulingdevices in smart homes. In: AAMAS, pp. 981–989（2017）

［30］ Foerster, J., Farquhar, G., Afouras, T., Nardelli, N., Whiteson, S.: Counterfactual multi-agent policy gradients. In: AAAI, pp. 2974–2982（2018）

［31］ Fukushima, T., Nakashima, T., Akiyama, H.: Mimicking an expert team through the learning of evaluation functions from action sequences. In: Robot World Cup, pp. 170–180. Springer（2018）

［32］ Gao, S., Okuya, F., Kawahara, Y., Tsuruoka, Y.: Building a computer mahjong player via deep convolutional neural networks. arXiv preprint arXiv: 1906.02146（2019）

［33］ García, J., Fernández, F.: A comprehensive survey on safe reinforcement learning. Journal of Machine Learning Research 16（1）, 1437–1480（2015）

［34］ Gulcehre, C., Wang, Z., Novikov, A., Le Paine, T., Gomez Colmenarejo, S., Zolna, K., Agarwal, R., Merel, J., Mankowitz, D., Paduraru, C., et al.: RL Unplugged: Benchmarks for offline reinforcement learning. arXiv e-prints pp. arXiv-2006（2020）

［35］ He, H., Daumé III, H., Eisner, J.: Learning to search in branch-and-bound algorithms. In: NeurIPS, pp. 3293–3301（2014）

［36］ He, K., Chen, X., Xie, S., Li, Y., Dollár, P., Girshick, R.: Masked autoencoders are scalable vision learners. In: CVPR, pp. 16000–16009（2022）

［37］ Heinrich, J., Lanctot, M., Silver, D.: Fictitious self-play in extensive-form games. In: ICML, pp. 805–813（2015）

［38］ Heinrich, J., Silver, D.: Deep reinforcement learning from self-play in imperfectinformation games. arXiv preprint arXiv: 1603.01121（2016）

［39］ Hewitt, C.: Viewing control structures as patterns of passing messages. Artificial intelligence 8（3）, 323–364（1977）

［40］ Huhns, M.N.: Distributed Artificial Intelligence. Pitman Publishing Ltd. London, England（1987）

［41］ Jain, M., Korzhyk, D., Vaněk, O., Conitzer, V., Pěchouček, M., Tambe, M.: A double oracle algorithm for zero-sum security games on graphs. In: AAMAS, pp. 327–334（2011）

［42］ Jiang, Q., Li, K., Du, B., Chen, H., Fang, H.: DeltaDou: Expert-level doudizhu AI through self-play. In: IJCAI, pp. 1265–1271（2019）

［43］ Jouppi, N.P., Young, C., Patil, N., Patterson, D., Agrawal, G., Bajwa, R., Bates, S., Bhatia, S., Boden, N., Borchers, A., et al.: In-datacenter performance analysis of a tensor processing unit. In: Proceedings of the 44th annual international symposium on computer architecture, pp. 1–12（2017）

［44］Kaduri, O., Boyarski, E., Stern, R.: Algorithm selection for optimal multi–agent pathfinding. In: ICAPS, pp. 161–165（2020）

［45］Kairouz, P., McMahan, H.B., Avent, B., Bellet, A., Bennis, M., Bhagoji, A.N., Bonawitz, K., Charles, Z., Cormode, G., Cummings, R., et al.: Advances and open problems in federated learning. arXiv preprint arXiv: 1912.04977（2019）

［46］Kool, W., van Hoof, H., Welling, M.: Attention, learn to solve routing problems! In: ICLR（2018）

［47］Kurita, M., Hoki, K.: Method for constructing artificial intelligence player with abstractions to markov decision processes in multiplayer game of mahjong. IEEE Transactions on Games 13（1）, 99–110（2020）

［48］Lanctot, M., Zambaldi, V., Gruslys, A., Lazaridou, A., Tuyls, K., Pérolat, J., Silver, D., Graepel, T.: A unified game–theoretic approach to multiagent reinforcement learning. In: NeurIPS, pp. 4193–4206（2017）

［49］Lederman, G., Rabe, M., Seshia, S., Lee, E.A.: Learning heuristics for quantified boolean formulas through reinforcement learning. In: ICLR（2020）

［50］Leslie, D.S., Collins, E.J.: Generalised weakened fictitious play. Games and Economic Behavior 56（2）, 285–298（2006）

［51］Li, J., Koyamada, S., Ye, Q., Liu, G., Wang, C., Yang, R., Zhao, L., Qin, T., Liu, T.Y., Hon, H.W.: Suphx: Mastering mahjong with deep reinforcement learning. arXiv preprint arXiv: 2003.13590（2020）

［52］Li, S., Negenborn, R.R., Lodewijks, G.: Distributed constraint optimization for addressing vessel rotation planning problems. Engineering Applications of Artificial Intelligence 48, 159–172（2016）

［53］Li, S., Zhang, Y., Wang, X., Xue, W., An, B.: CFR–MIX: Solving imperfect information extensive–form games with combinatorial action space. In: IJCAI, pp. 3663–3669（2021）

［54］Littman, M.L.: Markov games as a framework for multi–agent reinforcement learning. In: ICML, pp. 157–163（1994）

［55］Liu, S., Lever, G., Wang, Z., Merel, J., Eslami, S., Hennes, D., Czarnecki, W.M., Tassa, Y., Omidshafiei, S., Abdolmaleki, A., et al.: From motor control to team play in simulated humanoid football. arXiv preprint arXiv: 2105.12196（2021）

［56］Lowe, R., Wu, Y., Tamar, A., Harb, J., Abbeel, P., Mordatch, I.: Multi–agent actorcritic for mixed cooperative–competitive environments. In: NeurIPS, pp. 6382–6393（2017）

［57］Lyu, D., Yang, F., Liu, B., Gustafson, S.: SDRL: Interpretable and data–efficient deep reinforcement learning leveraging symbolic planning. In: AAAI, pp. 2970–2977（2019）

［58］MacAlpine, P., Torabi, F., Pavse, B., Sigmon, J., Stone, P.: UT Austin Villa: RoboCup 2018 3D simulation league champions. In: Robot World Cup, pp. 462–475（2018）

［59］McMahan, B., Moore, E., Ramage, D., Hampson, S., y Arcas, B.A.: Communicationefficient learning of deep networks from decentralized data. In: Artificial intelligence and statistics, pp. 1273–1282（2017）

［60］McMahan, H.B., Gordon, G.J., Blum, A.: Planning in the presence of cost functions controlled by an adversary. In: ICML, pp. 536–543（2003）

［61］Mendoza, J.P., Simmons, R., Veloso, M.: Online learning of robot soccer free kick plans using a bandit approach. In: ICAPS, pp. 504–508（2016）

［62］Mizukami, N., Tsuruoka, Y.: Building a computer mahjong player based on monte carlo simulation and opponent models. In: 2015 IEEE Conference on Computational Intelligence and Games（CIG）, pp. 275–283. IEEE（2015）

［63］Modi, P.J., Shen, W.M., Tambe, M., Yokoo, M.: An asynchronous complete method for distributed constraint optimization. In: AAMAS, pp. 161–168（2003）

［64］Moravčík, M., Schmid, M., Burch, N., Lisỳ, V., Morrill, D., Bard, N., Davis, T., Waugh, K., Johanson, M., Bowling, M.: Deepstack: Expert–level artificial intelligence in heads–up no–limit poker. Science 356（6337）,

508–513（2017）

[65] Muller, P., Omidshafiei, S., Rowland, M., Tuyls, K., Perolat, J., Liu, S., Hennes, D., Marris, L., Lanctot, M., Hughes, E., et al.: A generalized training approach for multiagent learning. In: ICLR（2019）

[66] Nair, V., Bartunov, S., Gimeno, F., von Glehn, I., Lichocki, P., Lobov, I., O'Donoghue, B., Sonnerat, N., Tjandraatmadja, C., Wang, P., et al.: Solving mixed integer programs using neural networks. arXiv preprint arXiv: 2012.13349（2020）

[67] Nazari, M., Oroojlooy, A., Takáč, M., Snyder, L.V.: Reinforcementlearningforsolving the vehicle routing problem. In: NeurIPS, pp. 9861–9871（2018）

[68] Ocana, J.M.C., Riccio, F., Capobianco, R., Nardi, D.: Cooperative multi–agent deep reinforcement learning in a 2 versus 2 free–kick task. In: Robot World Cup, pp. 44–57. Springer（2019）

[69] Park, J.S., O'Brien, J.C., Cai, C.J., Morris, M.R., Liang, P., Bernstein, M.S.: Generative agents: Interactive simulacra of human behavior. arXiv preprint arXiv: 2304.03442（2023）

[70] Paszke, A., Gross, S., Massa, F., Lerer, A., Bradbury, J., Chanan, G., Killeen, T., Lin, Z., Gimelshein, N., Antiga, L., et al.: PyTorch: An imperative style, high–performance deep learning library. NeurIPS 32, 8026–8037（2019）

[71] Prates, M., Avelar, P.H., Lemos, H., Lamb, L.C., Vardi, M.Y.: Learning to solve NPcomplete problems: A graph neural network for decision TSP. In: AAAI, pp. 4731–4738（2019）

[72] Rabinovich, Z., Goldman, C.V., Rosenschein, J.S.: The complexity of multiagent systems: The price of silence. In: AAMAS, pp.1102–1103（2003）

[73] Rashid, T., Farquhar, G., Peng, B., Whiteson, S.: Weighted QMIX: Expanding monotonic value function factorisation. arXiv e–prints pp. arXiv–2006（2020）

[74] Rashid, T., Samvelyan, M., Schroeder, C., Farquhar, G., Foerster, J., Whiteson, S.: Qmix: Monotonic value function factorisation for deep multi–agent reinforcement learning. In: ICML, pp. 4295–4304（2018）

[75] Razeghi, Y., Kask, K., Lu, Y., Baldi, P., Agarwal, S., , Dechter, R.: Deep bucket elimination. In: IJCAI（2021）

[76] Reed, S., Zolna, K., Parisotto, E., Colmenarejo, S.G., Novikov, A., Barth–maron, G., Giménez, M., Sulsky, Y., Kay, J., Springenberg, J.T., Eccles, T., Bruce, J., Razavi, A., Edwards, A., Heess, N., Chen, Y., Hadsell, R., Vinyals, O., Bordbar, M., de Freitas, N.: A generalist agent. TMLR（2022）

[77] Reijnen, R., Zhang, Y., Nuijten, W., Senaras, C., Goldak–Altgassen, M.: Combining deep reinforcement learning with search heuristics for solving multi–agent path finding in segment–based layouts. In: 2020 IEEE Symposium Series on Computational Intelligence（SSCI）, pp. 2647–2654（2020）

[78] Risler, M., von Stryk, O.: Formal behavior specification of multi–robot systems using hierarchical state machines in XABSL. In: AAMAS08–Workshop on Formal Models and Methods for Multi–Robot Systems, p. 7（2008）

[79] Rosenschein, J.S., Genesereth, M.R.: Deals among rational agents. In: IJCAI, pp. 91–99（1985）

[80] Samvelyan, M., Rashid, T., Schroeder de Witt, C., Farquhar, G., Nardelli, N., Rudner, T.G., Hung, C.M., Torr, P.H., Foerster, J., Whiteson, S.: The StarCraft multi–agent challenge. In: AAMAS, pp. 2186–2188（2019）

[81] Schölkopf, B., Locatello, F., Bauer, S., Ke, N.R., Kalchbrenner, N., Goyal, A., Bengio, Y.: Toward causal representation learning. Proceedings of the IEEE 109（5）, 612–634（2021）

[82] Schrittwieser, J., Antonoglou, I., Hubert, T., Simonyan, K., Sifre, L., Schmitt, S., Guez, A., Lockhart, E., Hassabis, D., Graepel, T., et al.: Mastering Atari, Go, chess and shogi by planning with a learned model. Nature 588（7839）, 604–609（2020）

[83] Selsam, D., Lamm, M., Benedikt, B., Liang, P., de Moura, L., Dill, D.L., et al.: Learning a SAT solver from single–bit supervision. In: ICLR（2018）

[84] Semnani, S.H., Liu, H., Everett, M., de Ruiter, A., How, J.P.: Multi–agent motion planning for dense and

dynamic environments via deep reinforcement learning. IEEE Robotics and Automation Letters 5（2），3221–3226
（2020）

［85］ Silver, D., Huang, A., Maddison, C.J., Guez, A., Sifre, L., Van Den Driessche, G., Schrittwieser, J.,
Antonoglou, I., Panneershelvam, V., Lanctot, M., et al.: Mastering the game of Go with deep neural networks and
tree search. Nature 529（7587），484–489（2016）

［86］ Silver, D., Hubert, T., Schrittwieser, J., Antonoglou, I., Lai, M., Guez, A., Lanctot, M., Sifre, L., Kumaran, D.,
Graepel, T., et al.: A general reinforcement learning algorithm that masters chess, shogi, and Go through self–play.
Science 362（6419），1140–1144（2018）

［87］ Silver, D., Schrittwieser, J., Simonyan, K., Antonoglou, I., Huang, A., Guez, A., Hubert, T., Baker, L., Lai,
M., Bolton, A., et al.: Mastering the game of go without human knowledge. Nature 550（7676），354–359（2017）

［88］ Son, K., Kim, D., Kang, W.J., Hostallero, D.E., Yi, Y.: QTRAN: Learning to factorize with transformation for
cooperative multi–agent reinforcement learning. In: ICML, pp. 5887–5896（2019）

［89］ Stern, R., Sturtevant, N.R., Felner, A., Koenig, S., Ma, H., Walker, T.T., Li, J., Atzmon, D., Cohen,
L., Kumar, T.S., et al.: Multi–agent pathfinding: Definitions, variants, and benchmarks. In: Twelfth Annual
Symposium on Combinatorial Search（2019）

［90］ Stutz, D., Hein, M., Schiele, B.: Confidence–calibrated adversarial training: Generalizing to unseen attacks. In:
ICML, pp. 9155–9166. PMLR（2020）

［91］ Suzuki, Y., Nakashima, T.: On the use of simulated future information for evaluating game situations. In: Robot
World Cup, pp. 294–308（2019）

［92］ Tambe, M.: Security and Game Theory: Algorithms, Deployed Systems, Lessons Learned. Cambridge University
Press（2011）

［93］ Tambe, M., Jiang, A.X., An, B., Jain, M., et al.: Computational game theory for security: Progress and
challenges. In: AAAI spring symposium on applied computational game theory（2014）

［94］ Tuyls, K., Omidshafiei, S., Muller, P., Wang, Z., Connor, J., Hennes, D., Graham, I., Spearman, W.,
Waskett, T., Steel, D., et al.: Game plan: What AI can do for football, and what football can do for AI. Journal of
Artificial Intelligence Research 71, 41–88（2021）

［95］ Vaswani, A., Shazeer, N., Parmar, N., Uszkoreit, J., Jones, L., Gomez, A.N., Kaiser, Ł., Polosukhin, I.:
Attention is all you need. In: NeurIPS（2017）

［96］ Village, D.M.: NAGA: Deep learning mahjong AI. https://dmv.nico/ja/ articles/mahjong_ai_naga/. Accessed on
2021–07–16.

［97］ Vinyals, O., Babuschkin, I., Czarnecki, W.M., Mathieu, M., Dudzik, A., Chung, J., Choi, D.H., Powell, R.,
Ewalds, T., Georgiev, P., et al.: Grandmaster level in StarCraft II using multi–agent reinforcement learning. Nature
575（7782），350–354（2019）

［98］ Vinyals, O., Fortunato, M., Jaitly, N.: Pointer networks. In: NeurIPS, pp. 2692–2700（2015）

［99］ Wang, J., Ren, Z., Liu, T., Yu, Y., Zhang, C.: QPLEX: Duplex dueling multi–agent q–learning. In: ICLR
（2020）

［100］ Watkinson, W.B., Camp, T.: Training a robocup striker agent via transferred reinforcement learning. In: Robot
World Cup, pp. 109–121. Springer（2018）

［101］ Xu, H., Koenig, S., Kumar, T.S.: Towards effective deep learning for constraint satisfaction problems. In: CP,
pp. 588–597（2018）

［102］ Xue, W., Zhang, Y., Li, S., Wang, X., An, B., Yeo, C.K.: Solving large–scale extensiveform network security
games via neural fictitious self–play. In: IJCAI, pp. 3713–3720（2021）

［103］ Yang, Q., Liu, Y., Chen, T., Tong, Y.: Federated machine learning: Concept and applications. ACM

Transactions on Intelligent Systems and Technology（TIST）10（2），1–19（2019）

［104］ Yang, Y., Luo, R., Li, M., Zhou, M., Zhang, W., Wang, J.: Mean field multi–agent reinforcement learning. In: ICML, pp. 5571–5580（2018）

［105］ Ye, D., Chen, G., Zhang, W., Chen, S., Yuan, B., Liu, B., Chen, J., Liu, Z., Qiu, F., Yu, H., et al.: Towards playing full moba games with deep reinforcement learning. arXiv preprint arXiv: 2011.12692（2020）

［106］ Yeoh, W., Yokoo, M.: Distributed problem solving. AI Magazine 33（3），53–53（2012）

［107］ Zha, D., Xie, J., Ma, W., Zhang, S., Lian, X., Hu, X., Liu, J.: DouZero: Mastering doudizhu with self–play deep reinforcement learning. arXiv preprint arXiv: 2106.06135（2021）

［108］ Zhu, L., Han, S.: Deep leakage from gradients. In: Federated learning, pp. 17–31. Springer（2020）

［109］ Zinkevich, M., Johanson, M., Bowling, M., Piccione, C.: Regret minimization in games with incomplete information. In: NeurIPS, pp. 1729–1736（2007）

撰稿人：安　波

具身智能的研究现状及发展趋势

随着深度学习、强化学习和机器人等前沿学科的飞速发展，通用人工智能的发展和实现正在引起越来越多人的兴趣和关注。在这个背景下，人工智能的研究范式正在逐渐从以静态大规模数据驱动的线上智能转变为以智能体与环境交互为核心的具身智能。与线上智能被动接收数据实现智能的模式不同，具身智能系统需要智能体以第一人称视角身临其境地从环境交互中理解外部世界的本质概念，因此被认为是通向通用人工智能的重要方式之一。本文旨在梳理具身智能和智能机器人交叉领域研究的最新进展。首先，介绍了具身智能的简介与机器人学习之间的密切关系，探讨了具身智能在机器人领域的应用前景。其次，从具身仿真环境和具身任务、具身学习（教学和执行）两个方面梳理了具身智能的研究进展。具体地，我们介绍了具身智能在仿真环境中的应用，包括仿真平台和基准集的发展，指出具身虚拟环境是具身智能发展的重要平台；并探讨了具身任务的常见形式和研究内容。在具身学习方面，我们关注了具身教学和执行两个方面的研究进展，介绍了基于强化学习、模仿学习、迁移学习等方法的具身学习算法，并探讨了具身学习在未来的研究方向。最后，我们总结了具身智能的未来发展趋势，认为在未来的研究中，需要更加注重具身智能与大模型的交叉应用，探索更加先进的具身仿真环境和迁移技术，进一步提高具身智能的学习效率、性能和泛化性，以实现真实世界下类人级别智能机器人的应用。

一、研究进展

具身智能（Embodied AI）是指一种基于感知和行动的智能系统，其通过智能体身体和环境的交互来获取信息、理解问题、做出决策并实现行动。具身智能最早出现在图灵 1950 年论文中，该论文探讨了人工智能发展的两种途径：具身智能和离身智能（Disembodied AI）。离身智能聚焦在智能中的表征和计算，包括符号主义和联结主义为代表的人工智能研究范式，虽然当时研究者认为以行为主义为代表的具身智能概念同样重要，但受限于技术和理论限制，具身智能并没有取得较大进展。相反，以符号主义和联结主义为代表的非具身智能获得更多关注，但这种不依赖具身实体的人工智能研究范式几经发展高潮和低谷，直到 2012 年以来，在 GPU 和大数据驱动下，非具身智能在以互联网为代表的领域获得了巨大的成功。同时，人工智能研究者也逐渐认识到非具身智能所面临的困境，例如无法真正解决现实世界中的任务。瑞士苏黎世大学 Rolf Pfeifer 就曾提出，由于缺少充足的系统环境交互，计算智能通常无法处理在人类看来非常简单的事情，包括物体操作、移动以及常识的理解。而这些领域智能的产生恰恰不是孤立的，相反是深深嵌入在能够与环境不断交互的具身智能体上，并提出具身智能情况下常识如何重新定义，例如常识的理解源自我们身体的知觉和感受，当我们理解"墙体不能贯穿，但是水可以"这个一概念时，我们通过触摸感受墙体和水的阻力来理解贯穿的概念，没有身体知觉只通过观察，或许永远无法真正理解"贯穿"的含义。因此，人工智能解决更具挑战性的真实世界难题依赖我们对智能的本质有新的突破性认识，具身化自然而然就成为研究智能的一条重要道路，这也是具身智能研究非常有必要的根本原因。

近年来，随着深度学习的巨大进步和大规模数据集的建立，计算机视觉、自然语言处理和其他智能应用都获得了长足发展，并在多种任务上取得了超越人的性能。虽然人工智能取得了巨大成功，但在真实世界中的表现仍然无法和人相比，这是因为深度学习通过固定静态数据学习的不变模式，无法自适应应对不断变化的环境。正如神经网络经历过人工智能寒冬再次复苏一样，具身人工智能伴随机器人、深度学习、强化学习和神经科学的发展，又重新迎来了新的生机和研究热潮。同时相关学科在具身性方法上的积累也为具身智能的研究提供了基础，这一领域逐渐受到更多研究人员的关注。计算机视觉、自然语言处理和机器人等不同领域都对具身智能研究范式产生了极大的兴趣。美国斯坦福大学教授李飞飞在 2022 年曾提出，计算机视觉作为智能的核心，其未来最具潜力的发展方向之一便是具身智能，就像动物视觉是和身体紧密结合在一起，在快速变化的环境中不断进化并服务于动物生存、移动、操作和改变环境。这种环境交互性为动物和智能体提供了认识世界本质更有效的方式，也因此人工智能研究重点从被动接收静态数据集的图像，转变在物理环境中真正的交互。最近，国际人工智能专家图灵奖得主 Yoshua Bengio 和 Yann Le Cun 与四十位人工智能知名学者发表了讨论下一代人工智能的白皮书，提出了具身智能的终极挑战具身图灵测试，也就是机器人装载具身智能系统下的图灵测试。而通过具身图灵测试的关键，就是模仿生物智能从和环境交互中学习感觉运动能力。

具身智能的研究本质是多学科的，具有包含神经科学、认知科学、人工智能、机器人等多学科交叉融合特性。而机器人技术，是具身智能系统的重要载体，机器人复杂应用同样是具身智能天然的试验场，例如机器人移动和机器人操作等，而这也是机器人领域亟待突破的挑战性问题，正如 Mason 所指出的，生物体操作比机器人操作具备的最大优势在于动物感知运动背后的智能，因此，机器人学习是下一代机器人操作取得突破的关键。机器人学习作为机器人技术中的一个重要领域，旨在让机器人具备持续学习和改进的能力，以更好地适应不断变化的环境和任务。在机器人学习领域，机器人需要从众多数据中自主学习理解规则，自主决策并执行任务，从而实现多种复杂的行为模式和智能交互模式。具身智能和机器人的交叉融合是未来机器人学习极具发展潜力的前沿和热点问题，对推动机器人达到类人水平具有重要意义。2017 年第一届机器人学习大会 CoRL 召开，机器人学习领域涌现了大量新的智能任务、算法、环境。在之后的一两年，具身智能任务开始逐渐涌现。2018 年和 2019 年的 CoRL 会议上，大量的具身智能学术任务开始被提出并受到关注，包括视觉导航、具身问答系统等。国际学术社区举办了多个以具身智能为主题的研讨会和挑战赛，包括 ICLR2022 举办的物理世界通用策略学习（Generalizable Policy Learning in the Physical World）、IROS2020 的开放云机器人桌面挑战赛（OCRTOC：Open Cloud Robot Table Organization Challenge in IROS2020）、CVPR2019 的具身智能挑战赛和研讨会（Habitat：Embodied Agents Challenge and Workshop）以及 CVPR2020 到 2022 的具身智能研讨会（Embodied AI Workshop）。在今年即将举办的 CVPR2023 具身智能研讨会上，组织了包括基于 AIHabitat、AI2-THOR、iGibson、Sapien 仿真器的重排、对话、导航和机器人操作挑战赛，这些具身智能任务与其他线上人工智能任务具有完全不同的范式，即创建一个具身智能体（如机器人），通过智能体的看、说、听、动、推理等方式，与环境进行交互和探索任务目标，从而解决环境中的各项挑战任务。近年来，具身智能在人工智能和机器人学习社区逐渐成为前沿研究方向，伴随预训练大模型和多模态大模型（例如 CLIP、ViLD 和 PaLI）的重大突破，其作为基础模型为下游人工智能应用提供了重要工具，也为具身智能提供了新的研究空间。例如，微软提出 ChatGPT+ 机器人，谷歌推出了 PaLM-E 语言 – 视觉 – 机器人大模型，拉开了具身智能和智能机器人多学科系统化落地的大幕。

二、具身仿真环境和具身任务

具身智能研究有别于传统人工智能研究范式，需要智能体或机器人在物理世界进行感知、推理和行动，去理解物理世界的本质概念和任务，并准确执行概念。这个物理世界可以是虚拟的仿真环境，也可以是真实世界。现阶段，由于在真实环境搜集数据存在巨大的成本，大部分具身智能研究以仿真物理环境作为具身智能研究的试验场和基准。因此，仿真到真实世界的机器人迁移也是目前机器人学习研究的重要内容。正如人工智能和计算机视觉存在物体识别、检测等任务和基准集，具身智能的研究也存在基本的任务类型和基准集，这些基准集是促进具身智能研究的重要平台，也是具身智能感知和算法训练的数据平台。这些仿真环境既为构建智能系统创造了具有挑战性的试验场，同时也为了解智能是如何从环境交互中产生提供了研究平台。

（一）仿真环境和基准

现阶段，具身智能的主要研究思路是在虚拟的物理环境下给予智能体和环境交互的能力。仿真环境相比机器人在真实世界运行具有不可比拟的优势，能够在计算机集群进行大规模并行模拟和学习，具有安全、低成本、便于形成统一测试基准等优点。一旦在仿真环境下开发出具有应用前景的具身智能算法和机器人学习算法，就可以将其迁移到真实世界平台上。因此，学术界基于物理引擎和渲染引擎，开发出针对不同具身任务的虚拟环境，如表 1 所示。

表 1　具身仿真环境

仿真环境	发布时间	物理引擎	任务类型	物体类型	接触交互
AI2-THOR	2017	PhysX	导航、整理等	R，A，Fu	是
ALFRED	2020	PhysX	导航、问答	R，A，Fu	否
ManipulaTHOR	2021	PhysX	机器人操作	R，A，Fu	否
RoboTHOR	2020	PhysX	导航	R，A，Fu	否
iGibson2.0	2021	Bullet	导航、操作	R，A，F，Fu	是
iGibson1.0	2020	Bullet	导航、操作	R，A，F，Fu	是
iGibson0.5	2020	Bullet	导航	R，A，F，Fu	是
Habitat	2019	Bullet	导航	R	否
MultiON	2020	Bullet	导航	R	否
VRKitchen	2019	PhysX	操作	R，A，Fu	否
ThreeDWorld	2021	PhysX，Flex	导航、重排	R，A，F，Fu	否
RLBench	2020	CoppeliaSim	机器人操作	R	是
Meta-World	2020	MuJoCo	机器人操作	R	是
SAPIEN	2020	PhysX	机器人操作	R，A	是
MANISKILL2	2023	NvidiaFlex	机器人操作	R，A，F，Fu，Te，Tr	是
VLMbench	2020	CoppeliaSim	语言操作	R	是
robosuite	2020	MuJoCo	机器人操作	R	是
Calvin	2022	Bullet	语言操作	R	是
VIMA-Bench	2022	Bullet	多模态操作	R	是
RFUnivers	2022	Unity 集成	操作、导航	R，A，F，Fu，Te，Tr，G，Fr	是
ARNOLD	2023	IsaacSim	语言操作	R，A，F，Fu	是
BEHAVIOR	2021	PhysX	操作、导航等	R，A，F，Fu，Te	是
BEHAVIOR-1K	2022	PhysX	操作、导航等	R，A，F，Fu，Te，Tr	是

从表 1 可以看出，近年针对具身智能研究的虚拟环境显著增多，而且更加关注智能体和环境的交互，例如，艾伦人工智能研究所的计算机科学家构建了一个名为 AI2-Thor 的模拟器，让智能体在自然的厨房、浴室、客厅和卧室中随意走动。其中，智能体可以学习三维视图，这些视图会随着他们的移动而改变，当他们决定近距离观察时，模拟器会显示新的角度，环境交互性是具身虚拟环境最本质的特征。一个虚拟环境一般包括物理引擎、渲染引擎、机器人模型和环境模型。常用的物理引擎包括 Bulle、MuJoCo and PhysX、Flex，一般用来模虚拟环境的交互动力学。不同虚拟环境根据具身任务类型，会采用不同的物理引擎来模拟交互过程。例如，以具身导航为主的环境（VRKitchen 等）大多不考虑接触交互层面的动力学模拟，采用抽象抓取和简单连接模拟抓取和操作过程。以机器人操作为主的环境（SAPIEN、robosuite、MANISKILL2 等）会更加关注底层接触交互动力学过程，包括物体和机器人末端执行器的碰撞、变形等。渲染引擎用来生成高质量深度和彩色图像，例如 ARNOLD 和 BEHAVIOR-1k 等采用 GPU 支持的光线追踪生成逼真图像，以及 RVSU 挑战赛将渲染环境迁移到 NVIDIA 的 Isaac Omniverse，以降低机器人从仿真到真实视觉迁移误差。环境模型和机器人模型是指虚拟环境中的场景、物体和机器人素材，用于描述物体的碰撞、反射和运动关系等，一个有效的具身虚拟环境包括大规模的高质量物体、场景素材，这是具身智能算法研究中保证泛化性和迁移性的基础。例如 ARNOLD 的家居场景素材来自 3D-FRONT，以及具身导航一般在大规模静态场景素材数据集上（例如 Matterport3D、Gibson、HM3D）制定任务基准。另一方面，交互场景素材相比静态场景非常有限，例如 iGibson2.0 只提供了十五个完全交互式的场景，并模拟了真实世界下的杂乱环境。Habitat2.0 也类似地将现有静态数据集的子集转换为完全交互式场景。最近，ProcTHOR 试图通过程序自动生成具有逼真房间结构和物体布局的完全交互式场景，并取得了很好的效果。高质量物体素材是虚拟环境能够模拟真实环境的另一个重要因素，这些虚拟环境大多采用已有的物体素材数据集，这些物体素材包括高质量 mesh 文件和属性标注。Factory 提供了螺栓螺母等工业零部件的高质量网格文件，物理引擎才能够基于高质量网格文件模拟真实装配过程中精细的碰撞和接触物理过程。PartNet 和 PartNet-Mobility 标注了关节体部件位姿、运动关系等属性信息，物理引擎才能够模拟关节体的打开和关闭等状态。虚拟环境支持的物体类型有刚体（R-Rigid）、关节体（A-Articulated）、柔性体（F-Flexible）、液体（Fu-Fluid）、可撕裂（Te-Tearable）、透明（Tr-Transparent）、气体（G-Gas）、火焰（Fr-Fire）等，物体泛化性是具身智能研究的重要目标和指标之一。近年来，具身虚拟环境支持的物体类型和物体状态也从只支持刚体逐渐到支持更广泛的生活物品类型和状态，例如 RFUniverse 和 MANISKILL2 开始支持柔性体、透明物体、弹塑性物体、液体等，RFUniverse 还支持复杂的物体状态，例如切开、火焰、烟等。这些新的物体类型和物体状态为解决更加复杂真实环境任务提供了更具挑战性的平台。

虚拟仿真平台除了支持上述视觉、力觉等传感模态外，还支持声音、触觉等传感模态。例如，SoundSpaces 支持智能体在具有视觉和听觉感知的环境中四处移动，以搜索发声对象。SoundSpaces2.0 则改进了 SoundSpaces 的声音模拟，能够支持连续、可重构模拟，并可推广到任意场景数据集，这使智能体能够进一步探索声音感知的研究。触觉传感模拟在过去几年同样取得了巨大进展。多模态传感模拟和高质量场景素材能够有效释放多模态具身智能研究的巨大潜力。

目前具身智能的主要研究任务包括导航、具身问答、物品重排列、机器人操作四类，研究内容和已有学科研究存在重叠却又有所侧重。例如导航是智能机器人 SLAM 研究的主要内容，具身智能范式下的导航侧重从交互中完成导航目标，包括点目标、物体目标、指令目标、声音导航等，需要智能体通过看、听、语言理解等方式主动探索周围物理环境完成目标。具身问答是导航任务的升级，侧重从交互中探索和理解周围环境并回答特定问题。具身重排则是智能体将物理环境中的物体从初始构型转移到目标构型，涉及的机器人构型包括移动机器人和移动机械臂，一般以家居场景为背景。物品重排任务不关注机器人和物品交互时的接触交互、控制等底层机器人技术，更加关注对场景的理解、物品整体状态感知和任务规划。机器人操作是机器人学领域的重要研究内容，具身智能视角下的机器人操作侧重以学习的方式解决如何从接触交互中理解和有目的地改变外界状态。

（二）具身导航和问答

计算机视觉从过去专注互联网图像（例如 ImageNet、COCO、VQA）转变到具身智能体在三维环境中的主动感知和行动，也出现了新的不同于物体识别新的任务范式，例如视觉导航、情景问答等，环境的充分交互更容易让智能体学到有利于下游机器人操作和导航等任务的视觉表征，也会面临新的具身感知相关的任务、定义、表征和学习的难题。

1. 具身导航

具身导航是指智能体通过视觉感知导航到一个三维环境中的目标，可包括点、物体、图像和区域等不同类型的目标。相比于传统的手工设计的导航系统，具身导航旨在从数据交互中学习导航系统，以减少特定情况下的手工工程，并且更易于与下游任务集成。具身导航可以使用感知输入和语言等规范来构建更复杂的任务，并且能够在无监督的情况下推广其知识。CVPR 具身智能研讨会连续三年组织了基于点导航和物体导航任务的视觉导航挑战，以评估和推动具身智能的进展。

点导航是指智能体在环境中的初始位置，根据指定的目标点的 3D 坐标，以一定的固定距离内的任意位置为目标，实现到达该目标的导航任务。为了完成这个任务，智能体需要具备视觉感知、记忆构建、推理和规划、导航等多方面的技能。Habitat Challenge 2020 提出了更具挑战性的 RGBD 在线定位任务，取消了 GPS 和指南针的使用。现在主流的点导航方法主要是基于学习的方法，其中包括使用直接未来预测算法（DFP）和信念 DFP（BDFP）、SplitNet、MapNet 等模型，以及采用 PPO 算法、DD-PPO 算法和辅助任务等方法，可以在以前未见过的环境中表现出良好的导航性能。同时，有一些学习和经典方法相结合的混合方法，比如使用学习模块嵌入到"经典导航框架"中，通过引入神经 SLAM 模块、全局策略、本地策略和解析路径规划器，提高了导航的效率和精度。

目标导航是一项需要在未知环境中通过指定对象标签进行导航的任务，需要智能体具备视觉感知、情节记忆构建和语义理解等多种技能集。这项任务相对于点导航而言更加复杂，因为它需要智能体通过语义理解找到指定对象，而不仅仅是通过运动感知找到一个位置。目标导航是智能体领域中一个重要的研究方向，它的解决将有助于提高智能体在未知环境中的导航能力。

目标导航的主流方法包括元元学习、知识图谱、注入语义知识或先验等。元强化学习通过演示智能体的正确行为来指导其学习，可以在未知环境中有效地进行导航。知识图谱通过建立对象关系图来学习对象之间的联系，从而在导航过程中更加准确地识别和寻找目标对象。注入语义知识或先验是将人类的先验知识或语义信息注入到智能体的训练中，以帮助智能体更加高效地进行导航。这些方法可以有效地提高智能体在目标导航任务中的表现，并在智能体的导航能力方面取得重要的研究进展。

此外，也有一些高级且更复杂的目标导航任务，例如多目标物体导航（Multi-Object Nav，MultiON）。在这个任务中，智能体需要在真实的三维室内环境中寻找一系列有序的目标物体，并通过记录以前看到的对象信息来实现长期规划能力。任务旨在注入长期规划能力，使智能体能够记住已经看到的物体并能够区分目标物体和其他物体。Benchbot 提出了一项挑战任务，即在模拟环境中探索并绘制出其中所有感兴趣的对象的地图。挑战的目标是让机器人代理回答"哪些物体在哪里"的问题，并在地图的准确性方面进行评估。该挑战涉及语义同时定位和建图（SLAM）问题，并通过提供框架和模拟环境来比较被动和主动语义 SLAM 系统的效果。音频目标导航（Audio-visual Navigation）任务是一个具有挑战性的多模态任务，要求智能体根据自身的视听感知在未知的环境中找到并导航到一个随机放置的声音源。该任务要求智能体不仅能够感知周围的环境，还能通过声音推理出声源的空间位置。这使得该任务成了一项融合了视听感知和空间推理的复杂任务。该任务可用于实现机器人搜索和营救操作，以及家庭辅助机器人等领域中的实际应用。

视觉语言导航（VLN）是一项让智能体通过遵循自然语言指令进行环境导航的任务。VLN 的难点在于需要智能体同时感知视觉场景和自然语言指令，并在之前的行动和指令的基础上预测未来的行动。VLN 的目标是通过自然语言指令来帮助智能体完成导航任务，例如找到一个特定的地点或物体。为了实现 VLN，通常使用深度学习方法来处理自然语言指令和视觉信息，并进行决策以完成导航任务。

目前的 VLN 方法包括辅助推理导航框架、跨模态记忆网络等。辅助推理导航框架可以通过处理轨迹重述、进展估计、角度预测和跨模态匹配等辅助推理任务来指导智能体进行导航。跨模态记忆网络则通过单独的语言记忆和视觉记忆模块来记住和理解与过去导航行动相关的有用信息，并进一步用于导航决策。具身导航的主要评判指标包括：成功率（success rate）、路径长度加权的成功率（success weighted by path length）、oracle 成功率（oracle success rate）、轨迹长度（trajectory length）、路径长度比率（path length ratio）、距离成功或导航误差（distance to success、navigation error）、目标进度（goal progress）和 oracle 路径成功率（oracle path success rate）。其中，成功率和路径长度加权的成功率是主要的评价指标，也是常用的指标。其他指标则可以用于更细致地评估导航代理的性能。

具身导航的数据集包括：AI2-THOR、Habitat、Room-to-Room、Gibson、Matterport3D 等。这些数据集都提供了丰富的三维场景和自然语言指令，用于训练和评估具身导航模型。数据集的不同之处在于场景数量、复杂度、指令难度和指令来源等方面，以及提供的评价指标和任务种类也有所不同。此外，还有一些视觉对话导航的数据集，如 CVDN，这些数据集包含了更加复杂的导航任务，需要智能体与人类进行自然语言对话才能完成。

2. 具身问答

具身问答（Embodied Question Answering，EQA）是指在模拟的物理环境中，智能体通过具有广泛 AI 能力的模块来执行问答任务，如视觉识别、语言理解、问题回答、常识推理、任务规划和目标驱动导航等。该任务通常分为两个子任务：导航任务和 QA 任务。导航模块需要智能体探索环境，才能看到物体并回答有关它们的问题。QA 模块通过解析智能体在环境中运动时所看到的图像序列来回答问题。此外，交互式问答（interactive QA）需要智能体与物体进行交互才能成功回答某些问题。具身问答是具身智能领域中的重大进展之一，是目前具身 AI 研究中最具挑战性和复杂性的任务之一。

EQA 主要有以下三个分支：基于单目标的 EQA，需要智能体在环境中进行导航，以回答与单个目标相关的问题。该问题可被分为导航和 QA 两个子任务，主要的解决方案包括 Planner-Controller Navigation Module（PACMAN）、REINFORCE、Neural Modular Control（NMC）等。基于多目标的 EQA（MTEQA），需要智能体导航到多个位置以定位多个目标，然后执行比较以回答问题。交互式 EQA（Interactive Embodied QA），需要代理与环境中的对象进行交互，以回答某些问题。主流方法分层交互式记忆网络帮助系统（Hierarchical Interactive Memory Network，HIMN）跨多个时间尺度进行操作。

EQA 的评价指标主要分为导航性能和问答性能两个方面。其中导航性能的指标包括：到达目标时的距离（即导航误差）、从初始位置到目标位置的距离变化（即目标进展）、在任意时间点到目标的最小距离、智能体在回合结束前是否成功到达包含目标物体的房间以及是否进入包含目标物体的房间等。而问答性能的指标则主要包括正确回答问题的准确性和基准答案在预测中的平均排名。此外，在具身导航任务中，导航误差、目标进展和回合长度等指标也可用于衡量性能。

EQA 的数据集主要包括 EQA、MT-EQA 和 IQA 三种任务的数据集。EQA 数据集基于 House3D，包含了 750 个环境和 5000 个问题，问题涉及 45 个唯一的对象和七种唯一的房间类型。MT-EQA 数据集包含 6 种类型的组合问题，涉及比较多个目标之间的对象属性。IQA 数据集是一个大规模的多项选择题数据集，包含了 75000 个问题，问题主要涉及对象的存在性、计数和空间关系。这些数据集的设计旨在测试智能体在语言基础、常识推理和导航方面的能力，是评估 EQA 模型性能的重要工具。

3D 环境场景理解和知识表达是许多具身任务的关键，包括点导航、物体导航、视觉语言导航、具身问答、重排、机器人操作等。对 3D 场景的理解和推理是智能体完成具身任务需要具备的基本能力。例如视觉语言导航和具身问答任务就需要将语言和环境目标进行关联，在 3D 环境推理如何导航到 3D 目标以及回答关于场景的问题。文献针对具身场景理解和推理，引入一个大规模的具有丰富语义信息和推理任务类型的真实场景情景问答数据集 SQA3D，以增强具身智能体在复杂三维场景中的适应和决策能力。文献提出一种 3D 多视角视觉问答基准，使用 Habitat 虚拟环境搜集场景、图片和问答数据，旨在解决如何从多视角图片进行场景理解和推理，主要包括物体概念、计数、空间关系理解和比较等问答形式。解决 3D 视觉推理的关键在于如何对多视角图片进行紧凑的 3D 表征，并和语言系统下的语义概念进行概念接地，实现对 3D 视觉场景的推理。

（三）具身重排和机器人操作

具身重排和机器人操作聚焦对外部环境的改变，重排任务一般以家居环境为背景，以移动智能体为主要机器人构型，侧重在环境场景理解、任务规划等。机器人操作以桌面静态机械臂和移动机械臂为主要构型，侧重物体感知、长序列操作规划和底层接触交互学习等。

1. 具身重排

机器人重排是机器人领域的一类传统基础任务设置，主要关注物体可观测下的规划和控制问题，具身视角下的机器人重排以环境交互为基础，物体的状态和重排目标不会直接给出，需要机器人在一个复杂和逼真的物理环境中，通过视觉感知探索、交互、搜索目标并完成任务。具身重排任务和之前介绍的导航、问答等任务存在一部分重叠，例如环境感知、语言关联等，但同时比导航和问答更加复杂，是感知、导航、语言关联技术的集成。

CVPR 具身智能研讨会连续三年举办多个具身重排列战赛 AI2-THOR Rearrangement Challenge，这类比赛的挑战在于如何构建一个智能体或机器人，通过环境探索和交互将物体从初始构型移动到目标构型，目标状态设定方式包括物体位姿、图像、文字描述等。在随意移动或更改几个物体的位姿和状态后，智能体能够将其重新排列到初始状态。重排任务一般分为两个阶段，第一阶段，智能体以第一人称视角探索周围环境并记录为目标构型。然后随意去除几个物体、移动它们的位姿或更改它们的状态（例如打开冰箱或者抽屉等）。第二阶段，智能体通过和环境的交互将整个环境恢复成第一阶段的目标构型。在重排任务中，一些虚拟环境和基准不考虑交互中的底层动力学过程，用抽象操作或者抓取来简化，以此聚焦在重排任务中的感知、环境理解和任务规划等。重排任务主要方法包括强化学习、模仿学习、基于规划的方法。重排任务的常用虚拟环境包括 AI2-THOR。完成重排任务需要几个关键性技术的突破，包括视觉感知（检测初始和目标构型的视觉差异）、环境理解（物体状态推断）、感知和记忆表征等。对环境和物体状态的理解是完成重排任务的关键，文献采用基于图的连续状态表征进行重排规划。3D 语义地图是表征物体位置和状态的一种有效方式，能够减少对交互经验数据的依赖，文献使用基于体素的语义图进行环境表征，获得了 AI2-THOR Rearrangement Challenge 2022 的冠军。

2. 机器人操作

能够处理长序列和复杂日常任务的通用机器人操作技能学习，是具身智能重要的研究内容之一。相比具身重排，机器人操作更加关注底层接触动力学交互。具身智能视角下的机器人操作主要采用学习的方式，通过视觉、力、触觉等感知学习完成复杂长序列操作任务的策略和技能。常用方法包括深度强化学习、模仿学习、元学习和多任务学习等。CVPR2023 具身智能研讨会预计举办针对机器人操作的挑战赛 ManiSkill2，该挑战赛以 Sapien 作为比赛环境，包含不同的物体和任务类型，旨在促进机器人 3D 操作领域的研究。除此以外，机器人操作的常用数据集和平台有 RLBench、robosuite 和 ManiSkill 等。

近年来，语言和图像关联技术的发展极大促进了语言驱动的机器人研究，例如根据语言指令取回物体、抓取和抓放及整理任务。关于基于语言的机器人操作，ARNOLD 提出了一个基于连续状态理解的以语言关联为基础的机器人学习基准，相比于重排任务中只关注物体离散状态（例如物体打开、关闭等），该基准更加关注物体交互操作级的连续物体改变。OpenD 也提出一种根据语言指令执行操作门和抽屉的基准集，机械臂需要从图片中理解空间和场景信息，并结合语言指令，根据规则控制器执行操作任务。公开了一个以语言为输入的长序列任务学习数据集 CALVIN，用于从语言和视觉输入中组合动作技能以生成机器人动作序列，论文的 baseline 算法是，该方法以语言作为输入并编码为潜在目标（latent goal），基于潜在目标训练了一个目标导向的策略模型。该方法还可以利用语言预训练模型编码语言输入，对分布外语言输入同样具有泛化能力。基于该基准，后续改进方法有：提出一个用于视觉语言操作的基准和数据集，基于该方法，能够自动生成语言和操作数据集，同时具备指定不同的物体类型、物体属性、基于约束的任务设置。大模型和机器人操作结合的挑战主要解决语言模型表达的语义和机器人或智能体感觉－运动能力的关联（Grounding）。预训练大模型有利于下游具身智能学习，例如，EmbCLIP 研究表明基于预训练 CLIP 的视觉编码器对多个具身任务都有明显的性能提升。

（四）物体可供性学习

具身智能系统以交互和改变环境为主要特征，使得智能体需要更加理解物体使用概念的本质，这对具身感知提出新的要求。相比于过去端到端方法从静态数据集实现模式到符号回归，物体概念理解是具身感知真正需要解决的挑战性问题。

物体可供性（Affordance）物体功用性概念学习的重要形式，是指环境或者物体对于智能体的可操作性或可利用性，推理一个物体或者环境的可供性是具身智能的重要研究内容。物体可供性是一种关于物体与智能体之间交互概念，智能体通过感知和交互，获得了对物体可供性的感知和理解，从而实现更智能、更高效的环境交互，提高智能体的自主决策能力和适应性。可供性理论在机器人学领域有着广泛的应用，不仅有助于机器人更加智能地感知和理解环境，而且为机器人的自主决策和适应性提供了支持。例如，机器人可以通过感知一个物体的形状、大小和位置等信息，来判断该物体的可供性，并根据具体的任务选择正确的操作方式。此外，可供性研究也可以帮助机器人更好地模仿人类与物体的交互方式，从而获得更多对物体可供性的结构化的概念。

在机器人领域，一个重要的可供性是抓取功能，例如论文提出了一种基于可供性和跨领域图像匹配的机器人抓取和放置方法，旨在解决机器人在杂乱环境中抓取和放置新对象的问题。该方法使用可供性来解决物体识别和抓取，同时，该方法使用跨模态数据以增强物体检测和识别能力。Mandikal 提出了一种基于"物体中心的视觉可供性"的方法，用于让机器人学习如何使用视觉信息来灵巧抓取物体，该方法采用了一个两阶段的学习过程，首先通过 CNN 预测物体的可供性部件，然后采用强化学习执行抓取动作。实验结果表明，该方法在真实世界中的物体灵巧抓取任务中表现出色，并且对于光照和物体姿态的变化具有鲁棒性。研究了在杂乱场景中对物体进行抓取和放置的协同任务，基于物体中心的放置功能区域，用 Nerf 编码放置场景的几何形状和待放置物体之间的关系并寻找最优视角，使机器人能够生成多样化的抓取和放置策略，并优化抓取方式以满足其他任务约束，该方法能够成功地完成在复杂场景中的物体抓取和放置任务，并且在新的物体和场景中也具有很好的泛化性。

操作功能相关的研究提出了一种基于视觉支持的语言建模方法，称为 Visual Affordance Grounding（VAG）。VAG 方法使用图像中的视觉特征和语言特征来识别物体的操作可供性，然后将可供性与语言结合生成机器人的操作策略，从而实现图像和语言到动作策略的多模态联合学习，该方法还包括一个基于无监督学习的训练方法，可以在没有标注数据的情况下使用大规模文本和图像数据集来训练 VAG 模型。Demo2Vec 是一种从在线视频中学习对象的可供性的模型，该方法使用卷积神经网络对视频进行编码，并可以预测对象的可供性以及对应的交互动作序列。研究提出通过观察人类的交互视频来学习视觉可供性，具体做法是使用互联网无标注人 – 物体交互视频来学习视觉可供性模型，该模型可以估计物体的可供性和对应的交互，基于估计的物体可供性可以促使机器人完成许多复杂任务，该方法为构建理解和学习人类交互的机器人提供了一种新的途径。

（五）具身形态学习

智能体形态对具身智能中感知、动作和交互能力起到至关重要的作用，作为一种归纳偏差影响智能体对外部世界的认知、学习效率和性能。从交互中学习机器人形态对于提升机器人性能、提高机器人学习效率具有重要作用，这也是具身智能体学习和进化的重要议题，正如动物智能在亿万年进化中深深具化为巧妙形态。具身形态学习通常和机器人结构形态设计、优化和机器学习紧密联系。

1. 传统设计优化方法

在机器人领域，机器人学家很早就已认识到智能体的智能行为不仅仅依赖其计算智能，硬件在决定其行为和形体智能方面和计算智能一样的重要。其中，设计优化是获得特定轨迹、行为和性能常用的技术手段。机器人机构和控制行为的互适应优化能够同时获得机械智能和计算智能，机械智能在设计优化阶段被赋予到机器人具体的形态和形状上。相比计算智能，机械智能能够降低执行中计算的复杂度，例如，经过特殊设计的手爪结构能够简化机器人抓取和操作的下游计算复杂度。同时，机械智能能够减少传感、执行和处理模块的数量，并能够提高智能体行为的可靠性和鲁棒性。对于足式机器人，通过建立设计和运动参数间关系，同时优化运动轨迹和腿部连杆以及驱动布局，能够实现最优腿部结构设计。除此以外，也可以采用大规模设计库和定制工具用于配置模块化机器人。然而，设计优化方法主要采用分析动力学和经典控制理论来优化机械、控制和规划参数，实现机器人硬件智能，这些方法依赖精确的环境建模和耗时的人工调整，泛化性和规模化应用有限，不适用于非结构化环境下的复杂任务，也没有系统考量具身智能中智能体形态在环境交互中的不断学习和进化。

2. 人工智能驱动形态学习

人工智能驱动的机器人形态学习近年来得到了快速发展，数据驱动方法通过形态参数化，将机器人形态和策略在持续的环境交互中进行联合学习，提升机器人总体性能。目前，机器人形态和控制策略联合优化主流方法是采用深度强化学习。例如，将机器人形态看作一种硬件策略，和控制策略在统一的强化学习框架下联合学习，能够获得联合的计算和机构策略。

可微分物理引擎的发展同样促进了共策略优化研究，其对于提高数据利用效率，加快优化速度具有重要作用。图神经网络由于能够处理结构化数据，在机器人形态表示方面具有广泛应用，为跨形态通用控制器设计、形态生成和进化提供有效表征工具。

形态进化和机器人学习是具身智能的重要课题，现有研究采用深度学习和强化学习更多关注形态表征和形态行为联合学习，这个方向依然存在很多挑战性课题亟待研究，包括仿真学习的形态和行为如何迁移到真实环境、如何量化形态对行为和智能的影响等。

三、具身学习

具身任务相比传统人工智能任务（物体识别、自然语言处理、语音识别）需要和环境的不断交互、学习和进化，是一个更加复杂且抽象，很难用传统标注方式定义的学习过程。如何使智能体理解任务、学习技能并泛化到新的不同场景是具身智能研究面临的新挑战。具身智能学习常见的两种模式包括端到端方式和模块化方式。端到端方法从传感输入中直接预测控制输出，例如基于深度强化学习和模仿学习的端到端方法采用深度神经网络编码视觉输入，并连接记忆循环层网络预测输出。模块化方法将具身任务分解为不同的模块，每个模块单独进行监督学习，例如分解为感知、规划、避障、目标编码等。本部分主要回顾具身学习（具身教学和执行）的主要研究进展，包括深度强化学习、模仿学习和仿真到真实迁移等。

（一）深度强化学习

强化学习（reinforcement learning，RL）是用于描述和解决智能体（agent）在环境交互过程中通过学习策略以达成回报最大化或实现特定目标的一类机器学习方法。深度强化学习（deep reinforcement learning，DRL）结合深度学习和强化学习，能够处理比传统强化学习更复杂的任务，一经问世便取得了令人印象深刻的效果，也是具身智能研究常用的工具之一。在机器人学习领域，DRL 智能体通过与环境动态交互，可以不断地改进自身策略，从而适应环境和任务的动态变化，并自主地学习各项技能，从简单的运动控制到复杂的机器人操作以及无人驾驶，都有优异的表现。近两年，预训练大模型和强化学习的结合获得巨大成功。例如，2022 年，结合人类偏好反馈构建奖励函数引导强化学习训练和优化的大语言模型 ChatGPT，实现具有媲美人类的自然语言生成、对话理解和知识表示等多种能力。2022 年，谷歌公司结合强化学习和大语言模型的推理能力，训练了一个让机器人学会 101 个操作任务的机器人模型，在两个真实的厨房环境下的任务成功率达到了 84%。2023 年，结合强化学习的学习能力和大语言模型（ChatGPT）的规划能力，Plan4MC 将解决复杂任务分解为学习基本技能和技能规划两个部分，可以玩转《我的世界》（*Minecraft*）游戏的 24 个复杂任务。2023 年，密歇根大学安娜堡分校等机构的研究者提出密集深度强化学习（dense deep-reinforcement-learning，D2RL），用 AI 训练 AI，识别和去除非安全关键（non-safety-critical）数据，并利用安全关键数据训练神经网络，实现复杂驾驶环境的无人安全驾驶。2023 年，谷歌提出 PaLM-E，一个多模态具身视觉、语言模型，在各种具身推理任务上取得了最先进的性能，包括连续的机器人操纵规划、视觉问答和描述，以及一般的视觉语言任务。

深度强化学习优异性能极大促进了机器人学习和具身智能领域的研究。

（二）基于模型的方法

深度强化学习根据是否对环境建模，可以分为无模型深度强化学习（model free DRL，MFDRL）和基于模型的深度强化学习方法（model-based DRL，MBDRL）。

无模型方法通过智能体从与环境的直接交互，无须对环境建模，根据交互中获取的状态、动作、奖励等信息不断改进智能体的操作策略，逐渐提升任务的成功率。无模型方法严重依赖奖励来学习值函数，样本效率较低，面对每一个新任务都要重新训练，以及对差异较大的任务的适应性较差。优点是更易于实现和调整超参数，训练和部署相对简单。无模型方法根据训练过程中是否能够使用离线数据又可以分为 on-policy 学习和 off-policy 学习两大类。on-policy 方式通过在线采集到的数据直接优化策略，样本效率较低，训练难度较大。off-policy 学习将数据存入到经验回放缓冲区中，定期更新离线策略并更新在线策略，在线策略与环境交互收集数据，样本效率相对较高。

目前广泛使用的 on-policy DRL 算法包括 TRPO、PPO、A3C。on-policy DRL 算法基本在每次更新策略的时候都需要获取新的样本，样本效率较低，随着任务的复杂度的增加，学习最优或者次优策略的用环境的交互步数也会随着增加，极大地增加训练的成本和时间。off-policy DRL 算法将过去一段时间内收集到的数据放到经验回放缓冲区中，重复使用过去的经验来解决 on-policy DRL 采样量大的问题，提升样本效率。目前主流的 off-policy 算法是 DDPG 和 SAC。

无模型方法的样本效率不高，智能体学到一个较好的策略通常需要百万级别训练样本，导致训练时间较长。基于模型的方法通过智能体与环境交互来学习环境的正向模型或者奖励模型，基于构建的环境模型结合最优控制相关方法不断提升自己的策略。相比于无模型强化学习，由于在构建的环境模型中做了进一步的规划，基于模型的深度强化学习通常具有更高的样本学习效率。但是学习到准确的环境模型是一项极具挑战性的任务，由于交互得到的数据无法完全反应环境的动力学模型，获取的状态转移模型和当前的策略具有强相关关系，容易导致模型误差（model error），又名模型偏差（model-bias）。在低维度的观测环境中，神经网络可以较好地估计状态转移模型，面对高维度的观测环境，神经网络很难构建准确的环境，模型的不准确会导致强化学习的策略不准确，从而导致基于模型方法有效性的退化。通过利用概率模型和多个预测模型的不确定型来描述环境模型的不确定性，一定程度上能缓解的模型偏差的问题。得益于样本效率的提高，只需要更少量的样本，基于模型方法能够达到与无模型相近甚至更好的效果。常用的基于模型方法有 Iterative Linear Quadratic-Gaussia（iLQG）和 Guided Policy Search（GPS）。Dyna-style 算法是另一种主流的算法框架之一，通过在每两个步长之间进行训练的迭代来完成策略更新。目前比较流行的 Dyna-style 算法有 Model-Ensemble Trust-Region Policy Optimization（ME-TRPO），Stochastic Lower Bound Optimization（SLBO）以及 Model-based Meta-

Policy Optimization（MB-MPO）。除了前向模型外，还有反向模型，Reverse Offline Model-based Imagination（ROMI）学习了一个反向动力学模型，可以根据目标状态反向生成轨迹，对原有的数据进行了数据增强，可以与现有的任意 Offline DRL 算法结合，在有限的训练数据集的基础上提升策略的泛化能力。为了更好地建模环境，尤其是高维状态空间，比如图像，学习隐空间状态表可以有效提取信息同时消除冗余和无关信息，从而提高基于模型方法的效果和样本效率，例如 DreamerV1 和 DreamerV2，通过之前学习到的轨迹学习一个基于隐空间的世界模型，实现了在 55 种 Atari 游戏上媲美人类的控制水平。Michael 利用扩散模型直接从轨迹生成轨迹，相较于单点的预测模型，在长序列机器人操作任务上累计误差较小，融合环境建模和任务规划，提升规划能力的同时提升预测精度，能够解决稀疏奖励和长序列问题。

离线深度强化学习（offline RL）是从静态数据集学习策略的一种方式，在 RL 和监督学习之间提供了的桥梁，使 RL 方法能够充分且重复利用以前收集的大型数据集而不与环境进一步交互。offline RL 对于数据收集成本高、风险大或耗时长的任务训练具有重要意义。

（三）模仿学习

由于智能体直接探索环境的效率不高且部分环境很难被探索，特别是机器人操作领域，任务序列长且复杂，奖励稀疏，动作空间较大。如果让机器人从头开始学习一个任务，在保证安全的前提下探索环境，样本效率不高，智能体需要大量的探索和利用，对硬件的损耗极大。为了提升样本效率同时减小搜索空间，通过结合专家示例，模仿学习可以更好地引导机器人更快速地学习操作策略，提升机器人样本效率以及探索的安全性。模仿学习从方法上主要分为行为克隆（Behavior Cloning）、逆强化学习（Inverse Reinforcement Learning）和生成对抗模仿学习（Generative Adversarial Imitation Learning）。其中，行为克隆是一种监督学习技术，它将演示数据视为标签数据，并利用这些标签数据来直接训练模型。相比之下，逆强化学习和生成对抗模仿学习更加注重从演示数据中学习更高层次的任务目标或意图，并利用这些信息来指导智能体的学习。

基于示教的强化学习（demonstration-drivenRL）可以看作是一种组合方法，通过在强化学习的过程中加入专家的示范作为额外信息来加强学习的效果，利用示例中包含的先验知识引导智能体探索和利用已有知识和经验，极大的缩小策略的搜索空间，加速智能体学习。Vecerik 等在一些稀疏回报的任务中，引导智能体探索专家数据中的状态空间，以改进所学习的策略，或减少探索区域不确定性，可以有效地促进智能体快速、有效学习新的技能。Rajeswaran 等用专家示例引导灵巧手完成复杂任务操作，极大地提升机器人学习效率以及对新任务的适应性。为了促进策略的提升，充分利用模仿学习和强化学习的优势，在模仿专家策略的基础上，智能体根据专家的状态、动作学习初始的策略，然后再利用强化学习进行微调，从而让机器人快速掌握新技能，极大地降低了学习新技能的时间以及可以更好地解决复杂任务的探索困境。

基于生成对抗训练模仿学习，GAIL 等相关方法利用判别器引导策略学习，更好地引导策略与专家策略的状态 - 动作分布一致。IBC 使用隐式模型进行策略学习的效果，通过能量模型对状态和动作进行隐式建模模仿学习中，可以在真实机器人操作任务中实现一毫米的精度。

随着深度学习的发展，模仿学习逐步成为机器人解决复杂任务的有效方式，从专家产生的演示轨迹中学习操作复杂任务的策略。这种方法通过记录专家示教轨迹中的观测和动作映射，使用监督学习学习近似再现该映射的函数。近年来，预训练大模型的发展为模仿学习注入新的活力，基于 GPT 架构，Decision Transformer 和 Trajectory Transformer 利用 transformer 的表征能力和时序建模能力将模仿学习定义为一个序列生成问题，效果超过当前大多数的 SOTA 的 offline RL 方法和模仿学习。BC-Z 通过遥操作收集了 11108 条的真实机器人操作轨迹训练初始策略，通过初始策略继续收集了 14769 条，一共 25877 条示例，基于关键帧的模仿学习训练策略实现相似任务的 zero-shot 执行。OSIL[199] 通过将每条轨迹的关键帧引入到多任务模仿学习中，可以实现训练 7 个任务的数据训练，61 个相似任务的 one-shot 操作。VAG 方法使用图像中的视觉特征和语言特征来识别物体的可供性，然后将可供性与语言结合生成机器人的操作策略，从而实现图像和语言到动作策略的多模态联合学习，该方法还包括一个基于无监督学习的训练方法，可以在没有标注数据的情况下使用大规模文本和图像数据集来训练 VAG 模型。基于 transformer 的架构和融合大语言模型，机器人可以实现多任务模型学习，极大地提升了机器人的多任务模仿学习的样本效率和效果。基于 GPT 架构，融合多视角、语言和历史状态信息，hiveformer 可以同时完成 RLBench 上的 74 个机器人操作任务，包括物体放置、开关门、拧灯泡等复杂任务。SysCan 结合强化学习和大语言模型的推理能力，在两个真实的厨房环境下，实现了真实机器人可以操作 101 个任务，成功率是 84%。RT-1 收集了十三个真实机器人，十三万多条轨迹，包括七百多个任务的真实机器人操作数据集，验证了大模型可以实现任务无关的模仿学习以及对技能的自主组合，同时对相似任务具有一定的泛化能力。VIMA 针对桌面的物体放置任收集了六十多万条专家轨迹用于模仿学习，提出了一个基于 transformer 的用多模态文本提示并融合视觉的模仿学习模型，在 zero-shot 泛化性上比当前的 SOTA 方法的成功率高 2.9 倍。diffusion policy 利用扩散强大的生成和表征能力，克服了机器人高维动作空间的多峰分布等问题，对动作空间的分布的建模效果较好，在仿真和真机上都实现了 SOTA 效果。

（四）仿真到真实迁移

具身智能目前的研究思路是首先在虚拟仿真平台进行研究，然后再迁移到真实环境。但是智能体在仿真环境学习的行为和感知模型迁移到真实世界会存在明显的性能差异，这主要因为仿真环境的物理引擎和渲染引擎不能完美模拟真实世界，同时虚拟环境下的机器人、物体和环境信息也很难完美复刻真实世界的实体参数。因此，虚拟环境下的具身智能研究多大程度上能够迁移到真实环境（simulation-to-reality，sim2real）是必须回答的问题，针对这一问题，具身智能社区主要在以下几个方面进行研究：开源软硬件平台用于评估、研究 sim2real 和 sim2real 技术研究。

近年来，许多研究团体开源了研究 sim2real 的软件和硬件平台。在机器人硬件上，开源了低成本机器人平台和相应的仿真环境，用于定量分析和评估 sim2real 方法有效性。同样的，在 sim2real 部署上，研究开源了软件基础设施。这些研究降低了机器人迁移的部署难度，提供了 sim2real 研究基准，使得具身智能研究社区能够同时在仿真和真实环境下测试具身智能算法。通过比较真实和仿真环境下策略性能，研究者能够识别导致 sim2real 性能下降的仿真器缺陷，同时研究 sim2real 迁移技术。

为实现仿真到真实世界的机器人迁移，常采用的 sim2real 迁移技术包括系统辨识、域随机化和域适应。系统辨识是指通过辨识现实世界的动力学、几何参数，在仿真世界进行精确模拟，以此消除仿真到真实世界的迁移差距。Golemo 尝试学习仿真和真实世界的差异，以此增强仿真环境的真实性，这便是系统辨识的一种形式。Tan 则构建了精确的驱动模型和仿真时延，通过提高仿真系统的准确性降低 sim2real 的物理差异。为提高控制的鲁棒性，Tanz 在仿真系统中增加随机物理参数，包括质量、电机摩擦、惯量、接触摩擦、控制频率等，这是结合系统辨识和动力学参数随机化提高 sim2real 的研究。动力学参数随机化属于域随机化的一种，域随机化技术是实现仿真到真实迁移简单而有效的手段。其基本思想是通过随机化增加仿真环境的多样性，以覆盖仿真到真实世界的各种变化，包括视觉域随机化和动力学域随机化。例如，Peng 为降低仿真环境的"现实差距"，采用域随机化增加仿真动力系统多样性，训练能够应对不同动力学参数变化的控制策略，这种适应性使得仿真训练的策略成功迁移到了真实世界。

域适应是仿真到真实世界迁移的另一种重要技术手段，域适应是使源域的样本数据匹配目标域的数据分布，这样基于源域样本训练的模型可以直接泛化到目标域。有大量的文献在研究域适应技术，特别是计算机视觉领域。先前的工作利用 GAN 技术将物体的视觉外观从仿真调整为真实，其他工作通过建立模型，或学习机器人动力学的潜在嵌入，以适应现实世界中的驱动噪声。基于这些研究，虚拟仿真平台集成了真实世界相机和驱动噪声模型，并作为 Habitat、RoboTHOR、RVSU、iGibson 和 ManiSkill2 挑战赛的一部分，从而提高了挑战赛的真实性并减少了 sim2real 差距。

四、具身智能机器人学习的未来发展趋势

目前具身智能主要针对刚性、柔性、透明体、流体等物体类型，未来的研究需要突破

更多物体类型，以支持更广维度物体状态和类型泛化。一方面，仍需要大规模高质量物体素材描述详细的物体属性，包括材质、属性、连续状态等信息，例如厨房环境下的具身智能任务，食物素材需要包含可烹饪、可切割、切割状态、生熟状态等丰富的属性信息，以支持物理引擎模拟真实的物体交互状态变化。另一方面，物理引擎需要支持更多的物理交互过程，以支持更具广泛的真实物体类型和状态。例如家居环境重排任务，不仅涉及搬桌子、移动书本等刚性交互，还包括水果纸屑清扫、桌面擦拭、床单整理等柔性体物体和其他复杂物体的交互过程。丰富的物体素材和仿真引擎开发，将极大促进具身智能面向真实环境的应用。

得益于预训练模型在视觉识别和自然语言等领域获得了巨大成功，最近涌现一批将大模型和具身智能结合的研究。但目前大模型在具身智能领域还并未达到非具身智能领域的性能表现，包括零样本泛化、基于提示工程的多任务学习、下游任务微调等。未来大模型和具身智能结合具有广泛的研究空间，一方面，将语言模型和机器人或智能体感觉和运动能力进行关联（Grounding）是其中一个重要研究方向。这种关联可以通过物理世界中具身智能体的感知、动作和场景、日常生活经验等方式实现，建立智能体传感模态（包括力觉、触觉、本体感知等）、行为、经验、概念等与语义相关的知识表示之间的联系，并使用语言和符合与这些知识连接起来，使得智能体能够真正理解知识背后的含义，指导智能体在物理世界中完成各种任务和处理复杂决策。另一方面，预训练大模型对下游应用具有微调、少样本和零样本迁移能力，探索机器人领域大模型并实现机器人下游任务微调、少样本和零样本迁移能力是未来另一个极具吸引和挑战性的研究方向。最后，预训练大模型基于提示工程等技术展现优异的多任务处理能力，机器人大模型的多任务处理和新任务泛化同样是未来重要的研究方向。

仿真到真实的迁移是具身智能研究成功应用于真实环境必须要解决的问题。虽然现有研究针对仿真到真实迁移做了大量研究，包括构建高保真仿真器、sim2real 研究等，但是仿真到真实迁移依然是具身智能未来重要的研究方向，直到真正解决仿真和真实世界传感、运动接口之间的差异，以支持研究人员所需的任何仿真器到物理机器人平台的迁移。

参考文献

［1］ Turing A M. Computing machinery and intelligence（1950）［J］．The Essential Turing: the Ideas That Gave Birth to the Computer Age，2012：433–464.

［2］ Pfeifer R，Iida F. Embodied artificial intelligence：Trends and challenges［C］// Embodied Artificial Intelligence：

International Seminar, Dagstuhl Castle, Germany, July 7-11, 2003. Revised Papers., 2004: 1-26.

［3］ Fei-Fei L, Krishna R. MIT Press One Rogers Street, Cambridge, MA 021421209, USA journals-info~⋯, 2022. Searching for computer vision north stars ［J］. Daedalus, 2022, 151 (2): 85-99.

［4］ Zador A, Richards B, Ölveczky B, Escola S, Bengio Y, Boahen K, Botvinick M, Chklovskii D, Churchland A, Clopath C, others. Toward next-generation artificial intelligence: catalyzing the NeuroAI revolution ［J］. arXiv preprint arXiv: 2210.08340, 2022.

［5］ Prabhakar A, Murphey T. Nature Publishing Group UK London, 2022. Mechanical intelligence for learning embodied sensor-object relationships ［J］. Nature communications, 2022, 13 (1): 4108.

［6］ Bartolozzi C, Indiveri G, Donati E. Nature Publishing Group UK London, 2022. Embodied neuromorphic intelligence ［J］. Nature communications, 2022, 13 (1): 1024.

［7］ Mason M T. Annual Reviews, 2018. Toward Robotic Manipulation ［J］. https://doi.org/10.1146/annurev-control-060117-104848, 2018, 1: 1-28.

［8］ Cui J, Trinkle J. Toward next-generation learned robot manipulation ［J］. Science Robotics, 2021, 6 (54): 9461.

［9］ Deitke M, Batra D, Bisk Y, Campari T, Chang A X, Chaplot D S, Chen C, D'Arpino C P, Ehsani K, Farhadi A, others. Retrospectives on the embodied ai workshop ［J］. arXiv preprint arXiv: 2210.06849, 2022.

［10］ Radford A, Kim J W, Hallacy C, Ramesh A, Goh G, Agarwal S, Sastry G, Askell A, Mishkin P, Clark J, others. Learning transferable visual models from natural language supervision ［C］// International conference on machine learning., 2021: 8748-8763.

［11］ Vemprala S, Bonatti R, Bucker A, Kapoor A. Chatgpt for robotics: Design principles and model abilities ［J］. 2023.

［12］ Driess D, Xia F, Sajjadi M S M, Lynch C, Chowdhery A, Ichter B, Wahid A, Tompson J, Vuong Q, Yu T, others. Palm-e: An embodied multimodal language model ［J］. arXiv preprint arXiv: 2303.03378, 2023.

［13］ Duan J, Yu S, Tan H L, Zhu H, Tan C. IEEE, 2022. A survey of embodied ai: From simulators to research tasks ［J］. IEEE Transactions on Emerging Topics in Computational Intelligence, 2022, 6 (2): 230-244.

［14］ Kolve E, Mottaghi R, Han W, VanderBilt E, Weihs L, Herrasti A, Deitke M, Ehsani K, Gordon D, Zhu Y, others. Ai2-thor: An interactive 3d environment for visual ai ［J］. arXiv preprint arXiv: 1712.05474, 2017.

［15］ Shridhar M, Thomason J, Gordon D, Bisk Y, Han W, Mottaghi R, Zettlemoyer L, Fox D. Alfred: A benchmark for interpreting grounded instructions for everyday tasks ［C］// Proceedings of the IEEE/CVF conference on computer vision and pattern recognition., 2020: 10740-10749.

［16］ Ehsani K, Han W, Herrasti A, VanderBilt E, Weihs L, Kolve E, Kembhavi A, Mottaghi R. Manipulathor: A framework for visual object manipulation ［C］// Proceedings of the IEEE/CVF conference on computer vision and pattern recognition., 2021: 4497-4506.

［17］ Deitke M, Han W, Herrasti A, Kembhavi A, Kolve E, Mottaghi R, Salvador J, Schwenk D, VanderBilt E, Wallingford M, Weihs L, Yatskar M, Farhadi A. RoboTHOR: An Open Simulation-to-Real Embodied AI Platform ［C］// Proceedings of the IEEE/CVF Conference on Computer Vision and Pattern Recognition (CVPR)., 2020.

［18］ Li C, Xia F, Mart\\in-Mart\\in R, Lingelbach M, Srivastava S, Shen B, Vainio K E, Gokmen C, Dharan G, Jain T, others. iGibson 2.0: Object-Centric Simulation for Robot Learning of Everyday Household Tasks ［C］// Conference on Robot Learning., 2022: 455-465.

［19］ Shen B, Xia F, Li C, Martín-Martín R, Fan L, Wang G, Pérez-D'Arpino C, Buch S, Srivastava S, Tchapmi L, Tchapmi M, Vainio K, Wong J, Fei-Fei L, Savarese S. iGibson 1.0: A Simulation Environment for Interactive Tasks in Large Realistic Scenes ［C］// 2021 IEEE/RSJ International Conference on Intelligent Robots and Systems (IROS)., 2021: 7520-7527.

［20］ Xia F, Shen W B, Li C, Kasimbeg P, Tchapmi M E, Toshev A, Mart\\in-Mart\\in R, Savarese S. IEEE, 2020.

Interactive gibson benchmark：A benchmark for interactive navigation in cluttered environments［J］. IEEE Robotics and Automation Letters，2020，5（2）：713–720.

［21］ Savva M，Kadian A，Maksymets O，Zhao Y，Wijmans E，Jain B，Straub J，Liu J，Koltun V，Malik J，others. Habitat：A platform for embodied ai research［C］// Proceedings of the IEEE/CVF international conference on computer vision.，2019：9339–9347.

［22］ Wani S，Patel S，Jain U，Chang A，Savva M. Multion：Benchmarking semantic map memory using multi–object navigation［J］. Advances in Neural Information Processing Systems，2020，33：9700–9712.

［23］ Gao X，Gong R，Shu T，Xie X，Wang S，Zhu S–C. Vrkitchen：an interactive 3d virtual environment for task–oriented learning［J］. arXiv preprint arXiv：1903.05757，2019.

［24］ Gan C，Schwartz J，Alter S，Schrimpf M，Traer J，De Freitas J，Kubilius J，Bhandwaldar A，Haber N，Sano M，others. ThreeDWorld：A platform for interactive multi–modal physical simulation［J］. Advances in Neural Information Processing Systems（NeurIPS），2021.

［25］ James S，Ma Z，Arrojo D R，Davison A J. IEEE，2020. Rlbench：The robot learning benchmark & learning environment［J］. IEEE Robotics and Automation Letters，2020，5（2）：3019–3026.

［26］ Yu T，Quillen D，He Z，Julian R，Hausman K，Finn C，Levine S. Meta–world：A benchmark and evaluation for multi–task and meta reinforcement learning［C］// Conference on robot learning.，2020：1094–1100.

［27］ Xiang F，Qin Y，Mo K，Xia Y，Zhu H，Liu F，Liu M，Jiang H，Yuan Y，Wang H，Yi L，Chang A X，Guibas L J，Su H. SAPIEN：A SimulAted Part–Based Interactive ENvironment［C］// Proceedings of the IEEE/CVF Conference on Computer Vision and Pattern Recognition（CVPR）.，2020：11097–11107.

［28］ Gu J，Xiang F，Li X，Ling Z，Liu X，Mu T，Tang Y，Tao S，Wei X，Yao Y，Yuan X，Xie P，Huang Z，Chen R，Su H. ManiSkill2：A Unified Benchmark for Generalizable Manipulation Skills［C］// The Eleventh International Conference on Learning Representations.，2023.

［29］ Zheng K，Chen X，Jenkins O C，Wang X. Vlmbench：A compositional benchmark for vision–and–language manipulation［J］. Advances in Neural Information Processing Systems，2022，35：665–678.

［30］ Zhu Y，Wong J，Mandlekar A，Mart\'\in–Mart\'\in R，Joshi A，Nasiriany S，Zhu Y. robosuite：A modular simulation framework and benchmark for robot learning［J］. arXiv preprint arXiv：2009.12293，2020.

［31］ Mees O，Hermann L，Rosete–Beas E，Burgard W. IEEE，2022. Calvin：A benchmark for language–conditioned policy learning for long–horizon robot manipulation tasks［J］. IEEE Robotics and Automation Letters，2022，7（3）：7327– 7334.

［32］ Jiang Y，Gupta A，Zhang Z，Wang G，Dou Y，Chen Y，Fei–Fei L，Anandkumar A，Zhu Y，Fan L. VIMA：General Robot Manipulation with Multimodal Prompts［C］// NeurIPS 2022 Foundation Models for Decision Making Workshop.，2022.

［33］ Fu H，Xu W，Xue H，Yang H，Ye R，Huang Y，Xue Z，Wang Y，Lu C. Rfuniverse：A physics–based action–centric interactive environment for everyday household tasks［J］. arXiv preprint arXiv：2202.00199，2022.

［34］ Gong R，Huang J，Zhao Y，Geng H，Gao X，Wu Q，Ai W，Zhou Z，Terzopoulos D，Zhu S–C，others. ARNOLD：A Benchmark for Language–Grounded Task Learning With Continuous States in Realistic 3D Scenes［J］. arXiv preprint arXiv：2304.04321，2023.

［35］ Srivastava S，Li C，Lingelbach M，Mart\'\in–Mart\'\in R，Xia F，Vainio K E，Lian Z，Gokmen C，Buch S，Liu K，others. Behavior：Benchmark for everyday household activities in virtual，interactive，and ecological environments［C］// Conference on Robot Learning.，2022：477–490.

［36］ Li C，Zhang R，Wong J，Gokmen C，Srivastava S，Mart\'\in–Mart\'\in R，Wang C，Levine G，Lingelbach M，Sun J，others. Behavior–1k：A benchmark for embodied ai with 1,000 everyday activities and realistic simulation［C］// Conference on Robot Learning.，2023：80–93.

［37］ Bullet Real-Time Physics Simulation | Home of Bullet and PyBullet: physics simulation for games, visual effects, robotics and reinforcement learning. ［EB/OL］. ［2021-03-14］. https://pybullet.org/wordpress/.

［38］ Todorov E, Erez T, Tassa Y. MuJoCo: A physics engine for model-based control ［J］. IEEE International Conference on Intelligent Robots and Systems, 2012: 5026-5033.

［39］ Liang J, Makoviychuk V, Handa A, Chentanez N, Macklin M, Fox D. Gpuaccelerated robotic simulation for distributed reinforcement learning ［C］ // Conference on Robot Learning., 2018: 270-282.

［40］ Hall D, Talbot B, Bista S R, Zhang H, Smith R, Dayoub F, Sünderhauf N. The robotic vision scene understanding challenge ［J］. arXiv preprint arXiv: 2009.05246, 2020.

［41］ Chang A, Dai A, Funkhouser T, Halber M, Niebner M, Savva M, Song S, Zeng A, Zhang Y. Matterport3D: Learning from RGB-D data in indoor environments ［C］ // 7th IEEE International Conference on 3D Vision, 3DV 2017., 2018: 667-676.

［42］ Xia F, Zamir A R, He Z, Sax A, Malik J, Savarese S. Gibson env: Real-world perception for embodied agents ［C］ // Proceedings of the IEEE conference on computer vision and pattern recognition., 2018: 9068-9079.

［43］ Ramakrishnan S K, Gokaslan A, Wijmans E, Maksymets O, Clegg A, Turner J, Undersander E, Galuba W, Westbury A, Chang A X, others. Habitat-matterport 3d dataset (hm3d): 1000 large-scale 3d environments for embodied ai ［J］. arXiv preprint arXiv: 2109.08238, 2021.

［44］ Szot A, Clegg A, Undersander E, Wijmans E, Zhao Y, Turner J, Maestre N, Mukadam M, Chaplot D S, Maksymets O, others. Habitat 2.0: Training home assistants to rearrange their habitat ［J］. Advances in Neural Information Processing Systems, 2021, 34: 251-266.

［45］ Straub J, Whelan T, Ma L, Chen Y, Wijmans E, Green S, Engel J J, Mur-Artal R, Ren C, Verma S, others. The Replica dataset: A digital replica of indoor spaces ［J］. arXiv preprint arXiv: 1906.05797, 2019.

［46］ Deitke M, VanderBilt E, Herrasti A, Weihs L, Ehsani K, Salvador J, Han W, Kolve E, Kembhavi A, Mottaghi R. ProcTHOR: Large-Scale Embodied AI Using Procedural Generation ［J］. Advances in Neural Information Processing Systems, 2022, 35: 5982-5994.

［47］ Calli B, Singh A, Bruce J, Walsman A, Konolige K, Srinivasa S, Abbeel P, Dollar A M. Yale-CMU-Berkeley dataset for robotic manipulation research ［J］. The International Journal of Robotics Research, 2017, 36（3）: 261-268.

［48］ Chang A X, Funkhouser T, Guibas L, Hanrahan P, Huang Q, Li Z, Savarese S, Savva M, Song S, Su H, others. Shapenet: An information-rich 3d model repository ［J］. arXiv preprint arXiv: 1512.03012, 2015.

［49］ Collins J, Goel S, Deng K, Luthra A, Xu L, Gundogdu E, Zhang X, Vicente T F Y, Dideriksen T, Arora H, others. Abo: Dataset and benchmarks for real-world 3d object understanding ［C］ // Proceedings of the IEEE/CVF Conference on Computer Vision and Pattern Recognition., 2022: 21126-21136.

［50］ Downs L, Francis A, Koenig N, Kinman B, Hickman R, Reymann K, McHugh T B, Vanhoucke V. Google scanned objects: A high-quality dataset of 3d scanned household items ［C］ // 2022 International Conference on Robotics and Automation（ICRA）., 2022: 2553-2560.

［51］ Mo K, Zhu S, Chang A X, Yi L, Tripathi S, Guibas L J, Su H. Partnet: A largescale benchmark for fine-grained and hierarchical part-level 3d object understanding ［C］ // Proceedings of the IEEE/CVF conference on computer vision and pattern recognition., 2019: 909-918.

［52］ Narang Y, Storey K, Akinola I, Macklin M, Reist P, Wawrzyniak L, Guo Y, Moravanszky A, State G, Lu M, others. Factory: Fast contact for robotic assembly ［J］. arXiv preprint arXiv: 2205.03532, 2022.

［53］ Chen C, Jain U, Schissler C, Gari S V A, Al-Halah Z, Ithapu V K, Robinson P, Grauman K. Soundspaces: Audio-visual navigation in 3d environments ［C］ // Computer Vision-ECCV 2020: 16th European Conference, Glasgow, UK, August 23-28, 2020, Proceedings, Part VI 16., 2020: 17-36.

［54］ Chen C, Schissler C, Garg S, Kobernik P, Clegg A, Calamia P, Batra D, Robinson P, Grauman K. Soundspaces 2.0: A simulation platform for visual-acoustic learning ［J］. Advances in Neural Information Processing Systems, 2022, 35: 8896-8911.

［55］ Agarwal A, Man T, Yuan W. Simulation of vision-based tactile sensors using physics based rendering ［C］// 2021 IEEE International Conference on Robotics and Automation (ICRA)., 2021: 1-7.

［56］ Narang Y, Sundaralingam B, Macklin M, Mousavian A, Fox D. Sim-to-real for robotic tactile sensing via physics-based simulation and learned latent projections ［C］// 2021 IEEE International Conference on Robotics and Automation (ICRA)., 2021: 6444-6451.

［57］ Khandelwal A, Weihs L, Mottaghi R, Kembhavi A. Simple but effective: Clip embeddings for embodied ai ［C］// Proceedings of the IEEE/CVF Conference on Computer Vision and Pattern Recognition., 2022: 14829-14838.

［58］ Roy N, Posner I, Barfoot T, Beaudoin P, Bengio Y, Bohg J, Brock O, Depatie I, Fox D, Koditschek D, others. From machine learning to robotics: challenges and opportunities for embodied intelligence ［J］. arXiv preprint arXiv: 2110.15245, 2021.

［59］ Zhang T, Hu X, Xiao J, Zhang G. Elsevier, 2022. A survey of visual navigation: From geometry to embodied AI ［J］. Engineering Applications of Artificial Intelligence, 2022, 114: 105036.

［60］ Dosovitskiy A, Koltun V. Learning to Act by Predicting the Future ［C］// International Conference on Learning Representations., 2017.

［61］ Gordon D, Kadian A, Parikh D, Hoffman J, Batra D. Splitnet: Sim2sim and task2task transfer for embodied visual navigation ［C］// Proceedings of the IEEE/CVF International Conference on Computer Vision., 2019: 1022-1031.

［62］ Henriques J F, Vedaldi A. Mapnet: An allocentric spatial memory for mapping environments ［C］// proceedings of the IEEE Conference on Computer Vision and Pattern Recognition., 2018: 8476-8484.

［63］ Wijmans E, Kadian A, Morcos A, Lee S, Essa I, Parikh D, Savva M, Batra D. DD-PPO: Learning Near-Perfect PointGoal Navigators from 2.5 Billion Frames ［C］// International Conference on Learning Representations., 2020.

［64］ Ye J, Batra D, Wijmans E, Das A. Auxiliary tasks speed up learning point goal navigation ［C］// Conference on Robot Learning., 2021: 498-516.

［65］ Chaplot D S, Gandhi D, Gupta S, Gupta A, Salakhutdinov R. Learning To Explore Using Active Neural SLAM ［C］// International Conference on Learning Representations., 2020.

［66］ Wortsman M, Ehsani K, Rastegari M, Farhadi A, Mottaghi R. Learning to learn how to learn: Self-adaptive visual navigation using meta-learning ［C］// Proceedings of the IEEE/CVF conference on computer vision and pattern recognition., 2019: 6750-6759.

［67］ Du H, Yu X, Zheng L. Learning object relation graph and tentative policy for visual navigation ［C］// Computer Vision-ECCV 2020: 16th European Conference, Glasgow, UK, August 23-28, 2020, Proceedings, Part VII 16., 2020: 19-34.

［68］ Yang W, Wang X, Farhadi A, Gupta A, Mottaghi R. Visual semantic navigation using scene priors ［J］. arXiv preprint arXiv: 1810.06543, 2018.

［69］ Gan C, Zhang Y, Wu J, Gong B, Tenenbaum J B. Look, listen, and act: Towards audio-visual embodied navigation ［C］// 2020 IEEE International Conference on Robotics and Automation (ICRA)., 2020: 9701-9707.

［70］ Talbot B, Hall D, Zhang H, Bista S R, Smith R, Dayoub F, Sünderhauf N. Benchbot: Evaluating robotics research in photorealistic 3d simulation and on real robots ［J］. arXiv preprint arXiv: 2008.00635, 2020.

［71］ Zhu F, Zhu Y, Chang X, Liang X. Vision-language navigation with selfsupervised auxiliary reasoning tasks ［C］// Proceedings of the IEEE/CVF Conference on Computer Vision and Pattern Recognition., 2020: 10012-10022.

［72］ Zhu Y, Zhu F, Zhan Z, Lin B, Jiao J, Chang X, Liang X. Vision-dialog navigation by exploring cross-modal memory ［C］// Proceedings of the IEEE/CVF conference on computer vision and pattern recognition., 2020:

10730–10739.

［73］ Anderson P, Wu Q, Teney D, Bruce J, Johnson M, Sünderhauf N, Reid I, Gould S, Van Den Hengel A. Vision–and–language navigation: Interpreting visually grounded navigation instructions in real environments［C］// Proceedings of the IEEE conference on computer vision and pattern recognition., 2018: 3674–3683.

［74］ Thomason J, Murray M, Cakmak M, Zettlemoyer L. Vision–and–dialog navigation［C］// Conference on Robot Learning., 2020: 394–406.

［75］ Das A, Datta S, Gkioxari G, Lee S, Parikh D, Batra D. Embodied question answering［C］// Proceedings of the IEEE conference on computer vision and pattern recognition., 2018: 1–10.

［76］ Yu L, Chen X, Gkioxari G, Bansal M, Berg T L, Batra D. Multi–target embodied question answering［C］// Proceedings of the IEEE/CVF Conference on Computer Vision and Pattern Recognition., 2019: 6309–6318.

［77］ Das A, Gkioxari G, Lee S, Parikh D, Batra D. Neural modular control for embodied question answering［C］// Conference on Robot Learning., 2018: 53–62.

［78］ Gordon D, Kembhavi A, Rastegari M, Redmon J, Fox D, Farhadi A. Iqa: Visual question answering in interactive environments［C］// Proceedings of the IEEE conference on computer vision and pattern recognition., 2018: 4089–4098.

［79］ Song S, Yu F, Zeng A, Chang A X, Savva M, Funkhouser T. Semantic scene completion from a single depth image ［C］// Proceedings of the IEEE conference on computer vision and pattern recognition., 2017: 1746–1754.

［80］ Anderson P, Chang A, Chaplot D S, Dosovitskiy A, Gupta S, Koltun V, Kosecka J, Malik J, Mottaghi R, Savva M, others. On evaluation of embodied navigation agents［J］. arXiv preprint arXiv: 1807.06757, 2018.

［81］ Batra D, Gokaslan A, Kembhavi A, Maksymets O, Mottaghi R, Savva M, Toshev A, Wijmans E. Objectnav revisited: On evaluation of embodied agents navigating to objects［J］. arXiv preprint arXiv: 2006.13171, 2020.

［82］ Ma X, Yong S, Zheng Z, Li Q, Liang Y, Zhu S–C, Huang S. SQA3D: Situated Question Answering in 3D Scenes ［J］. arXiv preprint arXiv: 2210.07474, 2022.

［83］ Hong Y, Lin C, Du Y, Chen Z, Tenenbaum J B, Gan C. 3D Concept Learning and Reasoning from Multi–View Images［J］. arXiv preprint arXiv: 2303.11327, 2023.

［84］ King J E, Cognetti M, Srinivasa S S. Rearrangement planning using objectcentric and robot–centric action spaces ［C］// 2016 IEEE International Conference on Robotics and Automation（ICRA）., 2016: 3940–3947.

［85］ Batra D, Chang A X, Chernova S, Davison A J, Deng J, Koltun V, Levine S, Malik J, Mordatch I, Mottaghi R, others. Rearrangement: A challenge for embodied ai［J］. arXiv preprint arXiv: 2011.01975, 2020.

［86］ Ross S, Gordon G, Bagnell D. A reduction of imitation learning and structured prediction to no–regret online learning ［C］// Proceedings of the fourteenth international conference on artificial intelligence and statistics., 2011: 627–635.

［87］ Gadre S Y, Ehsani K, Song S, Mottaghi R. Continuous scene representations for embodied AI［C］// Proceedings of the IEEE/CVF Conference on Computer Vision and Pattern Recognition., 2022: 14849–14859.

［88］ Trabucco B, Sigurdsson G A, Piramuthu R, Sukhatme G S, Salakhutdinov R. A Simple Approach for Visual Room Rearrangement: 3D Mapping and Semantic Search［C］// The Eleventh International Conference on Learning Representations., 2023.

［89］ Kalashnikov D, Irpan A, Pastor P, Ibarz J, Herzog A, Jang E, Quillen D, Holly E, Kalakrishnan M, Vanhoucke V, others. Qt–opt: Scalable deep reinforcement learning for vision–based robotic manipulation［J］. arXiv preprint arXiv: 1806.10293, 2018.

［90］ Mandlekar A, Xu D, Wong J, Nasiriany S, Wang C, Kulkarni R, Fei–Fei L, Savarese S, Zhu Y, Mart\'\in–Mart\'\in R. What Matters in Learning from Offline Human Demonstrations for Robot Manipulation［C］// Conference on Robot Learning., 2022: 1678–1690.

［91］ Finn C, Yu T, Zhang T, Abbeel P, Levine S. One-shot visual imitation learning via meta-learning ［C］// Conference on robot learning., 2017: 357-368.

［92］ James S, Bloesch M, Davison A J. Task-embedded control networks for few-shot imitation learning ［C］// Conference on robot learning., 2018: 783-795.

［93］ Yu T, Finn C, Xie A, Dasari S, Zhang T, Abbeel P, Levine S. One-shot imitation from observing humans via domain-adaptive meta-learning ［J］. arXiv preprint arXiv: 1802.01557, 2018.

［94］ Devin C, Gupta A, Darrell T, Abbeel P, Levine S. Learning modular neural network policies for multi-task and multi-robot transfer ［C］// 2017 IEEE international conference on robotics and automation (ICRA)., 2017: 2169-2176.

［95］ Mu T, Ling Z, Xiang F, Yang D C, Li X, Tao S, Huang Z, Jia Z, Su H. ManiSkill: Generalizable Manipulation Skill Benchmark with Large-Scale Demonstrations ［C］// Thirty-fifth Conference on Neural Information Processing Systems Datasets and Benchmarks Track (Round 2)., 2021.

［96］ Ramesh A, Pavlov M, Goh G, Gray S, Voss C, Radford A, Chen M, Sutskever I. Zero-shot text-to-image generation ［C］// International Conference on Machine Learning., 2021: 8821-8831.

［97］ Tellex S, Gopalan N, Kress-Gazit H, Matuszek C. Annual Reviews, 2020. Robots that use language ［J］. Annual Review of Control, Robotics, and Autonomous Systems, 2020, 3: 25-55.

［98］ Nguyen T, Gopalan N, Patel R, Corsaro M, Pavlick E, Tellex S. Robot object retrieval with contextual natural language queries ［J］. arXiv preprint arXiv: 2006.13253, 2020.

［99］ Zhang H, Lu Y, Yu C, Hsu D, La X, Zheng N. Invigorate: Interactive visual grounding and grasping in clutter ［J］. arXiv preprint arXiv: 2108.11092, 2021.

［100］ Mees O, Burgard W. Composing pick-and-place tasks by grounding language ［C］// Experimental Robotics: The 17th International Symposium., 2021: 491-501.

［101］ Liu W, Paxton C, Hermans T, Fox D. Structformer: Learning spatial structure for language-guided semantic rearrangement of novel objects ［C］// 2022 International Conference on Robotics and Automation (ICRA)., 2022: 6322-6329.

［102］ Zhao Y, Gao Q, Qiu L, Thattai G, Sukhatme G S. OpenD: A Benchmark for Language-Driven Door and Drawer Opening ［J］. arXiv preprint arXiv: 2212.05211, 2022.

［103］ Lynch C, Sermanet P. Language conditioned imitation learning over unstructured data ［J］. arXiv preprint arXiv: 2005.07648, 2020.

［104］ Mees O, Hermann L, Burgard W. IEEE, 2022. What matters in language conditioned robotic imitation learning over unstructured data ［J］. IEEE Robotics and Automation Letters, 2022, 7 (4): 11205-11212.

［105］ Mees O, Borja-Diaz J, Burgard W. Grounding language with visual affordances over unstructured data ［J］. arXiv preprint arXiv: 2210.01911, 2022.

［106］ Ahn M, Brohan A, Brown N, Chebotar Y, Cortes O, David B, Finn C, Gopalakrishnan K, Hausman K, Herzog A, others. Do as i can, not as i say: Grounding language in robotic affordances ［J］. arXiv preprint arXiv: 2204.01691, 2022.

［107］ Zeng A, Song S, Yu K, Donlon E, Hogan F R, Bauza M, Ma D, Taylor O, Liu M, Romo E, Fazeli N, Alet F, Dafle N C, Holladay R, Morona I, Nair P Q, Green D, Taylor I, Liu W, Funkhouser T, Rodriguez A. Robotic pick-and-place of novel objects in clutter with multi-affordance grasping and cross-domain image matching ［J］. The International Journal of Robotics Research, 2019: 1-16.

［108］ Mandikal P, Grauman K. Learning dexterous grasping with object-centric visual affordances ［C］// 2021 IEEE international conference on robotics and automation (ICRA)., 2021: 6169-6176.

［109］ He Z, Chavan-Dafle N, Huh J, Song S, Isler V. Pick2Place: Task-aware 6DoF Grasp Estimation via Object-

Centric Perspective Affordance［J］. arXiv preprint arXiv：2304.04100，2023.

［110］ Bahl S, Mendonca R, Chen L, Jain U, Pathak D. Affordances from Human Videos as a Versatile Representation for Robotics［J］. arXiv preprint arXiv：2304.08488，2023.

［111］ Fang K, Wu T-L, Yang D, Savarese S, Lim J J. Demo2vec：Reasoning object affordances from online videos［C］// Proceedings of the IEEE Conference on Computer Vision and Pattern Recognition.，2018：2139-2147.

［112］ Nygaard T F, Martin C P, Torresen J, Glette K, Howard D. Nature Publishing Group UK London, 2021. Real-world embodied AI through a morphologically adaptive quadruped robot［J］. Nature Machine Intelligence, 2021, 3（5）：410-419.

［113］ Müller V C, Hoffmann M. MIT Press One Rogers Street, Cambridge, MA 021421209, USA journals-info~⋯, 2017. What is morphological computation? On how the body contributes to cognition and control［J］. Artificial life, 2017, 23（1）：1-24.

［114］ 刘华平，郭迪，孙富春，等. 基于形态的具身智能研究：历史回顾与前沿进展［J］. 自动化学报，2023，49（4）：1-25.

［115］ Ha S, Coros S, Alspach A, Kim J, Yamane K. Computational co-optimization of design parameters and motion trajectories for robotic systems［J］. The International Journal of Robotics Research, 2018, 37（13-14）：1521-1536.

［116］ Dong H, Asadi E, Qiu C, Dai J, Chen I M. Geometric design optimization of an under-actuated tendon-driven robotic gripper［J］. Robotics and Computer Integrated Manufacturing, 2018, 50：80-89.

［117］ Chen T. Columbia University, 2021. On the interplay between mechanical and computational intelligence in robot hands［D］. 2021.

［118］ Bircher W G, Morgan A S, Dollar A M. Complex manipulation with a simple robotic hand through contact breaking and caging［J］. Science Robotics, 2021, 6（54）.

［119］ Lu Q, Baron N, Clark A B, Rojas N. Systematic object-invariant in-hand manipulation via reconfigurable underactuation：Introducing the RUTH gripper［J］. The International Journal of Robotics Research, 2021, 40（12-14）：1402-1418.

［120］ Jing G, Tosun T, Yim M, Kress-Gazit H. Accomplishing high-level tasks with modular robots［J］. Autonomous Robots, 2018, 42（7）：1337-1354.

［121］ 万里鹏，兰旭光，张翰博，等. 深度强化学习理论及其应用综述［J］. 模式识别与人工智能，2019，32（01）：67-81.

［122］ Chen T, He Z, Ciocarlie M. PMLR, 2021. Hardware as Policy：Mechanical and Computational Co-Optimization using Deep Reinforcement Learning［C］// Proceedings of the 2020 Conference on Robot Learning.，2021，155：1158-1173.

［123］ Pathak D, Lu C, Darrell T, Isola P, Efros A A. Learning to Control Self Assembling Morphologies：A Study of Generalization via Modularity［C］// Advances in Neural Information Processing Systems.，2019，32.

［124］ Ha D. MIT Press, 2019. Reinforcement Learning for Improving Agent Design［J］. Artificial Life, 2019, 25（4）：352-365.

［125］ Schaff C, Yunis D, Chakrabarti A, Walter M R. Jointly learning to construct and control agents using deep reinforcement learning［C］// 2019 International Conference on Robotics and Automation（ICRA）.，2019：9798-9805.

［126］ Luck K S, Amor H BEN, Calandra R. PMLR, 2020. Data-efficient CoAdaptation of Morphology and Behaviour with Deep Reinforcement Learning［C］// Conference on Robot Learning.，2020：854-869.

［127］ Gupta A, Savarese S, Ganguli S, Fei-Fei L. Embodied intelligence via learning and evolution［J］. Nature Communications, 2021, 12（1）：1-12.

［128］ Degrave J, Hermans M, Dambre J, Wyffels F. A differentiable physics engine for deep learning in robotics［J］. Frontiers in Neurorobotics, 2019, 13: 6.

［129］ Antonova R, Yang J, Jatavallabhula K M, Bohg J. Rethinking optimization with differentiable simulation from a global perspective［C］// Conference on Robot Learning., 2023: 276–286.

［130］ Suh H J, Simchowitz M, Zhang K, Tedrake R. PMLR, 2022. Do Differentiable Simulators Give Better Policy Gradients?［C］// CHAUDHURI K, JEGELKA S, SONG L, 等. Proceedings of the 39th International Conference on Machine Learning., 2022, 162: 20668–20696.

［131］ Hu Y, Anderson L, Li T-M, Sun Q, Carr N, Ragan-Kelley J, Durand F. DiffTaichi: Differentiable Programming for Physical Simulation［C］// International Conference on Learning Representations.

［132］ Xu J, Chen T, Zlokapa L, Foshey M, Matusik W, Sueda S, Agrawal P. An End-to-End Differentiable Framework for Contact-Aware Robot Design［C］// Robotics: Science and Systems., 2021.

［133］ Li M, Antonova R, Sadigh D, Bohg J. Learning Tool Morphology for Contact Rich Manipulation Tasks with Differentiable Simulation［J］. arXiv preprint arXiv: 2211.02201, 2022.

［134］ Zhou J, Cui G, Hu S, Zhang Z, Yang C, Liu Z, Wang L, Li C, Sun M. Elsevier, 2020. Graph neural networks: A review of methods and applications［J］. AI Open, 2020, 1: 57–81.

［135］ Zhao A, Xu J, Konaković-Luković M, Hughes J, Spielberg A, Rus D, Matusik W. Robogrammar: graph grammar for terrain-optimized robot design［J］. ACM Transactions on Graphics（TOG）, 2020, 39（6）: 16.

［136］ Xu J, Spielberg A, Zhao A, Rus D, Matusik W. IEEE, 2021. Multi-Objective Graph Heuristic Search for Terrestrial Robot Design［C］// 2021 IEEE International Conference on Robotics and Automation（ICRA）., 2021: 9863–9869.

［137］ Wang T, Zhou Y, Fidler S, Ba J. Neural graph evolution: Towards efficient automatic robot design［C］// International Conference on Learning Representations., 2019.

［138］ Wang T, Liao R, Ba J, Fidler S. NerveNet: Learning Structured Policy with Graph Neural Networks［C］// International Conference on Learning Representations., 2018.

［139］ Huang W, Mordatch I, Pathak D. PMLR, 2020. One Policy to Control Them All: Shared Modular Policies for Agent-Agnostic Control［C］// International Conference on Machine Learning., 2020, 119: 4455–4464.

［140］ Gupta A, Fan L, Ganguli S, Fei-Fei L. MetaMorph: Learning Universal Controllers with Transformers［C］// International Conference on Learning Representations., 2022.

［141］ Pan X, Garg A, Anandkumar A, Zhu Y. Emergent Hand Morphology and Control from Optimizing Robust Grasps of Diverse Objects［C］// 2021 IEEE International Conference on Robotics and Automation（ICRA）., 2021: 7540–7547.

［142］ Nygaard T F, Martin C P, Samuelsen E, Torresen J, Glette K. Real-world evolution adapts robot morphology and control to hardware limitations［J］. Proceedings of the 2018 Genetic and Evolutionary Computation Conference, 2018: 125–132.

［143］ Meixner A, Hazard C, Pollard N. Automated Design of Simple and Robust Manipulators for Dexterous In-Hand Manipulation Tasks using Evolutionary Strategies［C］// IEEE-RAS International Conference on Humanoid Robots., 2019: 281–288.

［144］ Wang T-H, Ma P, Spielberg A E, Xian Z, Zhang H, Tenenbaum J B, Rus D, Gan C. Softzoo: A soft robot co-design benchmark for locomotion in diverse environments［J］. arXiv preprint arXiv: 2303.09555, 2023.

［145］ Bhatia J, Jackson H, Tian Y, Xu J, Matusik W. Evolution gym: A large-scale benchmark for evolving soft robots［J］. Advances in Neural Information Processing Systems, 2021, 34: 2201–2214.

［146］ Mnih V, Kavukcuoglu K, Silver D, Rusu A A, Veness J, Bellemare M G, Graves A, Riedmiller M, Fidjeland A K, Ostrovski G, others. Nature Publishing Group, 2015. Human-level control through deep reinforcement learning

［J］. nature, 2015, 518（7540）: 529–533.

［147］ Silver D, Huang A, Maddison C J, Guez A, Sifre L, Van Den Driessche G, Schrittwieser J, Antonoglou I, Panneershelvam V, Lanctot M, others. Nature Publishing Group, 2016. Mastering the game of Go with deep neural networks and tree search［J］. nature, 2016, 529（7587）: 484–489.

［148］ Vinyals O, Babuschkin I, Czarnecki W M, Mathieu M, Dudzik A, Chung J, Choi D H, Powell R, Ewalds T, Georgiev P, others. Nature Publishing Group UK London, 2019. Grandmaster level in StarCraft II using multi-agent reinforcement learning［J］. Nature, 2019, 575（7782）: 350–354.

［149］ Lillicrap T P, Hunt J J, Pritzel A, Heess N, Erez T, Tassa Y, Silver D, Wierstra D. Continuous control with deep reinforcement learning［J］. arXiv preprint arXiv: 1509.02971, 2015.

［150］ Akkaya I, Andrychowicz M, Chociej M, Litwin M, McGrew B, Petron A, Paino A, Plappert M, Powell G, Ribas R, others. Solving rubik's cube with a robot hand［J］. arXiv preprint arXiv: 1910.07113, 2019.

［151］ Andrychowicz O M, Baker B, Chociej M, Józefowicz R, McGrew B, Pachocki J, Petron A, Plappert M, Powell G, Ray A, Schneider J, Sidor S, Tobin J, Welinder P, Weng L, Zaremba W. Learning dexterous in-hand manipulation［J］. The International Journal of Robotics Research, 2020, 39（1）: 3–20.

［152］ Rajeswaran A, Kumar V, Gupta A, Vezzani G, Schulman J, Todorov E, Levine S. Learning complex dexterous manipulation with deep reinforcement learning and demonstrations［J］. arXiv preprint arXiv: 1709.10087, 2017.

［153］ Kalashnikov D, Irpan A, Pastor P, Ibarz J, Herzog A, Jang E, Quillen D, Holly E, Kalakrishnan M, Vanhoucke V, Levine S. PMLR, 2018. Scalable Deep Reinforcement Learning for Vision-Based Robotic Manipulation［C］// Proceedings of The 2nd Conference on Robot Learning., 2018: 651–673.

［154］ Feng S, Sun H, Yan X, Zhu H, Zou Z, Shen S, Liu H X. Nature Publishing Group UK London, 2023. Dense reinforcement learning for safety validation of autonomous vehicles［J］. Nature, 2023, 615（7953）: 620–627.

［155］ Garaffa L C, Basso M, Konzen A A, de Freitas E P. IEEE, 2021. Reinforcement learning for mobile robotics exploration: A survey［J］. IEEE Transactions on Neural Networks and Learning Systems, 2021.

［156］ Ouyang L, Wu J, Jiang X, Almeida D, Wainwright C, Mishkin P, Zhang C, Agarwal S, Slama K, Ray A, others. Training language models to follow instructions with human feedback［J］. Advances in Neural Information Processing Systems, 2022, 35: 27730–27744.

［157］ Yuan H, Zhang C, Wang H, Xie F, Cai P, Dong H, Lu Z. Plan4MC: Skill Reinforcement Learning and Planning for Open-World Minecraft Tasks［J］. arXiv preprint arXiv: 2303.16563, 2023.

［158］ Çalşr S, Pehlivanoğlu M K. Model-free reinforcement learning algorithms: A survey［C］// 2019 27th Signal Processing and Communications Applications Conference（SIU）., 2019: 1–4.

［159］ Wang T, Bao X, Clavera I, Hoang J, Wen Y, Langlois E, Zhang S, Zhang G, Abbeel P, Ba J. Benchmarking model-based reinforcement learning［J］. arXiv preprint arXiv: 1907.02057, 2019.

［160］ Moerland T M, Broekens J, Plaat A, Jonker C M, others. Now Publishers, Inc., 2023. Model-based reinforcement learning: A survey［J］. Foundations and Trends® in Machine Learning, 2023, 16（1）: 1–118.

［161］ Luo F-M, Xu T, Lai H, Chen X-H, Zhang W, Yu Y. A survey on model-based reinforcement learning［J］. arXiv preprint arXiv: 2206.09328, 2022.

［162］ Schulman J, Levine S, Abbeel P, Jordan M, Moritz P. Trust region policy optimization［C］// International conference on machine learning., 2015: 1889–1897.

［163］ Schulman J, Chen X, Abbeel P. Equivalence between policy gradients and soft q-learning［J］. arXiv preprint arXiv: 1704.06440, 2017.

［164］ Mnih V, Badia A P, Mirza M, Graves A, Lillicrap T, Harley T, Silver D, Kavukcuoglu K. Asynchronous methods for deep reinforcement learning［C］// International conference on machine learning., 2016: 1928–1937.

［165］ Haarnoja T, Zhou A, Hartikainen K, Tucker G, Ha S, Tan J, Kumar V, Zhu H, Gupta A, Abbeel P, others. Soft actor-critic algorithms and applications［J］. arXiv preprint arXiv: 1812.05905, 2018.

［166］ Gu S, Lillicrap T, Sutskever I, Levine S. Continuous deep q-learning with model based acceleration［C］// International conference on machine learning., 2016: 2829-2838.

［167］ Deisenroth M, Rasmussen C E. PILCO: A model-based and data-efficient approach to policy search［C］// Proceedings of the 28th International Conference on machine learning（ICML-11）., 2011: 465-472.

［168］ Kurutach T, Clavera I, Duan Y, Tamar A, Abbeel P. Model-ensemble trust-region policy optimization［J］. arXiv preprint arXiv: 1802.10592, 2018.

［169］ Luo Y, Xu H, Li Y, Tian Y, Darrell T, Ma T. Algorithmic Framework for Model based Deep Reinforcement Learning with Theoretical Guarantees［C］// International Conference on Learning Representations., 2019.

［170］ Clavera I, Rothfuss J, Schulman J, Fujita Y, Asfour T, Abbeel P. Model-based reinforcement learning via meta-policy optimization［C］// Conference on Robot Learning., 2018: 617-629.

［171］ Wang J, Li W, Jiang H, Zhu G, Li S, Zhang C. Offline reinforcement learning with reverse model-based imagination［J］. Advances in Neural Information Processing Systems, 2021, 34: 29420-29432.

［172］ Hafner D, Lillicrap T, Ba J, Norouzi M. Dream to control: Learning behaviors by latent imagination［J］. arXiv preprint arXiv: 1912.01603, 2019.

［173］ Hafner D, Lillicrap T, Norouzi M, Ba J. Mastering atari with discrete world models［J］. arXiv preprint arXiv: 2010.02193, 2020.

［174］ Janner M, Du Y, Tenenbaum J B, Levine S. Planning with diffusion for flexible behavior synthesis［J］. arXiv preprint arXiv: 2205.09991, 2022.

［175］ Levine S, Kumar A, Tucker G, Fu J. Offline reinforcement learning: Tutorial, review, and perspectives on open problems［J］. arXiv preprint arXiv: 2005.01643, 2020.

［176］ Kober J, Bagnell J A, Peters J. SAGE Publications Sage UK: London, England, 2013. Reinforcement learning in robotics: A survey［J］. The International Journal of Robotics Research, 2013, 32（11）: 1238-1274.

［177］ Celemin C, Pérez-Dattari R, Chisari E, Franzese G, de Souza Rosa L, Prakash R, Ajanović Z, Ferraz M, Valada A, Kober J, others. Now Publishers, Inc., 2022. Interactive imitation learning in robotics: A survey［J］. Foundations and Trends® in Robotics, 2022, 10（1-2）: 1-197.

［178］ Hussein A, Gaber M M, Elyan E, Jayne C. ACM New York, NY, USA, 2017. Imitation learning: A survey of learning methods［J］. ACM Computing Surveys（CSUR）, 2017, 50（2）: 1-35.

［179］ Zhang T, McCarthy Z, Jow O, Lee D, Chen X, Goldberg K, Abbeel P. Deep imitation learning for complex manipulation tasks from virtual reality teleoperation［C］// 2018 IEEE International Conference on Robotics and Automation（ICRA）., 2018: 5628-5635.

［180］ Torabi F, Warnell G, Stone P. Behavioral cloning from observation［C］// Proceedings of the 27th International Joint Conference on Artificial Intelligence., 2018: 4950-4957.

［181］ Mandlekar A, Xu D, Mart\'in-Mart\'in R, Savarese S, Fei-Fei L. Learning to generalize across long-horizon tasks from human demonstrations［J］. arXiv preprint arXiv: 2003.06085, 2020.

［182］ Peng X BIN, Abbeel P, Levine S, de Panne M. ACM New York, NY, USA, 2018. Deepmimic: Example-guided deep reinforcement learning of physics-based character skills［J］. ACM Transactions On Graphics（TOG）, 2018, 37（4）: 1-14.

［183］ Ram\'irez J, Yu W, Perrusqu\'ia A. Springer, 2022. Model-free reinforcement learning from expert demonstrations: a survey［J］. Artificial Intelligence Review, 2022: 1-29.

［184］ Kim B, Farahmand A, Pineau J, Precup D. Learning from limited demonstrations［J］. Advances in Neural Information Processing Systems, 2013, 26.

［185］ Vecerik M, Hester T, Scholz J, Wang F, Pietquin O, Piot B, Heess N, Rothörl T, Lampe T, Riedmiller M.

Leveraging demonstrations for deep reinforcement learning on robotics problems with sparse rewards [J]. arXiv preprint arXiv: 1707.08817, 2017.

［186］ Zuo G, Zhao Q, Lu J, Li J. SAGE Publications Sage UK: London, England, 2020. Efficient hindsight reinforcement learning using demonstrations for robotic tasks with sparse rewards [J]. International Journal of Advanced Robotic Systems, 2020, 17（1）: 1729881419898342.

［187］ Vecerik M, Sushkov O, Barker D, Rothörl T, Hester T, Scholz J. A practical approach to insertion with variable socket position using deep reinforcement learning [C] // 2019 international conference on robotics and automation （ICRA）., 2019: 754-760.

［188］ Davchev T, Luck K S, Burke M, Meier F, Schaal S, Ramamoorthy S. IEEE, 2022. Residual learning from demonstration: Adapting dmps for contact-rich manipulation [J]. IEEE Robotics and Automation Letters, 2022, 7（2）: 4488-4495.

［189］ Sutanto G, Rombach K, Chebotar Y, Su Z, Schaal S, Sukhatme G S, Meier F. SAGE Publications Sage UK: London, England, 2022. Supervised learning and reinforcement learning of feedback models for reactive behaviors: Tactile feedback testbed [J]. The International Journal of Robotics Research, 2022, 41（13-14）: 1121-1145.

［190］ Luo J, Sushkov O, Pevceviciute R, Lian W, Su C, Vecerik M, Ye N, Schaal S, Scholz J. Robust multi-modal policies for industrial assembly via reinforcement learning and demonstrations: A large-scale study [J]. arXiv preprint arXiv: 2103.11512, 2021.

［191］ Ho J, Ermon S. Generative adversarial imitation learning [J]. Advances in neural information processing systems, 2016, 29.

［192］ Xu H, Zhan X, Yin H, Qin H. Discriminator-weighted offline imitation learning from suboptimal demonstrations [C] // International Conference on Machine Learning., 2022: 24725-24742.

［193］ Zhang W, Xu H, Niu H, Cheng P, Li M, Zhang H, Zhou G, Zhan X. Discriminator-guided model-based offline imitation learning [C] // Conference on Robot Learning., 2023: 1266-1276.

［194］ Zhang K, Zhao R, Zhang Z, Gao Y. Auto-Encoding Adversarial Imitation Learning [J]. arXiv preprint arXiv: 2206.11004, 2022.

［195］ Florence P, Lynch C, Zeng A, Ramirez O A, Wahid A, Downs L, Wong A, Lee J, Mordatch I, Tompson J. Implicit behavioral cloning [C] // Conference on Robot Learning., 2022: 158-168.

［196］ Chen L, Lu K, Rajeswaran A, Lee K, Grover A, Laskin M, Abbeel P, Srinivas A, Mordatch I. Decision transformer: Reinforcement learning via sequence modeling [J]. Advances in neural information processing systems, 2021, 34: 15084-15097.

［197］ Janner M, Li Q, Levine S. Offline reinforcement learning as one big sequence modeling problem [J]. Advances in neural information processing systems, 2021, 34: 1273-1286.

［198］ Jang E, Irpan A, Khansari M, Kappler D, Ebert F, Lynch C, Levine S, Finn C. Bc-z: Zero-shot task generalization with robotic imitation learning [C] // Conference on Robot Learning., 2022: 991-1002.

［199］ Mandi Z, Liu F, Lee K, Abbeel P. Towards more generalizable one-shot visual imitation learning [C] // 2022 International Conference on Robotics and Automation （ICRA）., 2022: 2434-2444.

［200］ Guhur P-L, Chen S, Pinel R G, Tapaswi M, Laptev I, Schmid C. Instructiondriven history-aware policies for robotic manipulations [C] // Conference on Robot Learning., 2023: 175-187.

［201］ Brohan A, Brown N, Carbajal J, Chebotar Y, Dabis J, Finn C, Gopalakrishnan K, Hausman K, Herzog A, Hsu J, others. Rt-1: Robotics transformer for real-world control at scale [J]. arXiv preprint arXiv: 2212.06817, 2022.

［202］ Jiang Y, Gupta A, Zhang Z, Wang G, Dou Y, Chen Y, Fei-Fei L, Anandkumar A, Zhu Y, Fan L. Vima: General robot manipulation with multimodal prompts [J]. arXiv preprint arXiv: 2210.03094, 2022.

［203］ Chi C, Feng S, Du Y, Xu Z, Cousineau E, Burchfiel B, Song S. Diffusion Policy: Visuomotor Policy Learning via

Action Diffusion［J］. arXiv preprint arXiv: 2303.04137, 2023.

［204］ Kemp C C, Edsinger A, Clever H M, Matulevich B. The design of stretch: A compact, lightweight mobile manipulator for indoor human environments［C］// 2022 International Conference on Robotics and Automation（ICRA）., 2022: 3150-3157.

［205］ Wuthrich M, Widmaier F, Grimminger F, Joshi S, Agrawal V, Hammoud B, Khadiv M, Bogdanovic M, Berenz V, Viereck J, others. TriFinger: An Open-Source Robot for Learning Dexterity［C］// Conference on Robot Learning., 2021: 1871-1882.

［206］ Murali A, Chen T, Alwala K V, Gandhi D, Pinto L, Gupta S, Gupta A. Pyrobot: An open-source robotics framework for research and benchmarking［J］. arXiv preprint arXiv: 1906.08236, 2019.

［207］ Kadian A, Truong J, Gokaslan A, Clegg A, Wijmans E, Lee S, Savva M, Chernova S, Batra D. IEEE, 2020. Sim2real predictivity: Does evaluation in simulation predict real-world performance?［J］. IEEE Robotics and Automation Letters, 2020, 5（4）: 6670-6677.

［208］ Tan J, Zhang T, Coumans E, Iscen A, Bai Y, Hafner D, Bohez S, Vanhoucke V. Sim-to-Real: Learning Agile Locomotion For Quadruped Robots［C］// Robotics: Science and Systems., 2018.

［209］ Chebotar Y, Handa A, Makoviychuk V, MacKlin M, Issac J, Ratliff N, Fox DI. IEEE, 2019. Closing the sim-to-real Loop: Adapting simulation randomization with real world experience［C］// 2019 International Conference on Robotics and Automation（ICRA）., 2019Montreal, QC, Canada, May 20-24, 2019. Piscataway, NJ: 8973-8979.

［210］ 范苍宁, 刘鹏, 肖婷, 等. 深度域适应综述: 一般情况与复杂情况［J］. 自动化学报, 2021, 47（03）: 515-548.

［211］ Golemo F, Taïga A A, Oudeyer P-Y, Courville A. PMLR, 2018. Sim-to-Real Transfer with Neural-Augmented Robot Simulation［C］// Proceedings of The 2nd Conference on Robot Learning., 2018: 817-828.

［212］ James S, Davison A J, Johns E. PMLR, 2017. Transferring End-to-End Visuomotor Control from Simulation to Real World for a Multi-Stage Task［C］// Proceedings of the 1st Annual Conference on Robot Learning., 2017: 334-343.

［213］ Tobin J, Fong R, Ray A, Schneider J, Zaremba W, Abbeel P. IEEE, 2017. Domain randomization for transferring deep neural networks from simulation to the real world［C］// 2017 IEEE/RSJ International Conference on Intelligent Robots and Systems（IROS）., 2017Vancouver, BC, Canada, Sept.24-28, 2017. Piscataway, NJ: 23-30.

［214］ Peng X BIN, Andrychowicz M, Zaremba W, Abbeel P. IEEE, 2018. Sim-to-Real Transfer of Robotic Control with Dynamics Randomization［C］// 2018 IEEE International Conference on Robotics and Automation（ICRA）, 2018Brisbane, QLD, Australia, May 21-25, 2018. Piscataway, NJ: 3803-3810.

［215］ Mar C V. Domain Adaptation for Visual Applications: A Comprehensive Survey［C］//arXiv preprint arXiv: 1702.05374., 2017.

［216］ Wang M, Deng W. Deep visual domain adaptation: A survey［J］. Neurocomputing, 2018, 312: 135-153.

［217］ Rao K, Harris C, Irpan A, Levine S, Ibarz J, Khansari M. Rl-cyclegan: Reinforcement learning aware simulation-to-real［C］// Proceedings of the IEEE/CVF Conference on Computer Vision and Pattern Recognition., 2020: 11157-11166.

［218］ Truong J, Chernova S, Batra D. IEEE, 2021. Bi-directional domain adaptation for sim2real transfer of embodied navigation agents［J］. IEEE Robotics and Automation Letters, 2021, 6（2）: 2634-2641.

［219］ Truong J, Rudolph M, Yokoyama N H, Chernova S, Batra D, Rai A. Rethinking sim2real: Lower fidelity simulation leads to higher sim2real transfer in navigation［C］// Conference on Robot Learning., 2023: 859-870.

［220］ Kumar A, Fu Z, Pathak D, Malik J. Rma: Rapid motor adaptation for legged robots［J］. arXiv preprint arXiv:

2107.04034, 2021.

［221］ Truong J, Yarats D, Li T, Meier F, Chernova S, Batra D, Rai A. Learning navigation skills for legged robots with learned robot embeddings［C］//2021 IEEE/RSJ International Conference on Intelligent Robots and Systems （IROS）., 2021: 484–491.

撰稿人：卢策吾

人工智能对抗技术的研究现状及发展趋势

近年来，随着计算机硬件的不断迭代与数据科学的快速发展，人工智能技术取得了革命性的突破，并被广泛地应用在自动驾驶、智慧医疗等各个领域，以 ChatGPT 为典型代表的大型语言模型更是被各行各业给予极高的期望。在经济社会智能化的大潮下，人工智能理论与技术会得到进一步的落地和发展。

然而，随着人工智能系统的大规模应用与部署，人工智能技术存在的安全问题也逐渐暴露出来。例如，图像中被人为引入的一些人眼不可察的微小扰动可能会使人工智能系统的图像识别结果产生明显变化，基于此原理的攻击被称为对抗样本攻击（Adversarial Examples）攻击。人工智能系统的任何一次误判都有可能造成严重的后果，进而危害使用者的财产安全乃至生命安全。2018 年美国亚利桑那州发生的 Uber 无人车事故中，基于人工智能的自动驾驶的无人车对路上行人产生误判，导致行人被撞身亡。除此之外，研究者还发现人工智能模型在某些场景下会输出原始训练数据，进而危害用户的隐私安全。

除了人工智能技术本身存在的安全问题之外，对人工智能技术的不当使用会导致一系列社会问题。例如，深度伪造（deep fake）攻击可以通过少量的被害人数据，伪造一系列关于被害人的音视频信息。2017 年，一名 Reddit 社区用户从网络下载数千张名人的照片，并根据这些数据生成的名人脸取代了色情明星的脸。之后数千名用户涌入该社区，并且社区中出现了 Emma Watson 和 Daisy Ridley 知名度较高的公众人物的视频，在社会上造成了恶劣的影响。

人工智能技术所引发的安全问题与社会问题近几年已得到学术界与工业界的高度关注。人工智能对抗技术这一新兴研究领域也应运而生，它旨在研究和消除人工智能技术的负面影响，以保证人工智能系统的可靠、可信与安全。目前，围绕人工智能安全对抗技术，学术界每年发表上千篇相关论文，工业界的各大公司如谷歌、IBM、华为等也组建了专门的研究团队对相关技术开展研究及产品研发。

一、人工智能对抗技术国内最新研究进展

我国近几年来在人工智能对抗技术方向上的研究取得进展。从攻击和防御两个方面，对抗样本、数据投毒、隐私攻防和深度伪造四个人工智能对抗技术的热点展开了研究。

（一）对抗样本攻击与防御

深度神经网络在过去几年里发展迅速，取得了非常不错的成就，在许多问题上的表现已经超越人类。但面对在原始输入上添加的精心设计的微小扰动时，神经网络的表现远达不到预期。对于人眼来说几乎没有变化的图像却使得神经网络的预测发生彻底的改变，攻击者利用这一点生成对抗样本来误导神经网络和人工智能系统，对人工智能技术的发展和应用造成巨大威胁。近年来，国内学者在对抗攻击的深度和广度上积极探索，提出了多种不同类型的对抗攻击方法和防御策略。

随着《中华人民共和国国民经济和社会发展第十四个五年规划和2035年远景目标纲要》《新一代人工智能发展规划》和《国家网络空间安全战略》等规划的提出，国内对抗样本攻击和防御技术相关的研究成果数量逐年增高，且在多个人工智能场景和实践领域中均有优秀成果产出。但同时，针对图像的对抗攻击泛化性较弱、物理域攻击成功率低、实用性不足等问题也在制约着研究人员对对抗样本机理的进一步探索。此外，在对抗防御方面，对抗训练计算成本过高且以模型精度为代价、文本对抗防御缺乏统一框架、模型可解释性弱且不确定性高等一系列问题仍然存在，亟待深入研究。

对抗样本攻击以攻击者视角来研究模型的脆弱性，对于深度学习模型脆弱性机理的探索具有重要意义。白盒攻击、灰盒攻击和黑盒攻击是对抗攻击的三种主要假设场景，其对于攻击者知识的假设依次减弱，攻击成功率也依次降低。白盒攻击假设深度神经模型的所有信息都被攻击者所掌握，包括模型结构和参数。其对极端环境下模型的安全能力能做出较好评测，但距离真实场景较远。灰盒攻击假设指攻击者已知关于受攻击模型的部分信息，如训练所用数据集或模型大致网络结构。这一类型攻击与白盒攻击相比，减弱了攻击者能力且更贴近现实，但仍对攻击者知识有一定要求。黑盒攻击则假设攻击者接触不到目标模型的结构、参数或数据集等信息，目标模型对攻击者来说是纯黑盒。目前大量现实场景与黑盒攻击最为相近，但攻击者在此条件下仍能通过查询或迁移的方式来攻击目标模型。此种攻击对于工业界真实场景下的模型应用与部署有较大研究价值。

近年来，国内学者对于对抗攻击的探索在深度和广度上均有突破。在计算机视觉领域，北京航空航天大学刘祥龙教授团队提出一种感知敏感的生成对抗网络（PS-GAN），

可以同时增强视觉保真度和对抗补丁的攻击能力，并引入了一种注意力机制和对抗生成来预测放置补丁的关键攻击区域，实现了更真实、更具攻击性的补丁生成方法。复旦大学马兴军教授团队首次提出了面向视频领域的黑盒攻击框架，以较少的对目标模型的查询获得良好的对抗性梯度估计，用于评估和提高视频识别模型对黑盒对抗攻击的鲁棒性。在语音领域，浙江大学王志波教授团队提出面向物理域的语音对抗攻击方法 PhyTalker，引入信道增强来补偿设备和环境失真，并利用模型集成来提高对抗扰动迁移性。

对抗样本防御以一种直接的方式来尝试消除对抗样本的安全威胁。对抗样本防御主要以数据流入和流出模型的阶段来划分，即数据预处理、模型训练和模型测试阶段。对抗样本检测、对抗样本去噪等方法是典型的数据预处理阶段防御，其重点在于隔离对抗扰动与受保护的模型。而对抗训练、正则化、防御性蒸馏等方法则在模型训练阶段提升模型自身的鲁棒性。集成多个模型共同进行推理则是典型的推理阶段防御方法。

对抗样本防御同样是近年来的一个研究热点。清华大学朱军教授团队通过探索对抗训练中的记忆效应，发现对抗训练方法存在的模型梯度不稳定性问题，并基于此提出一种受详细记忆分析启发的新防御方式。清华大学夏树涛教授团队从网络模型的通道激活角度得到对抗样本与干净样本的重要差异，并据此提出通道激活抑制策略来提高模型鲁棒性。

（二）数据投毒攻击与防御

目前，国内的研究者从数据污染和后门两个方面研究了各种数据投毒攻击方法。前者的研究中，研究者们通过联邦学习等方法推导最优攻击策略并为模型数据交互阶段投入污染数据，影响目标模型训练结果，后者主要利用了数据投毒的方式，为模型置入后门。为防御数据污染攻击，国内研究者们利用生成对抗网络等方法构造干净样本以降低攻击的效果。此外，国内研究者们从测试模型恶意后门行为、测试输入样本中的触发器等角度设计了检测潜在的后门攻击，并构造了后门测试基准框架。

1. 数据污染攻击与防御

数据污染攻击能够发生在数据采集、存储或预处理等多个存在数据交互的阶段中，其能够影响目标模型最终训练或微调（Fine-tuning）的结果。从攻击目标的角度出发，可以将其分为破坏可用性的攻击和破坏完整性的攻击两类。数据污染攻击主要依赖于污染数据的生成，其中一种常见的方式就是直接破坏原有数据样本的内容及标签。当前研究的主要基于对抗或 GAN 模型来生成恶意数据，其生成的污染样本在隐蔽性以及效果等方面较直接修改更加优秀。

国内有关数据污染攻击研究的发展，主要面向联邦学习中的数据污染问题进行展开：依托于中国科学院沈阳自动化研究所的机器人学国家重点实验室，提出了一种新的系统感知优化方法联邦学习攻击（AT2FL），可以有效地推导出中毒数据的隐式梯度，并进一步计算联邦机器学习中的最优攻击策略。

当前数据污染防御技术的发展主要分为两方面。一方面，使用异常检测算法，对数据集中的污染样本进行识别与清洗；另一方面，通过提出更加鲁棒的学习算法，来抵抗训练过程中污染数据带来的影响。

在国内数据污染防御方面的研究中，华中科技大学研究团队提出了一种针对污染攻击的攻击不可知防御（De-Pois），其利用生成对抗网络（GAN）来扩充用于训练模型的数据集，进而模仿干净样本训练的目标模型的行为。

2. 后门攻击与防御

AI 模型的后门攻击主要利用了数据投毒方式，将恶意的后门行为预先植入到模型中，其通常具有恶意性和靶向性。攻击者在后门模型部署后，只需对输入添加特定的触发器，就能够实现预先定义的攻击行为，使模型做出特定的判断。当前的研究可主要分为，实现更加隐蔽的后门攻击以及实现面向新的目标任务的后门攻击两个方向。

国内有关后门攻击的研究，南京航空航天大学研究团队提出后门物理转换（PTB）方法，以在真实物理世界中实施针对 DNN 模型的后门攻击。

与之相对的，AI 模型后门防御则要求检测者，能够准确识别和拦截 AI 模型的可能存在的上述恶意行为。当前研究除了能够直接用于对抗恶意样本的算法外，还包括检测模型恶意后门行为以及检测输入样本中的触发器两个方向。

清华大学面向自然语言处理领域（NLP）的后门问题提出了后门攻防基准OpenBackdoor。此外，香港中文大学（深圳）联合西安交通大学，提出了有关后门攻防的基准框架 BackdoorBench，在后续的后门攻防研究中得到普遍应用。

（三）隐私攻击与防御

近年来，国内研究者提出了基于侧信道与量化推理缺陷等方法的模型逆向攻击以推理训练集数据分布，并从基于主成分分析等方面研究了成员推理攻击以窃取训练数据，利用对抗样本生成算法等方法构造了模型窃取攻击获取目标模型参数。与此同时，为了应对以上风险，研究者从模型水印、Dropout、正则化、模型堆叠等不同角度设计隐私攻击防御方法，旨在保障模型与数据的隐私安全。

1. 模型逆向攻击

模型逆向是指利用训练好的机器学习模型的参数来推理训练集数据分布的过程。由于用于模型训练的数据集通常包含用户信息，模型逆向攻击将会引发隐私方面的安全威胁。模型逆向攻击方法一般可分为基于概率、基于优化、基于训练三种类型。

武汉大学国家网络安全学院空天信息安全与可信计算教育部重点实验室团队提出了基于侧信道与量化推理缺陷的模型逆向攻击，这种新型的模型权重逆向方法深入分析了量化推理过程的安全隐患，将采集到的模型运行时侧信道信息按照假设权重产生的中间值进行分类，从而用于模型逆向攻击。

2. 成员推理攻击

成员推理攻击是另一种用于窃取训练数据而导致隐私安全问题的攻击算法。与模型逆向攻击相比，成员推理攻击仅关注某个样本是否来自某个确定的训练数据集，这可能导致具有敏感信息的判别模型存在隐私泄露风险。现阶段，主流的研究方案主要包含基于影子模型和基于对抗样本两大类成员推理攻击方法。

贵州大学公共大数据国家重点实验室研究团队提出了一种快速决策成员推理攻击 Fast-Attack 和一种基于主成分分析的成员推理攻击 PCA-Based Attack，分别解决了黑盒成员推理攻击的访问受限和快速决策成员推理攻击的低迁移率问题。

3. 模型窃取攻击

针对机器学习模型自身参数的模型窃取攻击，通过调用机器学习模型 API，查询目标模型的输出，从而得到和目标模型行为相似的替代模型。目前主流的模型窃取攻击一般基于方程求解或 Meta-Model 或替代模型。

北京理工大学信息系统及安全对抗实验中心研究团队提出了使用 FGSM 对抗样本生成算法扩充少量样本种子集并根据目标攻击模型纠正训练替代模型决策边界的模型窃取攻击，解决了现有方法依赖大量训练数据和替代模型准确率低等问题。

4. 隐私攻击防御

面对模型逆向、成员推理和模型窃取三种机器学习隐私方面的攻击手段，研究者们开始关注于解决机器学习模型隐私安全问题的通用防御策略，包括 Dropout、正则化、模型堆叠、差分隐私等方法和技术。

中国科学技术大学网络空间安全学院研究团队提出了一种新型模型水印框架来保护为计算机视觉或图像处理任务训练的深度网络，具体的做法是在目标模型之后添加一个特殊的与任务无关的屏障并将一个统一的、不可见的水印嵌入其输出中，当攻击者通过屏障目标模型的输入输出对来训练替代模型时，隐藏水印将被学习和提取，通过联合训练目标模型和水印嵌入，额外屏障可以被附加到目标模型中，从而能够抵御针对不同网络结构和目标函数的攻击。

（四）深度伪造攻击与检测

深度伪造（deep fake）最初是指利用人工智能和深度学习技术生成虚假的换脸图像。现在已经用来泛指利用人工智能以及深度学习技术对媒体伪造的方法，包括图像、视频和音频的合成和修改。深度伪造人脸生成技术作为深度伪造攻击的主要内容，大致可分为人脸交换、人脸面部重现、人脸属性编辑以及人脸生成四个内容。目前，国内研究者基于先验 StyleGAN 模型等 GAN 架构、设计一系列高效的深度伪造方法。与此同时，研究者从静态帧级检测和动态视频级检测两个角度研究了一系列高效的深度伪造检测技术，取得了突破性的进展。

　　我国的研究者在深度伪造技术攻击和检测技术方面提出了许多新的理论以及方法，极大地促进了深度伪造技术攻击和检测技术。北京大学相关研究人员基于 GAN 架构提出了一种实现高保真度和对遮挡敏感的人脸交换算法 FaceShifter，解决传统面部交换方法中存在的一些挑战，如细节丢失、形状失真和对遮挡不敏感等问题，FaceShifter 考虑到了图像中可能存在的遮挡情况，例如手或其他对象遮挡面部的部分区域。它能够通过重新渲染、修复和补全遮挡区域，实现更好的遮挡感知和修复效果，从而提高了交换结果的质量。此外，FaceShifter 成了 FaceForensics++ 深度伪造检测研究数据集中使用的深度伪造人脸交换算法之一；中国科学院自动化研究所、中国科学院大学以及澳门大学研究人员提出的百万像素级别的深度伪造人脸交换图像生成技术 MegaFS，通过将人脸图像映射到隐空间中并获得对应的潜向量，并利用先验的 StyleGAN 模型生成高清换脸图像的新方法。这种方法通过对生成器进行先验约束，从而生成更加真实、细节更丰富、更高质量的换脸图像。MegaFS 技术的出现，使得研究人员开始关注基于先验 StyleGAN 模型的深度伪造人脸交换算法，并将这类算法作为常用的基准算法之一。华南理工大学研究人员提出的 FSLSD 深度伪造人脸交换算法同样使用基于先验 StyleGAN 模型，并使用人脸关键点信息加强了换脸图像的姿态稳定性。浙江大学研究人员则通过预测的人脸掩码图像限定了人脸交换的区域。

　　深度伪造技术检测技术可以基于数据模态和检测原理对深度伪造人脸检测技术进行分类，可分为静态帧级检测和动态视频级检测。其中，静态帧级检测是图像级的深度伪造检测，即针对静态人脸图像或人脸视频中抽取出的静态帧图像进行检测。电子科技大学和商汤科技研究人员提出了一种基于频率感知的聚合策略，结合了多种频域特征的信息，并应用分类器进行检测的深度伪造人脸检测方法。通过利用频域信息，能够有效地揭示人脸伪造的痕迹，对抗各种常见的深度伪造技术，如人脸合成和人脸交换。这项研究为深度伪造检测提供了一种新的视角和方法，对于应对不断发展的深度伪造技术具有重要意义。动态视频级检测将任意长度的连续帧信息序列作为模型输入，模型通过学习帧内的表观特征以及帧间的时序特征进行检测。厦门大学研究人员设计了基于空间维度为三维卷积核的三维卷积网络用于深度伪造检测任务，提出了一种基于时空一致性的特征提取方法，通过比较帧间的一致性来检测伪造。此类检测方法可以并行处理输入的连续帧序列信息，相较于基于卷积神经网络－时间序列模型的检测方法而言，此类检测方法通常更高效。

　　我国对于深度伪造攻击和检测的研究非常重视，并建立了一定的学术建制，致力于深度伪造技术的研究和防御。中国科学院自动化研究所成立了人工智能与数字社会安全研究中心，致力于深度伪造技术的研究和防御。北京大学王选计算机研究所多媒体信息处理研究室，在人脸识别、图像处理和计算机视觉等方面开展深度伪造相关的研究。

二、人工智能对抗技术国内外研究进展比较

（一）对抗样本攻击与防御

近年来，国内外的研究者提出了各种不同类型的对抗样本攻击方法。这些方法通过对机器学习模型输入进行微小的、有针对性的修改，以欺骗模型并导致错误的输出。与此同时，为了应对以上对抗安全的风险，研究者从修改模型输入、修改网络结构、修改训练过程等不同角度提出了多种对抗样本防御技术，以帮助构建更鲁棒的机器学习模型。

1. 对抗样本攻击

通过向干净样本添加精心构造且不易察觉的对抗扰动，可以构造出对抗样本，进而使人工智能模型以较高的置信度输出错误的预测结果。2013 年，Szegedy 等人使用基于优化的方法构造出图像对抗样本以误导图像分类模型，此后，对抗样本攻击技术被广泛研究，并逐渐被拓展应用于语音、文本等多种数据形式上。

依据攻击场景的不同，图像与语音对抗样本攻击可分为白盒攻击与黑盒攻击。前者指的是攻击者可以获得目标模型的所有信息，例如模型结构、模型参数、梯度信息等，而后者指的是攻击者可以获得模型的部分信息，例如模型输出预测值、模型训练集等。

2014 年后，图像分类场景下多种白盒对抗攻击算法被陆续提出，其中较有代表性的几种方法分别为 FGSM、PGD 与 C&W 攻击。FGSM 攻击是一步攻击，可以快速生成对抗样本，但是攻击效果有限；PGD 和 C&W 攻击是多步迭代攻击，其攻击成功率较高。语音识别场景下的白盒对抗攻击算法则首次由 Carlini 等人提出，该团队通过构造人类听不懂但可以被设备解释为命令的语音指令来攻击 CMUSphinx 语音识别系统。总体来说，在白盒对抗攻击算法发展初期，国外研究团队研究进展较快、成果较多。近几年，国内研究团队陆续提出新颖的白盒对抗攻击算法，进一步提高了对抗攻击的攻击成功率。阿里安全团队提出了集成对抗攻击 CAA，该攻击算法使用了串行集成的思路，若前一个攻击算法未能在所给定的扰动限制内成功攻击模型，则可在其基础上使用下一个攻击算法继续对模型进行攻击，所使用的多个攻击算法的种类以及对应的扰动大小则使用遗传算法进行搜索。澳门大学研究团队提出了基于中间层穿透的攻击 LAFEAT，通过攻击中间层特征以达到提高攻击算法性能的目的。

白盒对抗攻击易取得较高的攻击成功率，但是在真实攻防场景中，攻击者往往无法获得目标模型的全部信息，因此白盒对抗攻击难以被直接应用。如何提高黑盒对抗攻击的效率和攻击成功率成了对抗攻击技术领域的热点问题，国内外的研究团队也陆续提出了很多解决方案。

伊利诺伊大学厄巴纳 – 香槟分校团队提出了基于特征空间降维的边界查询攻击 QEBA，该团队尝试使用双线性插值、离散余弦变换和主成分分析等三种降维方法，将图

像特征映射到低维子空间，并用蒙特卡洛模拟去估计梯度，进而提高了针对图像分类模型的黑盒对抗攻击的查询效率。佛罗里达大学团队通过攻击音频片段在信号处理阶段的特征提取过程来生成语音对抗样本。对抗样本具有可迁移性，即对某一模型生成的对抗样本可以以一定概率成功攻击其他模型，进而为黑盒对抗攻击提供了另外一个途径。华中科技大学团队尝试从迭代路径角度提高图像对抗样本的可迁移性，该团队提出的 VMI-CI-FGSM 攻击通过引入方差微调来改进对抗样本生成过程中的梯度下降方向；此外，在输入变换角度，VMI-CI-FGSM 引入多种输入变换来提升对抗样本抗随机变换的能力，从而达到提升对抗样本迁移性的效果，以进一步提高黑盒对抗攻击的成功率。浙江大学团队提出了基于中间层特征的图像黑盒对抗攻击 FIA，该算法以中间层特征作为攻击目标，并使用聚合梯度的概念强调对神经网络预测结果起关键作用的特征的扰动，弱化干扰性特征的扰动，以提高对抗样本的可迁移性。

在文本分类场景下，Papernot 等人于 2016 年将对抗样本攻击技术应用于自然语言处理系统。由于自然语言的组成要素分为字符、词语、语句等，文本对抗攻击的研究也相应从字符级、词语级、语句级等层级和多级粒度的扰动层面并行地推进发展。字符级文本对抗攻击的研究重点在于如何定位对输出结果具有显著影响的关键字符，俄勒冈大学团队尝试使用梯度信息来应对文本数据的离散属性，通过定义新的损失函数并结合贪心搜索和束搜索方法，提出了针对机器翻译系统的白盒攻击。词语级文本对抗攻击的研究重点是通过定位和增删改关键词来生成对抗样本。语句级文本对抗攻击可为原始样本增加或改写干扰语句。多级文本对抗攻击通常能够同时适用于上述不同的扰动级别，或使用多个级别的攻击共同协作来生成文本对抗样本。整体而言，国内文本对抗样本攻击技术的发展仍处于较为初级的阶段，相关研究成果较少，且研究主要针对英文文本，仍缺乏对中文文本的研究。

2. 对抗样本防御

对抗样本攻击技术日前不断革新，攻击效率持续提升，所生成的对抗样本的隐蔽性也不断增强，这导致对抗攻击对人工智能模型的威胁日益增大。相应地，国内外研究团队陆续提出多种对抗样本防御技术，以应对潜在的对抗安全风险。

目前，在图像分类场景下，对抗样本防御技术可大致分为五个类别，分别是基于修改输入的对抗样本防御技术、基于修改网络结构的对抗样本防御技术、基于修改训练过程的对抗样本防御技术、可验证的对抗样本防御技术以及对抗样本检测技术。

基于修改输入的对抗样本防御技术通过对输入样本进行压缩、裁剪、随机填充、去噪等操作破坏对抗扰动，以提高人工智能模型对对抗样本的识别准确率。基于修改网络结构的对抗样本防御技术则是尝试向人工智能模型中添加新的模块，以提高模型的鲁棒性。北京大学团队提出在输入样本和神经网络的第一层之间引入一个新的稀疏变换层，从而将输入样本投影到低维准自然图像空间，以消除对抗扰动，从而提高模型的准确率。基于修改训练过程的对抗样本防御技术通过在模型训练过程添加对抗样本或修改训练过程中所使用的损失函数以达到抵御对抗攻击的目的，其中对抗训练是目前最有效的对抗防御技术之一。马里兰大学团队进一步提出了一种新的对抗训练算法，在训练过程中回收更新模型参数时计算的梯度信息，以减小对抗训练的计算开销。可验证的对抗样本防御技术目的是从理论上判断在一定的范围内是否存在对抗样本，或者是以某一个概率存在对抗样本，从而为模型提供有理论保证的防御能力。受密码学中差分隐私的启发，哥伦比亚大学团队提出了 PixelDP，该方法在训练阶段在深度神经网络中插入高斯和拉普拉斯噪声，以在输入受到轻微扰动时限制预测模型预测水平变化的差分隐私边界，并在推理阶段使用这些差分隐私边界来实现可信的鲁棒性检查。不同于前四种对抗样本防御技术使模型面对对抗样本时仍能保持较高的识别准确率，对抗样本检测技术通过判断输入样本是否为对抗样本并拒绝被判定为对抗样本的输入样本来保护模型。清华大学团队提出将反向交叉熵作为模型训练过程中的损失函数以鼓励模型学习潜在表征，并以 K-density 估计方法作为检测器以有效区分干净样本和对抗样本。

图像分类场景下的对抗防御技术相对而言已经较为成熟，其部分思想与方法也可迁移至语音识别、文本分类等场景中，用于抵御对抗攻击。南加州大学团队提出了一种混合对抗训练方法 HAP，该方法利用多任务目标，使用交叉熵、特征散射和边际损失提高语音识别系统的鲁棒性。台湾大学、香港中文大学、清华大学联合团队利用自监督模型可减轻输入样本中的表面噪声和可重建干净样本的特性，将对抗扰动视为噪声，从对抗扰动净化和对抗扰动检测两个角度进行声纹识别系统的对抗防御。卡内基·梅隆大学团队在 RNN 半字符架构的基础上，引入了几种新的后退策略来处理罕见和未见过的单词，进而识别被随机添加、删除、交换和键盘误触破坏的单词。总体而言，国内外目前面对语音对抗样本防御和文本对抗样本防御的研究仍处于起步阶段，其有效性和实用性仍需进一步加强。

（二）数据投毒攻击与防御

近年来，国内外的研究者提出了各种不同类型的数据投毒攻击方法。这些方法通过向训练数据中注入恶意样本或对样本进行修改，使得模型在训练阶段产生偏见或做出错误的预测。与此同时，为了应对以上安全风险，研究者针对模型在训练前、训练期间和训练后等阶段提出了多种数据投毒攻击防御技术。

1. 数据投毒攻击

数据投毒攻击是一种针对机器学习算法的恶意攻击方法，它的基本原理是通过向训练数据中注入恶意样本或对现有样本进行修改，使得模型在训练和预测过程中输出错误的结果或得到错误的特征权重，导致模型在训练阶段产生偏见，或在实际应用中做出错误的预测。数据投毒攻击技术通常分为注入和响应两个阶段，前者是指在模型的训练阶段进行攻击，后者则指在模型部署之后实现恶意的响应。注入阶段通常发生在数据的采集、储存和预处理过程中，其中，发生在数据采集过程的投毒攻击最为常见，因为用于训练模型的数据通常从互联网中采集，且不加检验地用于模型的训练。攻击者可以由此提前制作投毒样本，并利用各种途径（如将其投放到互联网上等待被收集为训练数据）最终将其混入训练数据。不过需要注意的是，数据投毒攻击仅在注入阶段对训练数据本身或其对应的标签进行操作来生成中毒数据集，而不要求在相应阶段拥有对测试数据的操作权限。

数据投毒攻击大致可分为三种类型：无差别攻击、目标攻击和后门攻击。

无差别投毒攻击的目的是尽可能地破坏模型分类器，通过篡改训练数据，降低模型对测试样本的预测精度，从而影响系统的可用性。换句话说，攻击者强制模型为任何测试输入输出错误的分类，从而限制了其对合法用户的可用性和可靠性。在该技术早期阶段，可用性攻击主要针对经典机器学习模型，如支持向量机（SVMs），贝叶斯分类器和线性回归模型进行中毒攻击研究。在无差别攻击中，攻击者试图最大化平均测试损失，以对分类器造成更大的破坏，并降低模型的整体性能。

中毒样本是通过翻转训练样本的标签来获得的，因此，中毒分类器的边界与干净分类器的边界相比是倾斜的。对手可以通过增加翻转训练样本的比例或仔细优化中毒样本特征中的注入噪声，从而进一步降低系统的可用性。然而，第一种策略虽然有效，但并不是最优的，需要攻击者对训练点进行高度控制，从而影响其在实际应用中的适用性。此外，大量标记错误的训练样本可能会引起被攻击用户的怀疑，他们可以采取相应的防御机制来对抗攻击。为了解决这个问题，标签翻转攻击被提出，对手可以通过在中毒样本中注入不受限制的噪声来减少标签翻转的百分比。具体来说，在翻转标签后，中毒样本被优化的对抗性噪声扰动，以最大限度地提高中毒模型的测试误差。然而，对于攻击高级机器学习模型的攻击者来说，制作这些优化样本的计算代价非常高。

在数据投毒攻击概念刚提出时，国际上的研究机构和学者在此领域的研究较为活跃。近年来，也有一些国内学者围绕不同应用场景完成了一些新的工作。他们更多地关注现实和具体的应用场景，以及攻击者如何在大多数应用场景中发起数据投毒攻击。例如，深度学习任务中，常常通过众包的形式从物理世界收集信息获取训练数据，即通过向参与其中的员工发布任务，并获取他们提供的感官数据。众感系统的开放性使得攻击者很容易通过创建或招募一组恶意工作者并让他们提交恶意数据来降低系统的有效性。针对此类任务，数据投毒攻击可以被当作双层优化问题来解决。

与旨在降低系统可用性的无差别攻击不同，目标投毒攻击则试图损害中毒模型的完整性。换句话说，受害者的模型对干净的样本具有较高的准确性，但会导致对目标样本的错误分类。这一特性使它与模型训练场景相兼容；然而，现有的攻击仅限于从头开始的训练和微调场景。

后门投毒攻击，类似于目标投毒攻击，会破坏模型的完整性，该攻击使得模型对原始样本的行为正确，但对任何包含特定后门触发器的测试样本产生错误分类。

2. 数据投毒防御

数据投毒防御可以部署在训练前、训练期间和训练后三个阶段中。

训练前的防御指在训练模型之前对数据进行清洁。这需要访问训练数据的权限，在某些情况下，还需要访问一组原始的、未受污染的数据。基于数据清洁的防御的基本思想是，中毒样本可以通过离群值检测技术去除，因为它们必须与同一个类标签内的样本非常不同，以诱导模型学习一个显著不同的决策函数。

训练过程中的防御指定义鲁棒学习算法，以限制中毒数据的影响。这种方法需要访问训练数据和改变模型的权限。一种有效的方法是通过限制每个训练点的梯度大小来限制它的影响。

训练后的防御方法指分析训练过的模型并确定它是否中毒，改进中毒模型以防止对传入的测试数据产生错误预测。由于这一类别非常多样化，防御者在知识和能力方面的需求也有所不同。

国内在数据投毒技术上的研究进展与国际水平仍存在一定的差距，许多开创性的工作大多由国外学者提出，国内研究仍主要聚焦于新技术在各个场景下的应用与部署。随着对数据安全和隐私保护问题的日益重视，国内也在积极加强相关研究。

（三）隐私攻击与防御

人工智能隐私攻击是指能够导致人工智能模型泄露隐私信息的攻击行为，其具体后果包括模型结构、参数和训练数据等方面的泄露。当前主要分为数据隐私攻击和模型隐私攻击两类。数据隐私攻击包括数据集重构攻击、成员推理攻击和数据集属性攻击等多种方式，可从不同角度获取人工智能模型的数据隐私信息。模型隐私攻击涉及训练过程的超参数、模型结构特征和模型权重等信息，这些信息已被学术界证明可能遭受攻击者窃取，并对可信人工智能系统的知识产权和隐私安全构成极大威胁。为了应对以上隐私攻击，研究者从训练阶段和推断阶段等不同场景提出了多种隐私防御技术，以维护模型与数据的隐私安全。

1. 数据隐私攻击

数据隐私攻击是指根据模型算法的输入输出行为，对人工智能模型训练数据集相关信息进行窃取。这一概念最早于 2015 年由 Fredrikson 等人在医疗机器学习领域提出，他们通过实验证明，攻击者可以根据更容易获取到的人口学信息、患者病史以及作为模型标签的华法林剂量信息，逆向推理出患者最可能的基因型。这种攻击方法引发了对人工智能数据隐私的广泛关注。2017 年，Shokri 等人提出了成员推理攻击，通过使用影子模型判断一个样本是否存在于被攻击模型的训练数据集中。这种攻击方法的核心思想是通过构建一个与目标模型类似的影子模型，并观察影子模型的输出来推断目标模型中是否存在某个样本。成员推理攻击在后续得到了广泛的关注，Chen 等人验证了对抗生成模型同样存在成员隶属隐私问题，表明即使在生成模型的情况下，数据隐私也面临着成员推理攻击的风险。除了成员推理攻击之外，最新的研究还揭示了模型的输入输出过程可能会暴露出模型某些敏感属性信息，例如训练数据集不同子类的构造比例。此攻击过程被称为属性推理攻击，对于数据隐私保护构成了额外的威胁。虽然国内在数据隐私攻击方面的相关研究工作相对较晚，但近年来国内学者也取得了显著的进展，尤其是在生成式模型数据隐私攻击领域。例如，对于语言模型隐私攻击和生成模型属性推理攻击等方面，国内研究团队已经产出了一系列领先的成果。这些研究不仅加深了对数据隐私攻击的理解，还为数据隐私保护提供了有价值的参考。随着大模型的兴起，可以预见，与大模型相关的数据隐私攻击在未来将成为国内外研究团队的攻关重点。

2. 模型隐私攻击

模型隐私攻击揭示了人工智能模型在隐私保护方面的脆弱性。攻击者可以利用模型的输入输出相关性，通过分析模型的行为来获取其背后的隐私信息。成功地窃取人工智能模型的参数不仅可以揭示模型的内部机制，还可以显著提高其他攻击方法的成功率。特别是在白盒场景下，攻击者可以更加有效地利用对抗样本等技术来实施攻击，从而对可信人工智能的安全应用造成影响。2016 年，Tramèr 等人提出了一种基于方程求解的模型窃取攻击，利用 API 返回的置信度实现了对模型参数更准确、更有效的窃取。然而，随着 AI 模型复杂度的迅速增加，方程求解的模型窃取攻击变得更加困难。为了应对这一挑战，研究人员提出了一种基于预训练模型的近似模型窃取攻击方法。此外，学术界的研究重点还扩展到了训练超参数和模型结构的隐私问题。例如，Wang 等人提出了一种推断人工智能模型超参数的方法，He 等人提出了一种用于图神经网络的模型结构窃取算法。这些研究的目标是揭示训练过程中的隐私泄露风险以及模型结构信息的敏感性，进一步加强对模型隐私的保护。随着人工智能的不断进步，不同模型之间的差异性也不断增加，这将导致未来针对模型隐私的攻击算法多样性增加。由于模型隐私攻击的高复杂性，当前的研究主要集中在中小规模的 AI 模型上。目前国内的相关研究工作相对较少，进一步加强对模型隐私攻击的研究，对于提高我国人工智能对抗技术研究水平，具有重要意义。

3. 隐私攻击防御

（1）训练阶段隐私防御

目前学术界对于机器学习训练数据隐私泄露的主流解释是过拟合现象，即机器学习算法在训练集上过度拟合，导致在训练数据和非训练数据上表现出差异性。这种差异性为攻击者提供了推测训练数据中敏感信息的机会。为了解决这一问题，研究人员提出了正则化方法，通过约束模型参数的复杂度，降低训练过程中的过拟合现象，减小数据泄露的风险。此外，差分隐私的概念被引入机器学习领域，提供了基于严格数学定义的隐私保护机制。然而，将差分隐私应用于机器学习也带来了一些问题，例如模型的准确性显著下降和模型不平衡性的增加。目前，保护模型信息的主要策略是在模型的输出中引入扰动，通过对输出结果进行微小的修改，降低信息推断的准确性。这样的处理方式能够在一定程度上保护训练数据的隐私。此外，一些方法利用深度学习模型具有较大容量的特点，在模型参数中嵌入水印信息，以帮助验证模型的归属权。水印信息的嵌入可以使模型具有独特的标识，从而在模型被滥用或未经授权使用时提供取证帮助。需要注意的是，在保护模型信息的过程中，需要平衡隐私保护和模型性能之间的权衡。提高隐私保护的强度往往会导致模型准确性的下降和性能的损失，因此需要综合考虑隐私和性能之间的关系，并选择适合具体应用场景的方法。未来的研究还需要进一步探索新的技术和方法，以实现更好的学习数据隐私保护与模型安全性。

（2）推断阶段隐私防御

在机器学习模型的推断阶段，保护隐私的主要方法是对原始模型输出引入扰动，以降低隐私推理攻击的准确性。采用对抗性机器学习技术，可以对模型输出进行微小扰动，导致属性推理攻击中的误分类，同时对受保护模型的整体准确性影响较小。另一种常用的防御成员推理攻击的方法是将问题转化为针对成员推理攻击模型本身的对抗扰动生成任务。对受保护模型输出施加扰动不会改变模型的分类结果，但会导致成员推理攻击模型的误分类。除了上述基于对抗性扰动的方法外，基于差分隐私的隐私聚合教师模型（PATE）算法通过在预测阶段对多个教师模型的推断结果进行聚合并添加噪声，消除了个体模型引起的隐私泄露风险。然而，当前的研究表明，在推断阶段对输出施加扰动的隐私保护方法仍面临重大挑战。例如，即使在推断过程中隐藏了大部分模型输出数值，并只公开具有最高预测分数的标签，攻击者仍然可以进行成员推理攻击。这些发现凸显了在机器学习模型的推断阶段有效应对隐私保护挑战的高级技术和方法的持续需求。需要进一步的研究来开发健壮高效的隐私保护机制，以抵御复杂的隐私推理攻击，同时保持模型的效用和性能。

（四）深度伪造攻击与检测

近年来，国内外的研究者从人脸交换、人脸操控、人脸属性编辑等方面对深度伪造攻击技术进行了深入研究。与此同时，为了应对以上伪造攻击安全的风险，研究者从静态帧级检测和动态视频级检测等方面提出了多种深度伪造检测方法。

1. 深度伪造攻击

深度伪造攻击是指利用人工智能技术对自然人脸内容进行构造、交换，从而生成使人类感知系统难以辨别或判断出错的虚假数字人脸内容。近年利用深度伪造攻击技术进行虚假数字人脸图像、视频内容生成及克隆的事件频繁发生，给受害者造成了巨大危害，甚至严重威胁个人隐私安全、商业安全、政治安全乃至国家安全。针对面临的安全隐患，多个国家及研究机构部署了一系列重大研究计划和重大研究项目，并出台了相关政策法规，如美国曾陆续出台《2018年恶意伪造禁令法案》《2019年深度伪造报告法案》，以对深度伪造技术进行严格限制。我国也在2022年经由国家互联网信息办公室、工业和信息化部、公安部联合发布了《互联网信息服务深度合成管理规定》，明确提出了对深度伪造等新技术应用的规范管理办法，以加强对其的管理、统筹发展与安全。因此，目前针对深度伪造攻击及检测技术的深入研究是重要且迫切的需求。

深度伪造攻击技术主要包括人脸交换、人脸操控、人脸属性编辑、人脸生成四种类型。其中人脸交换和人脸操控以目标人脸作为参考对人脸进行篡改，而人脸属性编辑和人脸生成则是直接对源人脸进行篡改或生成。这四种类型的深度伪造从理论上讲，均可利用基于生成对抗网络（GAN）训练范式的技术实现，但除此之外，一些类型的伪造也可以基于其他生成范式实现，下面将对每种深度伪造攻击技术进行具体介绍。

深度伪造人脸交换旨在将视频或图片中的目标人脸完全替换为源人脸，但仍然保持目标人脸的表情、姿态及背景不变。现存深度伪造人脸交换技术大多基于自编码器、GAN、图像学等深度学习生成模型进行实现及改进优化。基于自编码器的人脸交换通常利用含有一个编码器与两个解码器的网络结构执行，模型训练阶段利用编码器获得人物图像 A 和 B 的特征向量 h（A）和 h（B），再用解码器 A 和解码器 B 分别重构出人物图像 A 和 B，模型推理阶段将 A 的特征向量 h（A）输入到解码器 B 中完成换脸。基于 GAN 的人脸交换通常将 GAN 生成器端生成的虚假人脸作为目标人脸，并将其与源人脸图像的背景进行融合得到换脸后的人脸图像。基于图形学的人脸交换通常首先利用 3D 模型对源人脸和目标人脸的人脸形状、表情以及姿态等进行拟合，然后将二者的表达分量进行交换实现人脸交换。目前代码服务平台 Github 上存在较多人脸交换项目，如 DeepFaceLab 通过自编码器提取了源人脸的隐层信息并实现了与目标人脸的生成、交换，并且作者利用 GAN 对其中的自编码器进行了优化，通过引入人脸分割掩码及对抗损失和感知损失，提出了细节优化逼真的深度伪造换脸技术。

深度伪造人脸操控可分为图像驱动人脸操控和音频驱动人脸操控，图像驱动人脸操控旨在从源人脸图像中提取表情、姿态等信息并在目标人脸图像中进行重现，即将源人脸的表情、姿态迁移至目标人脸上；音频驱动人脸操控旨在根据语音的指导，生成目标人脸说话行为的视频图像。早期的深度伪造人脸操控技术采用传统 3D 人脸建模、机器学习及图像处理的方法实现，随着深度学习技术的普及，基于 DNN、GAN 等深度神经网络的方法也不断涌现，除此之外，近期神经辐射场（NeRF）技术因其优秀的渲染效果也频繁被用来实现人脸操控。

深度伪造人脸属性编辑是指通过操纵面部属性，对包括眼睛、性别、头发、胡须、年龄、表情等单个或多个属性进行编辑修改从而生成新的人脸，但同时保留人脸的其他细节信息不变的技术。主流的人脸属性编辑主要是通过基于 GAN 的训练范式实现的，也有少量研究是基于自编码器模型实现，另外还有一些方法对二者进行了结合。

深度伪造人脸生成旨在利用人脸图片样本，通过生成对抗等技术合成真实世界不存在的人脸或对目标人脸缺失部分进行合成。现有的人脸生成技术大多是对基于 GAN 的生成方法进行优化改进。如 PGGAN 利用了一种渐进式生长的 GAN，在其训练过程中，通过对低分率的输入图像添加增长式的修正细节信息，以获取更稳定、质量更高的合成人脸。

2. 深度伪造检测

切实有效的检测技术可以避免深度伪造攻击给个人隐私名誉、社会稳定以及国家安全带来的损失。深度伪造检测分为静态帧级检测和动态视频级检测。

静态帧级检测即对静态人脸图像或人脸视频中抽取出的静态帧图像进行深度伪造检测。该检测通常利用真实和虚假的图像级二分类标签监督信息识别图像中是否存在局部伪像差异特征并进行分类。进一步地，根据检测方法的原理差异，静态帧级检测可分为知识驱动的检测与数据驱动的检测。

知识驱动的静态帧级检测往往利用领域知识对特定的虚假图像伪像差异特征进行预定义并得到额外的监督信息，与二分类标签共同在模型训练阶段训练分类器学习差异特征并得到分类器。由于早期的深度伪造数据大多存在显著伪影，因此检测方法多结合机器学习对人脸生物特征中存在的伪像差异特征（包括眼睛颜色反射及牙齿区域特征、3D 头部姿势特征、眨眼行为连续性特征等）进行预定义。随着深度伪造生成技术的成熟，虚假数据的伪影变得不易察觉，因此后续方法多结合深度神经网络对真假图像进行分类，并利用更复杂的领域知识（频域图像处理、隐写分析、GAN 生成人脸时产生的 GAN 指纹特征等）对伪像差异特征进行预定义。数据驱动的静态帧级检测利用深度神经网络强大的表征和学习能力从大规模深度伪造数据中自动学习并抽取显著可区分的特征对图像进行分类，此类检测方法通常可以在模型推理阶段，通过特征可视化观察到网络利用的显著可区分特征。

动态视频级检测将任意长度的连续帧信息序列作为模型输入，模型通过学习帧内的表观特征以及帧间的时序特征进行检测。常用的动态视频级检测方法包括基于卷积神经网络 – 时间序列模型的检测方法和基于 3D 卷积神经网络的检测方法。

目前深度伪造攻击与检测的研究已取得了一些成果，但该领域整体上仍处于初级阶段，其生成方面的方法细节逼真性以及检测方面的方法泛化性等指标仍有待提高，并且尚未形成全面的技术评价体系，二者尚在彼此制衡中不断发展。

三、人工智能对抗技术发展趋势及展望

人工智能对抗技术领域经过多年的研究与发展，其技术日趋成熟，但是仍然有许多未解决的问题有待深入研究。总体上，在未来的几年内，人工智能产品将越来越多地被落地部署与应用，人工智能对抗技术的整体发展将从数字域攻防逐渐转移至物理域攻防。

（一）对抗样本攻击与防御

对抗样本攻击与防御技术的大量研究已经对人工智能领域的多个方向产生了深远的影

响。根据作用领域的不同，该技术仍然有不同程度的发展空间。

1. 图像对抗样本的攻击与防御

目前，数字域图像对抗样本的对抗攻击已经较为成熟，未来对图像对抗攻击的研究焦点将集中在物理域中。现实场景中的图像对抗攻击仍面临许多棘手的问题，例如面向人脸识别、自动驾驶、安全监控等现实应用，白盒攻击难以实现，而对商业系统的黑盒攻击有严格的查询次数限制，因此需要可转移性的物理环境对抗攻击，而针对这种场景的对抗攻击研究尚且薄弱。物理域攻击往往会对传感设备产生明显的扰动，使其无法有效地捕捉对抗模式，这给对抗攻击的隐形性带来了很大的问题。构建设备可感知而人类不可感知的物理域攻击也是一个挑战，值得深入研究。此外，物理对抗的例子需要在不同角度、距离与光照条件下保持有效性，针对有效性的研究也是未来的一个方向。

对于防御者而言，数字域图像对抗防御在有效性上取得了初步进展，但在通用性多种类对抗样本防御、低额外成本的高效对抗防御、鲁棒性与准确性的权衡上仍然存在研究空间。而物理域图像对抗防御也面临着与数字域类似的问题，这些方向也具有一定的未来研究价值。

2. 文本对抗样本的攻击与防御

由于文本数据的可读性、离散型以及语义性等复杂因素，针对文本数据的对抗攻击研究数量与攻击效果远远不及计算机视觉领域。目前，文本域对抗攻击还存在难以权衡攻击效果、文本可读性差、效率低下、难以应用于现实系统、可转移性差、语种限制等问题。未来可供研究的方向包括但不限于使用预训练文本大模型处理对抗攻击中的语义一致性要求、利用潜空间干扰文本并生成人类可读的对抗样本等。

文本域的对抗防御与图像域类似，现有方法通常针对特定类型的对抗攻击，而缺乏通用性的防御方式。并且，现有方法通常针对输入检查与表示，少有对模型结构进行的鲁棒性优化方法。值得注意是，当前深度学习社区目前缺乏用于文本域对抗攻防的评估基准平台，因此对集成性文本对抗攻防平台的开发也是潜在的未来研究方向。

3. 音频对抗样本的攻击和防御

语音识别领域的对抗攻击依然存在大量的挑战，如攻击可转移性差、对抗性音频很容易被人耳感知、无法实时处理音频、仅能实现静态攻击等。现有的音频攻击大多数为数字域攻击，物理域攻击成功率很低。从防御角度，大多数防御方法都基于对攻击的先验知识，无法处理未知的攻击手段，缺乏通用防御方法。与文本领域类似，音频处理领域也缺乏可用的集成性工具包。上述一系列挑战都可以作为未来研究的趋势与方向。

（二）数据投毒攻击与防御

数据投毒攻击作为直接攻击模型训练阶段的攻击技术，始终是人工智能安全领域的一大威胁。随着人工智能技术的不断发展，数据投毒技术也将不断迭代和优化，甚至与新兴人工智能技术相结合，进而不断对人工智能技术带来更新、更大的威胁。

首先，随着数据投毒检测技术的效果提升，数据投毒攻击必将继续提高其隐蔽性。现有的一些数据投毒技术，如标签翻转技术，已经能够通过离群点去除技术有效防御，因此，数据投毒攻击者将寻求更为隐蔽的方式来进行数据污染，如利用生成对抗网络等。其次，随着更强生成模型——稳定扩散模型的出现，数据投毒攻击也将会变得更为隐蔽、难以检测。再次，现有的数据投毒攻击对于联邦学习的攻击普遍都较为静态，按照预设的速度进行，然而联邦学习的客户端往往在训练过程中是动态的，这便要求针对联邦学习的投毒攻击在威胁模型上进行更多的限制，以提高其在联邦学习领域的隐蔽性。最后，随着数据投毒技术在计算机视觉领域的发展和成熟，未来也将会出现其他模态、其他领域（如文本、视频等领域）的投毒技术，这将为数据安全和隐私带来更大的挑战。

防御方面，随着数据投毒技术的不断进化、隐蔽性不断增加，也会驱使更加有效、更加敏锐的数据投毒检测方法的产生。现有的许多防御措施都设定攻击者的攻击为无伪装攻击，无法检测更为精密、隐蔽的攻击，这将是未来数据投毒防御将要解决的一大问题。此外，现有研究中，有一些工作通过特定的度量来量化干净数据和污染数据的差距，如通过光谱特征或隐层激活函数等。这些方法多基于实验观察和经验选择，但类似于对抗样本领域，可能存在通过利用多种度量来更为准确地描述污染数据和干净数据的可能性，这也将是未来数据投毒防御领域的未来探索方向之一。作为防御领域的普遍问题，现有的防御手段多数都是针对某种特定攻击较为有效，而其他的攻击方式则可能轻易突破，防御手段泛化性弱。因此，寻找需要更强、更隐蔽的攻击作为驱使，以研究和发现更加完善、有效的防御手段，也将是数据投毒防御手段的一个重要课题。

当前，我国正处于人工智能引领的新一轮技术和产业变革的快速发展时期，我国大数据产业发展势态好、动力足，数据及数据安全日益成为国家关注的重要领域。2019 年中国信息通信研究院发布的《人工智能数据安全白皮书》中指出，数据投毒潜在危害巨大。近年来，数据安全治理理念逐渐被接纳，国家也出台了一系列政策、意见，促进数据流通领域流通规范体系加速构建，加强人工智能数据安全保护基础理论研究和技术研发。

（三）隐私攻击与防御

随着人工智能模型的复杂度不断提升和安全性日益重要，人工智能隐私风险对用户数据是否得到保护、模型信息是否被泄露、人工智能知识产权是否得到保护等多方面社会性、法律性问题带来更加强烈的冲击。随着人工智能的不断发展，人工智能隐私风险将会成为重要课题。

目前对人工智能隐私防御研究的关注仍然不足，大部分防御算法通常作为扩展工作的一部分在人工智能隐私攻击算法的论文中被简单提及。当前单纯针对人工智能隐私防御的算法设计非常有限，仍然需要学术界进行大量研究。同时，随着客户需求的变化，未来需要将已有的隐私攻防手段进行整合，构建一体化的综合性人工智能隐私检测平台。

在隐私攻击方面，在未来，攻击者会更加关注多种在不同任务模型（图神经网络、LSTM 等）上，针对模型特异性完成不同程度的人工智能隐私攻击：模型逆向攻击的研究对象将不再局限于简单的机器学习模型；成员推理攻击未来会更加关注如何窃取目标模型数据集的成员信息，判断某一个样本是否在训练集中；模型窃取攻击将出现更多的黑盒方法来窃取目标人工智能模型的结构参数或者超参数，并进一步侵犯模型训练者的知识产权。目前人工智能隐私攻击前提假设普遍较多，大多为针对模型个例的攻击优化，未来需要在工业界进行推广应用。

在隐私防御方面，学者们在研究过程中会更加关注针对隐私攻击算法找到通用的防御策略，例如 Dropout、正则化、模型堆叠、差分隐私等。隐私风险将逐渐从个体数据隐私攻击，朝向群体数据隐私攻击发展。主流的数据集隐私防御方法依然是减少人工智能模型对数据集的过拟合现象，从而避免推断阶段暴露的训练数据隐私问题。差分隐私对于机器学习隐私问题的保护性仍然存在一定的不确定性，需要进一步深入探索。对于模型窃取攻击，利用模型水印方法实现模型所有权验证是未来的一个研究热点。随着机器学习技术在各领域中越来越普遍的应用，模型的知识产权保护将会成为一个不容忽视的问题。模型水印技术未来的研究将重点关注对各类模型的兼容性、举证方法可解释性、举证环境易获得、难以被混淆等几个方面的问题。

（四）深度伪造攻击与检测

近年来，基于人工智能的文本、图像、语音等内容生成技术发展非常迅速，当前已经存在很多能够以假乱真的内容生成算法。由于网络谣言控制、版权归属、图像取证等方面的需要，国家网信办在 2023 年 4 月 11 日颁布了《生成式人工智能服务管理办法》，向全社会征求关于人工智能生成技术的管理意见。如何检测深度伪造技术，正逐渐成为解决司法鉴定、版权归属等问题的重要技术组成。前文已经介绍了深度伪造和检测的核心技术和发展前沿，然而相关研究距离实际应用还有较长的距离，仍存在很大的研究空间。本节从算法隐蔽性、检测泛化性等角度分析了深度伪造技术未来的发展趋势，并对未来的研究方向进行了展望。

在深度伪造的生成方面，第一个发展方向是生成算法的隐蔽性。现存的主要公开数据集——如 FF++、CelebDF 等，都采用了二阶段法的图像处理流程，即需要对抽取和变换后的人脸图像通过仿射变换和简单的加权算法进行虚假人脸和原图的融合。许多最近的研究都表明这种类型的生成存在固有缺陷，它会使算法生成的人脸区域和周围区域产生较明显的不一致，或者在融合边缘区域产生明显伪影。这种伪影让利用了该特征的伪造检测算法在二阶段生成方法上产生了很高的泛化准确性和可用性，因此二阶段的伪造很快将不再隐蔽。基于 GAN 网络和扩散模型的生成方法相比于二阶段法，其视觉效果更加自然，伪造痕迹更加隐蔽。最重要的是，当前还没有针对 GAN 网络实现普遍泛化的可用算法，这些优势都使得 GAN 网络成为伪造攻击侧的一个重要研究方向。第二个生成算法的发展方向是生成的可控性。通过在隐空间对人脸不同特征进行解耦，进而实现更精准的控制，有利于算法产生更加贴合实际的应用。第三个生成算法的发展方向是实现语音、文本、视频、图像等多个方向的合成。到目前为止 Deepfake 技术已经不只局限于图像领域，各种多模态的生成方法也在不断涌现，如用于音色转换的 Sovits、用于视频生成的各种 GAN 网络等。

在深度伪造的检测方面，最重要和最困难的问题始终是如何实现检测算法的高泛化性。检测算法如果要具备可用性，就需要对不断出现的新型生成算法实现有效检测，这要求检测算法应该工作在训练和测试数据的生成算法不同的场景。针对如何设计适用于所有伪造算法的通用本质特征这一问题，根据生成算法工作流程的不同，相关的检测研究可以分成两类：一阶段和二阶段两种生成方法。二阶段方法在部分测试基准上已经有较为可靠的泛化准确性，后续的发展方向是对各种不同数据集进行推广。而针对纯 GAN 网络生成图像的可泛化检测，相关研究还处于相对初步的阶段。很多研究已经表明，由于 GAN 网络的生成过程存在采样过程，这一过程会在伪造图像的频谱上产生明显的伪影。然而，目前还缺乏对这种伪影进行有效利用的算法。在一阶段生成算法上，基于频域的方法将成为一个重要的研究方向。此外，针对各种新出现的生成算法类型（如扩散模型）的检测也很重要，这些研究目前仍然处于初期。

参考文献

［1］（2017—2018），t. C.（2018）. S.3805-Malicious Deep Fake Prohibition Act of 2018.

［2］ Abdullah, H., Garcia, W., Peeters, C., Traynor, P., Butler, K. R., & Wilson, J.（2019）. Practical hidden voice attacks against speech and speaker recognition systems. arXiv preprint arXiv: 1904.05734.

［3］ Adi, Y., Baum, C., Cisse, M., Pinkas, B., & Keshet, J.（2018）. Turning your weakness into a strength: Watermarking deep neural networks by backdooring. Paper presented at the 27th USENIX Security Symposium（USENIX Security 18）.

［4］ Bagdasaryan, E., Poursaeed, O., & Shmatikov, V.（2019）. Differential privacy has disparate impact on model accuracy. Advances in neural information processing systems, 32.

［5］ Bai, Y., Zeng, Y., Jiang, Y., Xia, S.-T., Ma, X., & Wang, Y.（2021）. Improving adversarial robustness via channel-wise activation suppressing. arXiv preprint arXiv: 2103.08307.

［6］ Biggio, B., Nelson, B., & Laskov, P.（2012）. Poisoning attacks against support vector machines. arXiv preprint arXiv: 1206.6389.

［7］ Carlini, N., Mishra, P., Vaidya, T., Zhang, Y., Sherr, M., Shields, C., ... Zhou, W.（2016）. Hidden voice commands. Paper presented at the Usenix security symposium.

［8］ Carlini, N., Tramer, F., Wallace, E., Jagielski, M., Herbert-Voss, A., Lee, K., ... Erlingsson, U.（2021）. Extracting Training Data from Large Language Models. Paper presented at the USENIX Security Symposium.

［9］ Carlini, N., & Wagner, D.（2017）. Towards evaluating the robustness of neural networks. Paper presented at the 2017 ieee symposium on security and privacy（sp）.

［10］ Chan, P. P., He, Z., Hu, X., Tsang, E. C., Yeung, D. S., & Ng, W. W.（2021）. Causative label flip attack detection with data complexity measures. International Journal of Machine Learning and Cybernetics, 12, 103-116.

［11］ Chang, L.-C., Chen, Z., Chen, C., Wang, G., & Bi, Z.（2021）. Defending against adversarial attacks in speaker verification systems. Paper presented at the 2021 IEEE International Performance, Computing, and Communications Conference（IPCCC）.

［12］ Chen, B., Carvalho, W., Baracaldo, N., Ludwig, H., Edwards, B., Lee, T., ... Srivastava, B. J. a. e.-p.（2018）. Detecting Backdoor Attacks on Deep Neural Networks by Activation Clustering. arXiv: 1811.03728. doi: 10.48550/ arXiv.1811.03728

［13］ Chen, D., Yu, N., Zhang, Y., & Fritz, M.（2020）. GAN-Leaks: A Taxonomy of Membership Inference Attacks against Generative Models. Paper presented at the Proceedings of the 2020 ACM SIGSAC Conference on Computer and Communications Security, Virtual Event, USA. https://doi.org/10.1145/3372297.3417238

［14］ Chen, J., Zhang, L., Zheng, H., Wang, X., & Ming, Z. J. a. e.-p.（2021）. DeepPoison: Feature Transfer Based Stealthy Poisoning Attack. arXiv: 2101.02562. doi: 10.48550/arXiv.2101.02562

［15］ Chen, J., Zhang, X., Zhang, R., Wang, C., & Liu, L.（2021）. De-pois: An attack-agnostic defense against data poisoning attacks. IEEE Transactions on Information Forensics and Security, 16, 3412-3425.

［16］ Chen, L. W., & Rudnicky, A.（2022, 23-27 May 2022）. Fine-Grained Style Control In Transformer-Based Text-To-Speech Synthesis. Paper presented at the ICASSP 2022-2022 IEEE International Conference on Acoustics, Speech and Signal Processing（ICASSP）.

［17］ Chen, Q., Chen, M., Lu, L., Yu, J., Chen, Y., Wang, Z., ... Ren, K.（2022）. Push the Limit of Adversarial Example Attack on Speaker Recognition in Physical Domain. Paper presented at the Proceedings of the 20th ACM Conference on Embedded Networked Sensor Systems.

［18］ Choquette-Choo, C. A., Tramer, F., Carlini, N., & Papernot, N.（2021）. Label-only membership inference attacks. Paper presented at the International conference on machine learning.

［19］ Congress, t.（2019）. S.2065-Deepfake Report Act of 2019.

［20］ Cui, G., Yuan, L., He, B., Chen, Y., Liu, Z., & Sun, M.（2022）. A unified evaluation of textual backdoor learning: Frameworks and benchmarks. arXiv preprint arXiv: 2206.08514.

［21］ Daza, R., Morales, A., Fierrez, J., & Tolosana, R.（2020）. MEBAL: A multimodal database for eye blink detection and attention level estimation. Paper presented at the Companion Publication of the 2020 International Conference on Multimodal Interaction.

［22］ deepfakes.（2018）. https://github.com/deepfakes/faceswap.

［23］ Doan, K., Lao, Y., Zhao, W., & Li, P.（2021）. Lira: Learnable, imperceptible and robust backdoor attacks. Paper presented at the Proceedings of the IEEE/CVF International Conference on Computer Vision.

［24］ Dong, Y., Xu, K., Yang, X., Pang, T., Deng, Z., Su, H., & Zhu, J.（2021）. Exploring memorization in adversarial training. arXiv preprint arXiv: 2106.01606.

［25］ Durall, R., Keuper, M., & Keuper, J.（2020, 13-19 June 2020）. Watch Your Up-Convolution: CNN Based Generative Deep Neural Networks Are Failing to Reproduce Spectral Distributions. Paper presented at the 2020 IEEE/CVF Conference on Computer Vision and Pattern Recognition（CVPR）.

［26］ Ebrahimi, J., Lowd, D., & Dou, D.（2018）. On adversarial examples for character-level neural machine translation. arXiv preprint arXiv: 1806.09030.

［27］ Feng, J., Cai, Q.-Z., & Zhou, Z.-H. (2019). Learning to confuse: generating training time adversarial data with auto-encoder. Advances in neural information processing systems, 32.

［28］ Floridi, L., & Chiriatti, M. (2020). GPT-3: Its nature, scope, limits, and consequences. Minds and Machines, 30, 681-694.

［29］ Fredrikson, M., Jha, S., & Ristenpart, T. (2015). Model inversion attacks that exploit confidence information and basic countermeasures. Paper presented at the Proceedings of the 22nd ACM SIGSAC conference on computer and communications security.

［30］ Ganju, K., Wang, Q., Yang, W., Gunter, C. A., & Borisov, N. (2018). Property inference attacks on fully connected neural networks using permutation invariant representations. Paper presented at the Proceedings of the 2018 ACM SIGSAC conference on computer and communications security.

［31］ Goodfellow, I. J., Shlens, J., & Szegedy, C. (2014). Explaining and harnessing adversarial examples. arXiv preprint arXiv: 1412.6572.

［32］ Gu, T., Dolan-Gavitt, B., & Garg, S. (2017). Badnets: Identifying vulnerabilities in the machine learning model supply chain. arXiv preprint arXiv: 1708.06733.

［33］ He, X., Jia, J., Backes, M., Gong, N. Z., & Zhang, Y. (2021). Stealing Links from Graph Neural Networks. https://www.usenix.org/conference/usenixsecurity21/presentation/he-xinlei

［34］ He, Z., Zuo, W., Kan, M., Shan, S., & Chen, X. (2019). Attgan: Facial attribute editing by only changing what you want. IEEE transactions on image processing, 28 (11), 5464-5478.

［35］ Hong, S., Chandrasekaran, V., Kaya, Y., Dumitraş, T., & Papernot, N. (2020). On the effectiveness of mitigating data poisoning attacks with gradient shaping. arXiv preprint arXiv: 2002.11497.

［36］ Isola, P., Zhu, J.-Y., Zhou, T., & Efros, A. A. (2017). Image-to-image translation with conditional adversarial networks. Paper presented at the Proceedings of the IEEE conference on computer vision and pattern recognition.

［37］ Jagielski, M., Oprea, A., Biggio, B., Liu, C., Nita-Rotaru, C., & Li, B. (2018). Manipulating machine learning: Poisoning attacks and countermeasures for regression learning. Paper presented at the 2018 IEEE symposium on security and privacy (SP).

［38］ Jayaraman, B., & Evans, D. (2019). Evaluating differentially private machine learning in practice. Paper presented at the 28th USENIX Security Symposium (USENIX Security 19).

［39］ Jia, H., Choquette-Choo, C. A., Chandrasekaran, V., & Papernot, N. (2021). Entangled watermarks as a defense against model extraction. Paper presented at the 30th USENIX Security Symposium (USENIX Security 21).

［40］ Jia, J., & Gong, N. Z. (2018). {AttriGuard}: A practical defense against attribute inference attacks via adversarial machine learning. Paper presented at the 27th USENIX Security Symposium (USENIX Security 18).

［41］ Jia, J., Salem, A., Backes, M., Zhang, Y., & Gong, N. Z. (2019). Memguard: Defending against black-box membership inference attacks via adversarial examples. Paper presented at the Proceedings of the 2019 ACM SIGSAC conference on computer and communications security.

［42］ Jiang, L., Ma, X., Chen, S., Bailey, J., & Jiang, Y.-G. (2019). Black-box adversarial attacks on video recognition models. Paper presented at the Proceedings of the 27th ACM International Conference on Multimedia.

［43］ Karras, T., Aila, T., Laine, S., & Lehtinen, J. (2017). Progressive growing of gans for improved quality, stability, and variation. arXiv preprint arXiv: 1710.10196.

［44］ Karras, T., Laine, S., & Aila, T. (2019). A style-based generator architecture for generative adversarial networks. Paper presented at the Proceedings of the IEEE/CVF conference on computer vision and pattern recognition.

［45］ Kim, H., Garrido, P., Tewari, A., Xu, W., Thies, J., Niessner, M., ... Theobalt, C. (2018). Deep video portraits. ACM Transactions on Graphics (TOG), 37 (4), 1-14.

［46］ Koh, P. W., & Liang, P. (2017). Understanding black-box predictions via influence functions. Paper presented at the International conference on machine learning.

［47］ Lample, G., Zeghidour, N., Usunier, N., Bordes, A., Denoyer, L., & Ranzato, M. A.（2017）. Fader networks: Manipulating images by sliding attributes. Advances in neural information processing systems, 30.

［48］ Lecuyer, M., Atlidakis, V., Geambasu, R., Hsu, D., & Jana, S.（2019）. Certified robustness to adversarial examples with differential privacy. Paper presented at the 2019 IEEE Symposium on Security and Privacy（SP）.

［49］ Li, H., Xu, X., Zhang, X., Yang, S., & Li, B.（2020）. Qeba: Query-efficient boundary-based blackbox attack. Paper presented at the Proceedings of the IEEE/CVF conference on computer vision and pattern recognition.

［50］ Li, L., Bao, J., Yang, H., Chen, D., & Wen, F.（2019）. Faceshifter: Towards high fidelity and occlusion aware face swapping. arXiv preprint arXiv: 1912.13457.

［51］ Li, M., Sun, Y., Lu, H., Maharjan, S., & Tian, Z.（2019）. Deep reinforcement learning for partially observable data poisoning attack in crowdsensing systems. IEEE Internet of Things Journal, 7（7）, 6266-6278.

［52］ Li, Y., Yang, X., Sun, P., Qi, H., & Lyu, S.（2020, 13-19 June 2020）. Celeb-DF: A Large-Scale Challenging Dataset for DeepFake Forensics. Paper presented at the 2020 IEEE/CVF Conference on Computer Vision and Pattern Recognition（CVPR）.

［53］ Li, Z., & Zhang, Y.（2021）. Membership leakage in label-only exposures. Paper presented at the Proceedings of the 2021 ACM SIGSAC Conference on Computer and Communications Security.

［54］ Liu, A., Liu, X., Fan, J., Ma, Y., Zhang, A., Xie, H., & Tao, D.（2019）. Perceptual-sensitive gan for generating adversarial patches. Paper presented at the Proceedings of the AAAI conference on artificial intelligence.

［55］ Madry, A., Makelov, A., Schmidt, L., Tsipras, D., & Vladu, A.（2017）. Towards deep learning models resistant to adversarial attacks. arXiv preprint arXiv: 1706.06083.

［56］ Mahdi El Mhamdi, E., Guerraoui, R., & Rouault, S. J. a. e.-p.（2018）. The Hidden Vulnerability of Distributed Learning in Byzantium. arXiv: 1802.07927. doi: 10.48550/arXiv.1802.07927

［57］ Mao, X., Chen, Y., Wang, S., Su, H., He, Y., & Xue, H.（2021）. Composite adversarial attacks. Paper presented at the Proceedings of the AAAI Conference on Artificial Intelligence.

［58］ Matern, F., Riess, C., & Stamminger, M.（2019）. Exploiting visual artifacts to expose deepfakes and face manipulations. Paper presented at the 2019 IEEE Winter Applications of Computer Vision Workshops（WACVW）.

［59］ Mehmood, R., Bashir, R., & Giri, K. J.（2022, 25-26 March 2022）. Text to Video GANs: TFGAN, IRC-GAN, BoGAN. Paper presented at the 2022 8th International Conference on Advanced Computing and Communication Systems（ICACCS）.

［60］ Miao, C., Li, Q., Xiao, H., Jiang, W., Huai, M., & Su, L.（2018）. Towards data poisoning attacks in crowd sensing systems. Paper presented at the Proceedings of the Eighteenth ACM International Symposium on Mobile Ad Hoc Networking and Computing.

［61］ Mildenhall, B., Srinivasan, P. P., Tancik, M., Barron, J. T., Ramamoorthi, R., & Ng, R.（2021）. Nerf: Representing scenes as neural radiance fields for view synthesis. Communications of the ACM, 65（1）, 99-106.

［62］ Muñoz-González, L., Pfitzner, B., Russo, M., Carnerero-Cano, J., & Lupu, E. C. J. a. e.-p.（2019）. Poisoning Attacks with Generative Adversarial Nets. arXiv: 1906.07773. doi: 10.48550/arXiv.1906.07773.

［63］ Nasr, M., Shokri, R., & Houmansadr, A.（2018）. Machine learning with membership privacy using adversarial regularization. Paper presented at the Proceedings of the 2018 ACM SIGSAC conference on computer and communications security.

［64］ Nelson, B., Barreno, M., Chi, F. J., Joseph, A. D., Rubinstein, B. I., Saini, U., ... Xia, K.（2008）. Exploiting machine learning to subvert your spam filter. LEET, 8（1-9）, 16-17.

［65］ Nirkin, Y., Keller, Y., & Hassner, T.（2019）. Fsgan: Subject agnostic face swapping and reenactment. Paper presented at the Proceedings of the IEEE/CVF international conference on computer vision.

［66］ Nirkin, Y., Masi, I., Tuan, A. T., Hassner, T., & Medioni, G.（2018）. On face segmentation, face swapping, and face perception. Paper presented at the 2018 13th IEEE International Conference on Automatic Face & Gesture Recognition（FG 2018）.

［67］ Orekondy, T., Schiele, B., & Fritz, M.（2019）. Knockoff nets: Stealing functionality of black-box models. Paper presented at the Proceedings of the IEEE/CVF conference on computer vision and pattern recognition.

［68］ Pan, X., Zhang, M., Ji, S., & Yang, M.（2020, 18–21 May 2020）. Privacy Risks of General-Purpose Language Models. Paper presented at the 2020 IEEE Symposium on Security and Privacy（SP）.

［69］ Pang, T., Du, C., Dong, Y., & Zhu, J.（2018）. Towards robust detection of adversarial examples. Advances in Neural Information Processing Systems, 31.

［70］ Papernot, N., McDaniel, P., Swami, A., & Harang, R.（2016）. Crafting adversarial input sequences for recurrent neural networks. Paper presented at the MILCOM 2016–2016 IEEE Military Communications Conference.

［71］ Papernot, N., Song, S., Mironov, I., Raghunathan, A., Talwar, K., & Erlingsson, U.（2018）. Scalable Private Learning with PATE. Paper presented at the International Conference on Learning Representations.

［72］ Pruthi, D., Dhingra, B., & Lipton, Z. C.（2019）. Combating adversarial misspellings with robust word recognition. arXiv preprint arXiv: 1905.11268.

［73］ Qian, Y., Yin, G., Sheng, L., Chen, Z., & Shao, J.（2020）. Thinking in frequency: Face forgery detection by mining frequency-aware clues. Paper presented at the Computer Vision-ECCV 2020: 16th European Conference, Glasgow, UK, August 23–28, 2020, Proceedings, Part XII.

［74］ Ramirez, M. A., Kim, S.-K., Al Hamadi, H., Damiani, E., Byon, Y.-J., Kim, T.-Y., ... Yeun, C. Y. J. a. e.-p.（2022）. Poisoning Attacks and Defenses on Artificial Intelligence: A Survey. arXiv: 2202.10276. doi: 10.48550/arXiv.2202.10276.

［75］ Roettgers, J.（2018）. Porn Producers Offer to Help Hollywood Take Down Deepfake Videos. Retrieved from https://variety.com/2018/digital/news/deepfakes-porn-adult-industry-1202705749/.

［76］ Rossler, A., Cozzolino, D., Verdoliva, L., Riess, C., Thies, J., & Nießner, M.（2019）. Faceforensics++: Learning to detect manipulated facial images. Paper presented at the Proceedings of the IEEE/CVF international conference on computer vision.

［77］ Rössler, A., Cozzolino, D., Verdoliva, L., Riess, C., Thies, J., & Niessner, M.（2019, 27 Oct.–2 Nov. 2019）. FaceForensics++: Learning to Detect Manipulated Facial Images. Paper presented at the 2019 IEEE/CVF International Conference on Computer Vision（ICCV）.

［78］ Sabir, E., Cheng, J., Jaiswal, A., AbdAlmageed, W., Masi, I., & Natarajan, P.（2019）. Recurrent convolutional strategies for face manipulation detection in videos. Interfaces（GUI）, 3（1）, 80–87.

［79］ Safa Ozdayi, M., Kantarcioglu, M., & Gel, Y. R. J. a. e.-p.（2020）. Defending against Backdoors in Federated Learning with Robust Learning Rate. arXiv: 2007.03767. doi: 10.48550/arXiv.2007.03767.

［80］ Shafahi, A., Huang, W. R., Najibi, M., Suciu, O., Studer, C., Dumitras, T., & Goldstein, T.（2018）. Poison frogs! targeted clean-label poisoning attacks on neural networks. Advances in neural information processing systems, 31.

［81］ Shafahi, A., Najibi, M., Ghiasi, M. A., Xu, Z., Dickerson, J., Studer, C., ... Goldstein, T.（2019）. Adversarial training for free! Advances in Neural Information Processing Systems, 32.

［82］ Shen, Y., Gu, J., Tang, X., & Zhou, B.（2020）. Interpreting the latent space of gans for semantic face editing. Paper presented at the Proceedings of the IEEE/CVF conference on computer vision and pattern recognition.

［83］ Shiohara, K., & Yamasaki, T.（2022, 18–24 June 2022）. Detecting Deepfakes with Self-Blended Images. Paper presented at the 2022 IEEE/CVF Conference on Computer Vision and Pattern Recognition（CVPR）.

［84］ Shokri, R., Stronati, M., Song, C., & Shmatikov, V.（2017）. Membership inference attacks against machine learning models. Paper presented at the 2017 IEEE symposium on security and privacy（SP）.

［85］ Spielberg, N. A., Brown, M., Kapania, N. R., Kegelman, J. C., & Gerdes, J. C.（2019）. Neural network vehicle models for high-performance automated driving. Science robotics, 4（28）, eaaw, 1975.

［86］ Steinhardt, J., Koh, P. W. W., & Liang, P. S.（2017）. Certified defenses for data poisoning attacks. Advances in neural information processing systems, 30.

［87］ Sun, B., Tsai, N.-h., Liu, F., Yu, R., & Su, H.（2019）. Adversarial defense by stratified convolutional sparse coding. Paper presented at the Proceedings of the IEEE/CVF Conference on Computer Vision and Pattern Recognition.

［88］ Sun, G., Cong, Y., Dong, J., Wang, Q., Lyu, L., & Liu, J.（2021）. Data poisoning attacks on federated machine learning. IEEE Internet of Things Journal, 9（13）, 11365-11375.

［89］ Szegedy, C., Zaremba, W., Sutskever, I., Bruna, J., Erhan, D., Goodfellow, I., & Fergus, R.（2013）. Intriguing properties of neural networks. arXiv preprint arXiv: 1312.6199.

［90］ Tramèr, F., Zhang, F., Juels, A., Reiter, M. K., & Ristenpart, T.（2016）. Stealing machine learning models via prediction {APIs}. Paper presented at the 25th USENIX security symposium（USENIX Security 16）.

［91］ Tran, B., Li, J., & Madry, A. J. a. e.-p.（2018）. Spectral Signatures in Backdoor Attacks. arXiv: 1811.00636. doi: 10.48550/arXiv.1811.00636

［92］ Wakabayashi, D.（2018）. Self-Driving Uber Car Kills Pedestrian in Arizona, Where Robots Roam. Retrieved from https://www.nytimes.com/2018/03/19/technology/uber-driverless-fatality.html.

［93］ Wang, B., & Gong, N. Z.（2018）. Stealing hyperparameters in machine learning. Paper presented at the 2018 IEEE symposium on security and privacy（SP）.

［94］ Wang, X., & He, K.（2021）. Enhancing the transferability of adversarial attacks through variance tuning. Paper presented at the Proceedings of the IEEE/CVF Conference on Computer Vision and Pattern Recognition.

［95］ Wang, Z., Guo, H., Zhang, Z., Liu, W., Qin, Z., & Ren, K.（2021）. Feature importance-aware transferable adversarial attacks. Paper presented at the Proceedings of the IEEE/CVF international conference on computer vision.

［96］ Wu, B., Chen, H., Zhang, M., Zhu, Z., Wei, S., Yuan, D., & Shen, C.（2022）. Backdoorbench: A comprehensive benchmark of backdoor learning. Advances in Neural Information Processing Systems, 35, 10546-10559.

［97］ Wu, H., Li, X., Liu, A. T., Wu, Z., Meng, H., & Lee, H.-Y.（2021）. Improving the adversarial robustness for speaker verification by self-supervised learning. IEEE/ACM Transactions on Audio, Speech, and Language Processing, 30, 202-217.

［98］ Xu, C., Zhang, J., Hua, M., He, Q., Yi, Z., & Liu, Y.（2022）. Region-aware face swapping. Paper presented at the Proceedings of the IEEE/CVF Conference on Computer Vision and Pattern Recognition.

［99］ Xu, Y., Deng, B., Wang, J., Jing, Y., Pan, J., & He, S.（2022）. High-resolution face swapping via latent semantics disentanglement. Paper presented at the Proceedings of the IEEE/CVF Conference on Computer Vision and Pattern Recognition.

［100］ Xue, M., He, C., Wu, Y., Sun, S., Zhang, Y., Wang, J., & Liu, W.（2022）. PTB: Robust physical backdoor attacks against deep neural networks in real world. Computers & Security, 118, 102726.

［101］ Yang, C., Wu, Q., Li, H., & Chen, Y. J. a. e.-p.（2017）. Generative Poisoning Attack Method Against Neural Networks. arXiv: 1703.01340. doi: 10.48550/arXiv.1703.01340.

［102］ Yao, X., Newson, A., Gousseau, Y., & Hellier, P.（2021, 19-22 Sept. 2021）. Learning Non-Linear Disentangled Editing For Stylegan. Paper presented at the 2021 IEEE International Conference on Image Processing（ICIP）.

［103］ Yin, D., Chen, Y., Ramchandran, K., & Bartlett, P. J. a. e.-p.（2018）. Byzantine-Robust Distributed

Learning：Towards Optimal Statistical Rates. arXiv：1803.01498. doi：10.48550/arXiv.1803.01498.

［104］ Yu, N., Davis, L. S., & Fritz, M.（2019）. Attributing fake images to gans：Learning and analyzing gan fingerprints. Paper presented at the Proceedings of the IEEE/CVF international conference on computer vision.

［105］ Yu, Y., Gao, X., & Xu, C.-Z.（2021）. Lafeat：Piercing through adversarial defenses with latent features. Paper presented at the Proceedings of the IEEE/CVF Conference on Computer Vision and Pattern Recognition.

［106］ Zhang, J., Chen, D., Liao, J., Zhang, W., Feng, H., Hua, G., & Yu, N.（2021）. Deep model intellectual property protection via deep watermarking. IEEE Transactions on Pattern Analysis and Machine Intelligence, 44（8）, 4005–4020.

［107］ Zhao, H., Zhou, W., Chen, D., Wei, T., Zhang, W., & Yu, N.（2021）. Multi-attentional deepfake detection. Paper presented at the Proceedings of the IEEE/CVF conference on computer vision and pattern recognition.

［108］ Zheng, Y., Bao, J., Chen, D., Zeng, M., & Wen, F.（2021）. Exploring temporal coherence for more general video face forgery detection. Paper presented at the Proceedings of the IEEE/CVF international conference on computer vision.

［109］ Zhou, J., Chen, Y., Shen, C., & Zhang, Y.（2022）. Property Inference Attacks Against GANs. Paper presented at the The Network and Distributed System Security（NDSS）Symposium.

［110］ Zhou, P., Han, X., Morariu, V. I., & Davis, L. S.（2017）. Two-stream neural networks for tampered face detection. Paper presented at the 2017 IEEE conference on computer vision and pattern recognition workshops （CVPRW）.

［111］ Zhu, Y., Li, Q., Wang, J., Xu, C.-Z., & Sun, Z.（2021）. One shot face swapping on megapixels. Paper presented at the Proceedings of the IEEE/CVF conference on computer vision and pattern recognition.

［112］ 陈传涛，潘丽敏，罗森林，等.（2021）. 基于 FGSM 样本扩充的模型窃取攻击方法研究. 信息安全研究，7（11），1023.

［113］ 李景海，唐明，黄诚轩.（2021）. 基于侧信道与量化推理缺陷的模型逆向攻击. 网络与信息安全学报，7（4），53–67.

［114］ 彭长根，高婷，刘惠篮，等.（2022）. 面向机器学习模型的基于 PCA 的成员推理攻击. 通信学报，43（1），149–160.

撰稿人：沈　超

ABSTRACTS

Comprehensive Report

Report on Advances in Artificial Intelligence

The research on artificial intelligence is not only a key area of technological progress, but also a core driving force for promoting comprehensive social development. It has immeasurable value in grasping the initiative of global technological competition in the future and promoting harmonious economic and social development. Artificial intelligence utilizes technologies such as knowledge computing, machine learning, deep learning and big models, natural language processing, computer vision, speech processing, information retrieval, multi-agent systems, embodied intelligence, and adversarial technology to enable computers to assist or replace humans in efficiently completing some intelligent tasks, providing important technical and theoretical support for the development of human society in the era of intelligence.

Written by Yu Jian

Reports on Special Topics

Report on Advances in Knowledge Computing

With the booming development of artificial intelligence, knowledge representation has further expanded from traditional symbolic knowledge models to implicit knowledge models. In recent years, the status of implicit knowledge models has greatly improved. Traditional symbolic knowledge is an explicit symbolic representation, while implicit knowledge is often hidden within non symbolic and unstructured data. Recent research progress has mainly focused on knowledge representation of neural networks, large language models, extraction and expression of dark knowledge, and collection and construction of knowledge graphs.

Written by Zhou Yi

Report on Advances in Machine Learning

In recent years, the practical application of machine learning in the industry has injected fresh blood into the development of machine learning. The unsupervised training method represented by self supervised learning has greatly improved the model's ability to utilize and process data, thereby guiding machine learning algorithms to continuously achieve breakthroughs in practical applications. In fields such as protein structure prediction, machine learning models have shown significant advantages, and methods such as reinforcement learning and lifelong learning have significantly improved the adaptability of machine learning algorithms.

Written by Zhu Jun

Report on Advances in Deep Learning and Large Models

Deep learning technology automatically learns features from a large amount of data and models complex tasks by simulating the neural network structure of the human brain. Large models have a large number of parameters and significant advantages in handling large-scale and complex tasks. The combination of the two has brought many innovations and breakthroughs to the field of artificial intelligence. In the field of computer vision, deep learning technology has been widely applied to tasks such as object recognition, object detection, semantic segmentation, etc., enabling computers to understand and analyze images and videos like humans.

Written by Huang Gao

Report on Advances in Natural Language Processing

Natural language processing has achieved significant results in pre trained language models, sentiment analysis, machine translation, and text generation. The training of models such as BERT and GPT on large-scale corpora provides high-quality representations for natural language processing tasks, enabling the models to achieve better performance on downstream tasks. Emotional analysis is an important application in the field of natural language processing. Deep learning technology has been able to automatically extract emotional information from text. Machine translation is another important direction in the field of natural language processing.

Written by Liu Ting

Report on Advances in Computer Vision

Computer vision is a technology that uses computers to simulate human visual functions, aiming to obtain information from images or videos and process and analyze it. In terms of object detection and recognition, algorithms based on deep learning continuously refresh accuracy records. Computer vision has also made significant breakthroughs in image generation, enhancement, and super-resolution. The proposal of Generative Adversarial Networks (GANs) provides a new approach for image generation, which can generate high-quality and diverse images. At the same time, image enhancement technology has also been developed, improving image quality by adjusting image attributes, providing a better foundation for subsequent computer vision tasks.

Written by Zhang Zhaoxiang

Report on Advances in Speech Processing

Speech processing collects, processes, analyzes, and understands human speech through computer technology. The introduction and application of deep learning algorithms have significantly improved the accuracy of speech recognition. In addition, significant progress has been made in speech synthesis technology, which can generate more natural and realistic speech through technologies such as generative adversarial networks, providing a more realistic and smooth experience for speech interaction.

Written by Tao Jianhua

Report on Advances in Information Retrieval

In recent years, information retrieval has made significant progress in areas such as deep learning based information retrieval technology, cross language information retrieval, and multimodal information retrieval. Deep learning models are applied to text representation learning to improve the accuracy and efficiency of information retrieval. With the increasing demand for cross language information retrieval, technology such as machine translation and bilingual dictionaries have been used to achieve information retrieval between different languages, improving the applicability of information retrieval. Multimodal information retrieval achieves multimodal information retrieval by fusing different types of information, improving the richness and diversity of information retrieval.

Written by Liu Yiqun

Report on Advances in Multi-Agent System

A multi-agent system is a distributed artificial intelligence system composed of multiple independent decision-making agents that solve complex problems through collaboration and communication. In terms of collaborative control, achievements have been made, such as convergence analysis of consensus algorithms and robust control strategies for delay and uncertainty. In terms of intelligent agent modeling, agents based on large-scale language models exhibit strong perception, decision-making, and action capabilities, providing a new direction for the implementation of artificial general intelligence.

Written by An Bo

Report on Advances in Embodied Intelligence

Embodied intelligence is constantly breaking through the integration of perception and action, deepening of cognitive modeling, and innovation in intelligent agent design and manufacturing. The perception and action fusion technology of intelligent agents has been able to achieve efficient environmental perception and precise control, and advances in cognitive modeling have enabled agents to simulate human adaptation and learning mechanisms to cope with complex and changing environments. In the field of design and manufacturing, utilizing 3D printing and soft robotics technology, intelligent agents can have more flexible and adaptable physical forms.

Written by Lu Cewu

Report on Advances in AI Security

In recent years, AI security technology has made significant research progress in areas such as adversarial attack defense, privacy protection, and model security evaluation. In terms of adversarial attack defense, various strategies have been developed to identify and resist malicious inputs that deceive AI systems. In terms of maintaining data privacy, technologies such as differential privacy and homomorphic encryption have been widely applied to ensure the security of data during storage and transmission. Breakthrough progress has also been made in model security evaluation, with new evaluation frameworks and tools that can comprehensively evaluate the security risks of AI models from multiple dimensions.

Written by Shen Chao

索　引